安全可信图学习方法与应用

吴 涛 先兴平 著

科 学 出 版 社

北 京

内 容 简 介

图学习是典型的多学科交叉方向，涉及复杂网络、社交网络分析、数据挖掘、机器学习等多个领域。本书共 8 章，其中第 1 章阐述图的主要类型与形式化定义、基本属性及图学习的发展历程。第 2 章介绍图学习的基本任务以及相关的传统图学习模型方法和图神经网络模型。第 3 章介绍图数据挖掘方法。第 4 章介绍图数据隐私保护方法。第 5 章和第 6 章分别介绍图模型对抗攻击与对抗防御方法。第 7 章介绍图模型鲁棒性解释、测评与修复方法。第 8 章介绍图学习模型在知识计算领域的应用探索。

本书既适合计算机和人工智能相关领域的研究人员阅读，也适合在企业从事算法模型应用开发的工程师阅读，还可以作为高校人工智能安全相关方向的参考书。

图书在版编目（CIP）数据

安全可信图学习方法与应用 / 吴涛, 先兴平著. -- 北京 : 科学出版社, 2025. 3. -- ISBN 978-7-03-081297-1

Ⅰ. TP309

中国国家版本馆 CIP 数据核字第 2025EY6687 号

责任编辑：叶苏苏　熊倩莹 / 责任校对：彭　映
责任印制：罗　科 / 封面设计：义和文创

科 学 出 版 社 出版
北京东黄城根北街 16 号
邮政编码：100717
http://www.sciencep.com
四川煤田地质制图印务有限责任公司印刷
科学出版社发行　各地新华书店经销
*
2025 年 3 月第　一　版　开本：787×1092　1/16
2025 年 3 月第一次印刷　印张：14 3/4
字数：350 000

定价：198.00 元

（如有印装质量问题，我社负责调换）

前　言

大量的研究实践表明，图（或网络）是建模不同来源、不同性质数据资源的强大工具，它可以通过实体集合以及它们之间的关联非常自然地对各种数据进行抽象表示。例如，在计算机视觉领域，通过属性关系图可以建模表示图像中的局部视觉特征以及它们之间的空间关系，从而基于图挖掘来实现对视觉数据的建模学习；在自然语言处理领域，自然语言的形式和语义具有层次性、组合性和灵活性，通过图可以充分表示建模各类文本中存在的语义结构，从而基于图学习模型解决不同的自然语言处理和文本挖掘问题；在信号处理领域，地震监测、网络负载、电力消耗等各种时序数据都可以基于图进行建模表示，通过节点属性表示各个时刻点的取值、通过节点关系表示各个时刻点之间取值的变化情况，最终基于图挖掘可以实现信号的分类和异常检测；在知识服务领域，基于图模型构建知识图谱可以描述知识和建模世界万物之间的关联，从而利用图算法进行知识推理、提供自动问答等智能服务。为了满足海量、泛在图数据的处理需求，网络科学、社会科学、计算机及人工智能等领域的研究人员进行了广泛深入的研究，提出了标签传播算法、随机块模型等图数据挖掘方法。近年来，以图神经网络为代表的图深度学习模型相继被提出，且受到广泛关注。

随着智能应用的快速发展，丰富的智能计算业务在为人工智能提供广阔实际场景的同时，也要求传统的人工智能算法适应开放甚至对抗的计算环境。然而，传统智能算法的主要目标是作为后台系统支撑智能应用，其研究与发展往往都假设其运行环境是集中且安全可控的。以往人工智能算法的研究工作对在开放甚至是对抗环境下的安全可信问题考虑不足，这使得当前的人工智能算法普遍缺乏有效的安全防护机制。因此，当前人工智能技术尚未完全成熟，存在诸多风险。近年来，人工智能的安全可信性受到国际社会的广泛关注，美国、法国、德国等发达国家纷纷出台相关的政策文件，支持发展鲁棒、可信和负责任的人工智能。我国《新一代人工智能发展规划》指出，围绕人工智能设计、产品和系统的复杂性、风险性、不确定性、可解释性、潜在经济影响等问题，开发系统性的测试方法和指标体系，建设跨领域的人工智能测试平台，推动人工智能安全认证，评估人工智能产品和系统的关键性能。因此，“安全可信人工智能理论与方法”成为人工智能发展的核心问题之一。

面对安全可信人工智能的计算需求，当前图深度学习安全可信性研究与应用面临诸多挑战：①图数据特性导致图深度学习模型安全防护无法利用其他领域的成果。图数据以节点和链路为结构单元，具有离散性、非欧氏性和相关性等特征，节点的邻居数量不尽相同，节点和链路的特征改变会影响其他相关结构单元的特征更新，因此，图像、文本等领域的安全防护机制无法直接适用于图深度学习模型。②图深度学习模型的设计方法导致相关智能系统缺乏整体理论框架。当前图深度学习仅仅是深度学习与图数据的简单结合，存在的学习模型主要是针对不同目标任务设计的特定架构，相关计算机制缺乏对图数据特征的深度理解和利用，对可能引起模型脆弱性的模式特征认识不足，因此图深度学习模型的安全防护缺乏指导性原则和方向。③图深度学习的发展历程导致图深度学习模型缺乏安全可信机制。传统智能算法的研究都是假设其应用环境是封闭静态的，数据分布与样本类别稳定不变，以往的智能算法对复杂环境下的鲁棒性问题考虑不足，这使得当前的图深度学习模型普遍缺乏安全可控机制。④图深度学习的安全可信研究处于初级阶段，缺少基础理论。研究领域对图深度学习安全可信底层机理的认识和理解不足，关于对抗攻击溯源、鲁棒性测评和对抗防御等缺乏严格的基础理论框架和体系，无法充分支撑图深度学习智能系统的安全防护。⑤实际应用场景中图数据的复杂特征导致当前的图模型难以直接应用。实际应用场景中图数据往往具有异构性、动态性、多模态性等特征，当前主要图模型难以满足复杂实际业务数据的建模与推理需求。

自 2017 年开始，在国家自然科学基金面上项目（62376047、62272074）、国家自然科学基金青年科学基金项目（61802039、62106030）、重庆市自然科学基金创新发展联合基金重点项目（CSTB2023NSCQ-LZX0003）、重庆市教委科学技术研究计划重点项目（KJZD-K202300603）等科研项目的资助下，作者对安全可信图学习理论与方法进行了系统研究。本书基于作者前期研究工作以及国内外的发展动态，联通复杂网络、数据挖掘、机器学习、知识计算以及隐私保护、对抗攻击等问题，从基础理论、技术方法和实际应用等方面阐述安全可信图学习的发展历程和成果。本书涉及当前安全可信图学习的主要内容，包括图数据挖掘方法、图数据隐私保护方法、图模型对抗攻击方法、图模型对抗防御方法、图模型鲁棒性解释与测评、图学习的探索应用等，介绍研究成果，探讨学术前沿，促进安全可信图学习理论与方法的发展。

本书的相关成果依托于重庆市网络与信息安全技术工程实验室、网络空间与信息安全重庆市重点实验室、重庆邮电大学-重庆中国三峡博物馆智慧文博联合实验室的大力支持。特别感谢刘宴兵教授、张远平教授、陈雷霆教授、刘群教授的指导；感谢电子科技大学周涛教授和蔡世明副教授、成都信息工程大学乔少杰教授、重庆邮电大学高新波教授和吴渝教授的帮助；感谢国家自然科学基金委员会信息科学部的大力支持；感谢重庆市网络与信息安全技术工程实验室知识智能与安全计算研究组李学豪、周圆庆、李林泽、姚鑫玲等成员所付出的辛勤劳动。

由于作者水平有限，书中不足之处在所难免，恳请读者批评指正。

作　者

2024 年 9 月 25 日

目　　录

第1章 概　　论

大到宇宙天体，小到微观世界，世间万物相互之间具有复杂的关系。要理解世界和自然现象，就必须对事物背后的复杂关系进行分析和研究。图（或网络）为物理、生物、社会等学科提供了一种不同于传统文本、图像的数据描述方式，通过分析研究图数据能够揭示通信系统、交通系统、人类社会系统等复杂系统背后共性的科学问题。本章阐述图的定义和主要类型，介绍图的基本属性，阐述图学习的概念、发展历程和应用，讨论图深度学习智能系统面临的安全风险以及安全可信图学习领域的研究现状与发展挑战。

1.1 图结构化数据表示

图是由若干节点（顶点）及连接节点的边（链路）所构成的拓扑图形，这种图形通常用来描述事物之间的某种特定关系。其中，节点用于表示事物对象，连接两节点的边则用于表示两个事物之间的关系。一般认为，著名数学家莱昂哈德·欧拉于 1736 年发表的关于“柯尼斯堡七桥问题”的论文是图论领域的第一篇文章。1859 年，哈密顿发明了“环游世界游戏”，与此相关的则是广为人知的“哈密顿路径”图论问题。1878 年，詹姆斯·西尔维斯特发表在《自然》上的一篇论文首次提出“图”这一名词，他用图来表示化学分子结构之间的关系。自此之后，图逐渐成为科学研究的重要领域之一。

当前，图是建模不同来源、不同性质数据的强大工具，它可以非常自然、高效地对各种数据资源进行抽象表示。一方面，通过图可以对“人、机、物”三元世界中的复杂网络系统直接进行抽象表示，例如社交网络、交通网络、金融网络、蛋白质网络等，从而基于图模型刻画用户-用户、站点-站点、机构-机构等关系，进而通过图挖掘完成预测推荐、风险控制、欺诈检测等任务。另一方面，通过图可以对各模态的数据进行转换表示。例如，基于属性图（attributed graph）对图像进行表示，其中每个节点表示属性信息，如颜色值、纹理特征、位置坐标等，链路表示空间邻近性、颜色相似性、纹理一致性等关系；基于文本属性图（text attributed graph）对文本进行表示，其中节点表示单词、短语、句子或段落，链路表示这些文本单元之间的语义关系；基于可视图（visibility graph）对时间序列数据进行表示，其中节点表示每个数据点，链路表示两个数据点之间在所有其他数据点之上的可见性。

图可以让人们高效地理解系统内在的复杂关系，因此可以推测人脑信息的本质存在形式是图结构，通过图结构进行信息表征可以直观地描述世界万物之间的关系。假设目标系统中对象之间的关系如图 1.1（a）和图 1.1（b）所示，对于图 1.1（a）

所示的邻接关系表，如果要“找出 X 的全部邻居节点”或者“找出全部相互邻接的三个节点”，相关任务的计算需要多次遍历此邻接关系表。相对地，对于图 1.1（b）所示的图结构化数据表示，可以非常直观地“找出 X 的全部邻居节点”以及“找出全部相互邻接的三个节点”。因此，相对于传统数据表示方式，图结构化数据表示更具有优势。

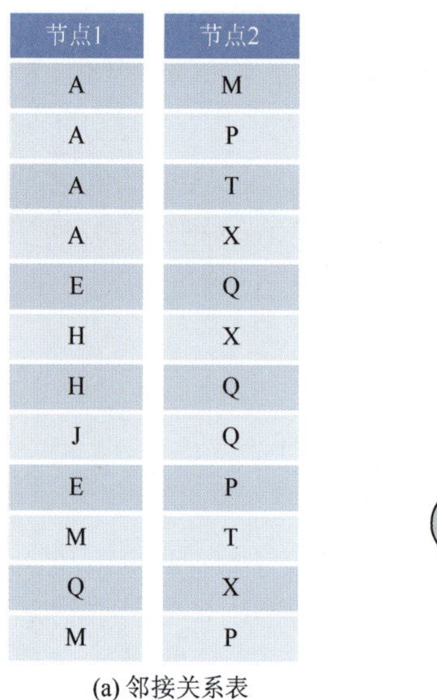

节点1	节点2
A	M
A	P
A	T
A	X
E	Q
H	X
H	Q
J	Q
E	P
M	T
Q	X
M	P

(a) 邻接关系表

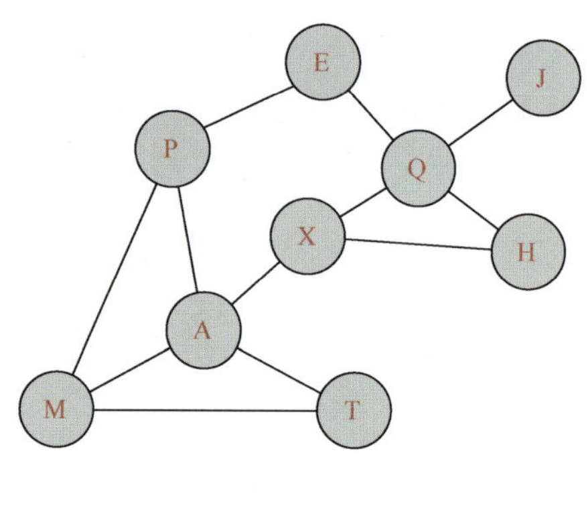

(b) 图结构化数据表示

图 1.1　邻接关系表和图结构化数据表示示例

1.2　图的类型与形式化定义

1.2.1　图的主要类型

1. 有向图、无向图和简单图

在图中表示节点之间关系的边可以分为有向边和无向边。如图 1.2 所示，与无向图相比，有向图的边使用箭头表示两个节点之间的方向关系，信息朝着箭头所指的方向传递。另外，若图中任意一对节点之间至多只有一条边相连且各个节点没有自环，则称该图为简单图，否则称为多重图。

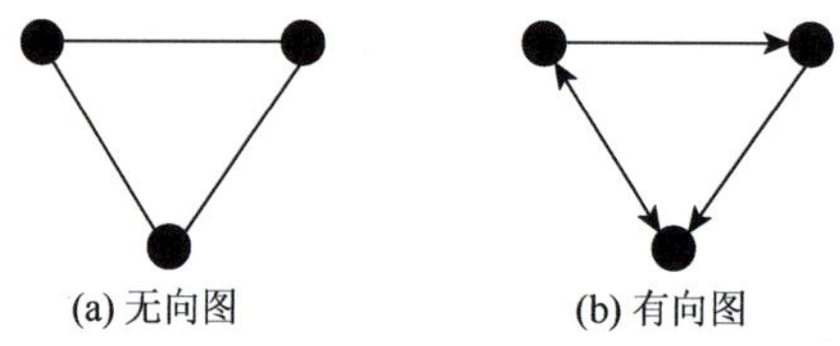

(a) 无向图　　(b) 有向图

图 1.2　无向图和有向图示例

2. 有权图和无权图

在实际生活中，事物之间关系的重要性往往是不完全相同的。例如，人际关系存在亲密与疏远之分，连通关系存在主干与旁路之分。如果只将这些关系简单地映射到图数据中，不包括关系的亲疏性，形成的表征数据则会丢失重要信息。因此，通过带权重的边来表示事物之间关系的具体含义是非常有意义的。如果图中任意一对节点之间的边都有权重值，则称该图为有权图；反之，如果图中所有边的地位相同，则称该图为无权图。

3. 同构图、异构图和属性图

同构图指图中的节点类型和关系类型都仅有一种。假设有两个简单图 G 和 H，当且仅当存在一个将图 G 的节点 $1,2,\cdots,n$ 映射到图 H 的节点 $1,2,\cdots,n$ 且一一对应的 σ，使得图 G 中任意两个节点 i 和 j 相连接，均等价于图 H 中对应的两个节点 $\sigma(i)$ 和 $\sigma(j)$ 相连接，则图 G 和图 H 是同构的。为了更好地理解同构图的含义，本书给出了表 1.1 作为参考。

表 1.1　同构图的映射关系

图 G	图 H	从图 G 到图 H 的映射同构 σ
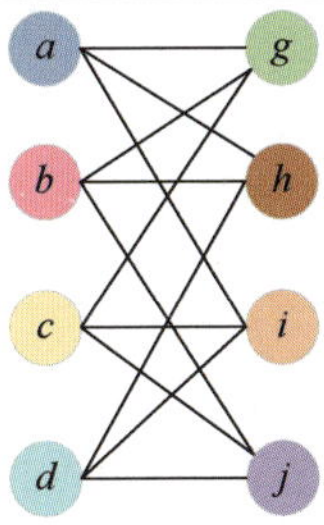	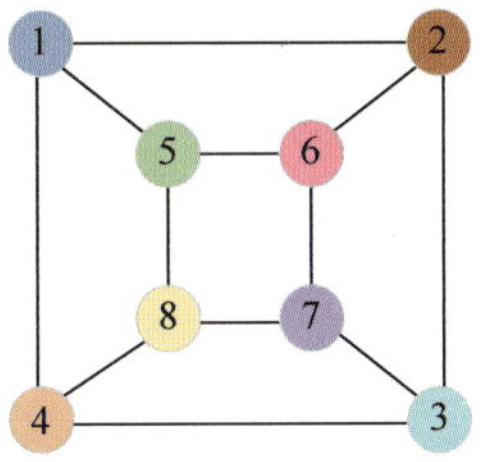	$\sigma(a)=1$ $\sigma(b)=6$ $\sigma(c)=8$ $\sigma(d)=3$ $\sigma(g)=5$ $\sigma(h)=2$ $\sigma(i)=4$ $\sigma(j)=7$

异构图和同构图恰好相反，异构图是指图中的节点类型或关系类型多于一种。在现实场景中，通常研究的复杂系统所包含的对象以及对象与对象之间的关系是具有多种类型的，因此异构图能够更准确地表征复杂系统。

相较于同构图和异构图，属性图给图增加了额外的属性信息，包括节点标签（label）、节点特征（feature）等。属性图是一种最常见的工业级图的表示方式，能够广泛应用于多种业务场景下的数据表达。

1.2.2　图的形式化定义

图可以形式化地定义为一个二元组 $G=(V,E)$，其中 V 是节点（或顶点）集合，E 是 V 中节点组成的某些无序对的集合，称为边集。

在计算机科学中，图可以使用多种不同的方法进行表示，采用何种表示方法取决于图的类型、规模和需要解决的问题。常见的表示方法有邻接矩阵、邻接关系表、关联矩阵、三元组等，本节将主要介绍邻接矩阵这种表示方式。

邻接矩阵是一种矩阵形式，用于表示图中不同节点之间的相邻关系。它主要用于描述图的拓扑结构，通常被用来表示无向图和有向图。

1. 无向图的邻接矩阵

设 $G=(V,E)$ 是无向简单图，$V=\{v_1,v_2,\cdots,v_n\}$，令

$$a_{ij}=\begin{cases}1, & (v_i,v_j)\in E\\ 0, & (v_i,v_j)\notin E\end{cases} \tag{1.1}$$

则称 $(a_{ij})_{n\times n}$ 为 G 的邻接矩阵，记作 $A(G)$，简记 A。

2. 有向图的邻接矩阵

设 $D=(V,E)$ 是有向图，$V=\{v_1,v_2,\cdots,v_n\}$，令

$$a_{ij}=\begin{cases}k, & 从v_i邻接到v_j的边有k条\\ 0, & 没有v_i到v_j的边\end{cases} \tag{1.2}$$

则称 $(a_{ij})_{n\times n}$ 为 D 的邻接矩阵，记作 $A(D)$，简记 A。

在算法中使用邻接矩阵时，由于存储稀疏图会造成大量的内存浪费，一般只存储稠密图。

1.3　图的基本属性

与传统的文本、图像数据不同，图数据不具有天然的语义性，人类无法直接理解图数据。因此，为了描述不同的图数据、更好地分析和利用图数据，研究人员提出了用于刻画图数据特征的多种不同特征指标。本节将介绍图的基本特征指标，包括节点度与度分布、连通性、直径、聚类系数等。对这些指标的认识，可为图数据的建模和分析提供坚实的基础。在后续章节中，本书将借助这些基本特征指标，深入探讨图数据的建模和学习方法。

1.3.1　节点度与度分布

在网络科学和图论等学科中，节点度与度分布是研究图的重要概念，它们提供了洞察图结构和性质的有用工具。本小节将深入探讨节点度与度分布的定义、重要性以及其与实际应用的关系。

1. 节点度

节点度是指与该节点直接相连的边的数量。在无向图中，度表示节点的连接数量；而在有向图中，度分为入度（指向该节点的边的数量）和出度（由该节点引出的边的数

量）。无向图节点的度可以用 $\deg(v)$ 表示，简记为 $d(v)$，有向图的入度记为 $\deg^{+}(v)$，出度记为 $\deg^{-}(v)$。

2. 度分布

度分布描述在整个图中不同度的节点的数量。它是一个概率分布，通常表示为 $P(k)$，其中 k 是节点的度。度分布可以是离散的或连续的，这具体取决于图的类型。度分布的形状对理解图的拓扑结构和特性非常重要。

（1）度分布可以帮助理解图的整体结构。不同图类型具有不同的度分布特征。例如，随机图的度分布通常近似于泊松分布，而复杂网络（如社交网络或互联网）的度分布通常呈幂律分布。通过分析度分布，可以识别图的结构类型，例如是否为小世界网络、无标度网络或规则网络。

（2）度分布有助于识别图中的关键节点。在许多图数据中，少数高度连接的节点在信息传播、传染病传播、信息传输等方面起着重要作用。通过对度分布的分析，可以确定这些关键节点，以更好地理解图的动力学特性。

（3）度分布与图的连通性密切相关。当图中存在大量高度连接的节点时，图通常更容易传播信息。这在社交网络、互联网和通信网络中具有重要意义。高度连接的节点可以充当信息传播的关键媒介，信息通过它们可以快速传播到整个网络。

（4）度分布还与图的脆弱性和鲁棒性相关。恶意攻击和故障可能专门瞄准高度连接的节点，从而对复杂系统的稳定性造成严重威胁。通过对度分布的分析，可以帮助识别这些易受攻击的节点，从而通过采取保护措施来增强复杂系统的鲁棒性。

1.3.2　连通性

连通性用于描述图中节点之间的连接性和可达性，有助于理解图的结构特征。下面将介绍图的连通性的相关概念。

1. 连通图

在无向图 G 中，如果 G 包含一条从 u 到 v 的路径，则两个节点 u 和 v 被称为是连通的，记作 $u \sim v$。若 u 和 v 之间存在一条长度为 1 的路径，则称 u 和 v 相邻。如果图中的每一对节点都是连通的，则称该图为连通图。

在有向图中，将连通图分为弱连通图和强连通图。设 D 为有向图，若去掉 D 中各有向边的方向后得到的无向图 G 是连通的，则称 D 为弱连通图；如果对于 D 中任意两节点 v_i、v_j，或者 v_i 到 v_j 可达或者 v_j 到 v_i 可达，则称图 D 为单向连通图；如果 D 中任意两节点之间都相互可达，则称 D 为强连通图。

2. 连通分量

连通分量是无向图的极大连通子图，每个节点和每条边都仅属于一个连通分量。当一个图有且仅有一个连通分量时，此图就是连通的。

1.3.3 直径

直径为图中任意两个节点(u,v)之间的“最长最短路径”（图的最长测地线）的长度$\max_{u,v} d(u,v)$，其中$d(u,v)$为图距离。简言之，一个图的直径是从一个节点到另一个节点而必须遍历的最大的节点数。因此，图的直径等于图的距离矩阵中所有值的最大值。用数学语言描述即为：定义图G的一个节点v到其他节点的最远距离$R(v)=\max\limits_{u\in V(G)}(d(u,v))$，从而图$G$的半径$R(G)$定义为$R(G)=\min\limits_{v\in V(G)}\{R(v)\}$。所有满足$R(v)=R(G)$的节点$v$都称为$G$的中心。显然，一个图的直径可以定义为$\max\limits_{v\in V(G)}=\{R(v)\}$。

直径作为图数据的一个基本属性，在社交网络中，可以表示为在最坏情况下信息到达网络中每个人的速度；在科学合作网络中，高直径可能表明有一些研究小组没有非常紧密地合作；在互联网路由网络中，直径可以揭示网络中任意两台机器之间在最坏情况下的响应时间。

1.3.4 聚类系数

聚类系数是用来描述图中的节点集结成团的程度的指标。具体地，聚类系数表示一个点的邻接点之间相互连接的紧密程度。假设图中的节点i通过k_i条边与其他节点相连接，k_i是节点i的邻居节点数目。如果k_i个节点之间互相连接，它们之间存在$\frac{k_i(k_i-1)}{2}$条边，而这k_i个节点之间实际存在的边数E_i与总的可能存在的边数之比就是节点i的聚类系数C_i[1]。

$$C_i=\frac{2E_i}{k_i(k_i-1)} \tag{1.3}$$

一个图的聚类系数就是图中各个节点的聚类系数的平均值，即

$$C=\frac{1}{N}\sum_{i=1}^{n}C_i \tag{1.4}$$

显然有$0\leqslant C\leqslant 1$。在全连通图中，聚类系数取值等于1，通常情况下小于1。

1.3.5 同配系数

同配系数是用于衡量图中节点与其邻居节点之间连接的趋势或倾向的指标。它用来描述图中节点之间的连接是否更倾向于具有相似特征的节点。对于一条给定的边，两个端点的度值并不总是独立的。这种节点度之间的相关性可以通过条件概率$p(j|k)$来衡量，即一个度为k的节点在连接度为j时节点的概率。其数学定义式为

$$\rho=\frac{1}{\sigma_q^2}\left[\sum_{i,j}d_i d_j e_{i,j}-\mu_q^2\right]=\frac{E[D_iD_j]-\mu_{D_i}^2}{E[D_i^2]-\mu_{D_i}^2} \tag{1.5}$$

式中，σ_q 表示每条边的两个端点度值的方差；d_i 和 d_j 表示一条边两个端点的度值；$e_{i,j}$ 表示一条边两个端点的额外度值的联合概率分布；μ_q 表示单侧节点度值的均值。等式右边第二个式子是第一个式子的向量表示形式。该同配系数的定义计算的是随机选择一条边，两端节点度值的皮尔逊相关系数（Pearson correlation coefficient），取值范围是[−1,1]。当图规则时，$\rho=1$；当图随机时，$\rho=-1$；当图完全二分时，$\rho=0$。

1.4　图学习的发展历程

1.4.1　图学习的概念

围绕图数据的分析与学习问题，研究人员进行了多方面的研究探索，包括数据挖掘领域进行的图挖掘（graph mining）研究、社会学与计算机交叉领域进行的社交网络分析（social network analysis）研究、信息物理领域开展的复杂网络（complex network）研究等。

1. 图挖掘[2, 3]

图挖掘是数据挖掘领域的重要组成部分，在 21 世纪的前十年，利用图模型从海量图数据中发现和提取有用信息的图挖掘任务受到了研究领域的广泛关注，其主要包括频繁子图挖掘、子图匹配、图聚类与图分类等任务。其中，频繁子图挖掘（frequent subgraph mining）的目的是在图中寻找频繁出现的子图。子图是图中的部分节点和这些节点之间的边构成的结构单元，可以表示一定的图特征，用于区分和判别不同的图结构。由于频繁子图挖掘结果可以作为图聚类、图分类等其他图挖掘任务的基础，频繁子图的挖掘工作广受关注。子图匹配（subgraph matching）的目的是在一个给定的大图里面找到一个给定的子图，这是一种基本的图查询操作，意在发掘重要的子图结构。图聚类（graph clustering）用于将图中相似的节点分组，以便于更好地理解图的结构和属性。图分类（graph classification）的目的是学习图与对应类别标签的映射关系，并预测未知图的类别标签。

2. 社交网络分析

社交网络分析是指基于计算机、数学、社会学等多学科的融合理论和方法，为理解人类社交关系的形成、行为特点以及信息传播规律提供的一种可计算的分析方法。由于在线社交网络具有规模庞大、动态性、匿名性、内容与数据丰富等特性，近年来以社交网站等为研究对象的新兴在线社交网络分析研究得到了蓬勃发展，在社会结构研究中具有举足轻重的地位[4]。社交网络分析研究主要包括社交网络的结构分析与建模、社交网络中的群体行为分析、社交网络中的信息传播等问题。具体地，社交网络的结构分析与建模的目的是分析社交网络的结构规律、关系紧密程度以及演化机理等，例如，“六度分隔”理论、小世界现象、无标度网络、幂律分布、社团结构和结构鲁棒性等，并探索产生这些特性的底层机制；社交网络中的群体行为分析主要包括社交网络中的用户行为分析、用户情感及其与用户行为的关系分析；社交网络中的信息传播主要进行以社交网络为媒介的信息传播过程的建模和预测以及发现社交网络中最有信息传播影响力的节点集合，从而理解和利用社交网络中的动力学过程[5]。

3. 复杂网络

复杂网络是研究复杂网络系统的定量和定性规律的一门交叉学科。复杂网络与传统的图论不同，它不仅关注网络的拓扑结构，也关注网络的动力学行为和功能。复杂网络研究的问题主要包括复杂网络的统计特征、网络模型、网络结构挖掘以及网络动力学过程等。其中，复杂网络的统计特征是指基于统计、图论等方法进行网络结构特征性质的发现以及相关度量指标的设计，例如节点度及度分布、平均路径长度、中心性度量等；网络模型主要研究复杂网络的结构组织模式，通过设计理论模型验证真实复杂网络具有的特征性质，例如规则网络模型、ER（Erdős-Rényi）随机图、WS（Watts-Strogatz）小世界网络模型、BA（Barabási-Albert）无标度网络模型等；网络结构挖掘主要研究链路预测、节点分类、社团检测等问题，其主要目的是对网络数据的认识和实际应用，常采用机器学习方法；网络动力学过程主要研究复杂网络上发生的信息传播、同步、博弈等行为，常采用统计物理方法。

在以上研究工作的基础上，近年来相关研究越来越呈现出交叉融合的趋势，例如，复杂网络结合数据挖掘[6]、复杂网络结合机器学习[7, 8]，从而发展形成图学习（graph learning）问题[9, 10]。图学习是指在图上的机器学习，图学习模型或算法直接将图数据作为输入，而无须将图映射到低维空间。图数据往往包含大量有价值的关系数据。然而，传统的机器学习模型往往只关注每个样本的特征，没有考虑到样本之间的关系。图学习提供了刻画这些关系数据的方法，使人们可以同时考虑图中每个节点的自身特征以及邻居节点的特征，从而获取更好的性能。

以传统的机器学习模型为基础，研究人员提出了多种典型的图学习模型。例如：基于有向图的随机游走模型的页面排序（PageRank）算法，利用已标记节点标签信息去预测未标记节点标签信息的半监督学习模型——标签传播算法（label propagation algorithm，LPA），基于节点间连接概率的图生成模型——随机块模型（stochastic block model，SBM），面向图结构推理补全的矩阵分解（matrix factorization，MF）模型，基于图论的图聚类方法——谱聚类（spectral clustering）等。近年来，鉴于深度学习的良好性能表现，各种各样的图神经网络（graph neural network，GNN）被提出[11]。研究人员普遍认为以图神经网络为代表的图深度学习是图学习领域强有力的方法。GNN 可以提供一个通用且灵活的框架，用于描述和分析任何可能的实体集及其相互关系，从而有望解决传统深度学习无法处理的逻辑关系推理等问题。

尽管图学习受到了研究人员的广泛关注，但具体的模型算法研究面临诸多瓶颈：①其他领域的成果无法直接适用于图学习模型设计。图数据以节点和链路为基本单元，呈现离散性、非欧氏性、非语义性和相关性等特征，从而针对其他类型数据设计的计算机制无法直接适用于图模型。②图模型算法设计缺乏体系框架和原则性方法。当前的图模型算法仅仅是图模型与图数据的简单“捏合”，图模型与图数据之间普遍缺乏内在的有机联系，同时模型与模型之间的独立性强，缺乏系统性分析和融合，图模型算法的设计与评价缺乏理论框架。③对图数据和图模型的理解不够深入。研究人员对图数据的模式规律、结构角色以及聚合、池化、残差等模型架构机制对模型特性的影响仍不完全清楚。④实际图数据的复杂特征导致主要的图模型难以应用。实际应用中图数据具有异构性、方向性、动态性等特征，当前的图模型设计对以上复杂特征考虑不够充分。⑤对图学习模型的公平性、鲁棒性、泛化性缺乏深入研究。图深度智能系统在国民经济关键领域的实际应用要求图模型在鲁棒性、泛化性方面具有良好表现，同时社会伦理道德等要求图模型具有良好的公平性。然而，研究人员对图模型算法的以上特性仍然缺乏深入的研究和认识。

1.4.2 图学习的应用

鉴于图的强大表达能力，图深度学习被广泛应用于各个领域并构建智能服务系统，解决相关的复杂计算问题。具体地，在智能交通领域，由于许多交通数据本质上是图结构化的，研究人员将 GNN 纳入学习架构以捕获交通网络的空间依赖性。研究表明，这种基于 GNN 的体系结构可以比基于卷积神经网络（convolutional neural network，CNN）的体系架构获得更好的性能。在知识服务领域，知识计算是利用计算机程序来处理人类知识的过程，在这个过程中要将人类知识转换为计算机可以理解的形式，并用这些信息解决复杂问题。利用图深度学习构建知识计算智能系统，可以通过图结构对知识进行显式建模，利用结构化的知识表达完成问答、推理等任务，从而改善如文本挖掘、推荐系统等的应用效果，提供可解释的模型。在金融风控领域，GNN 被用于金融服务场景，为增长客群带来更精准的营销体验，在节省营销成本的前提下，大大提高了金融场景的运营效率。同时，可以利用 GNN 处理设备共用、转账和社交等关系形成的图数据，从而识别骗保账户与非骗保账户，在极大地节约人力的基础上显著减少骗保带来的资产损失。在医疗健康领域，由于医疗卫生、生物医学等学科的大部分信息需要复杂的数据结构，其并不适用于矢量表示，而图结构的本质是捕获实体之间的关系，从而可以对它们之间的关系进行编码，因此图学习模型被广泛地应用于脑活动分析、脑表面表示、解剖结构的分割和标记、多模态医学数据分析、药物发现等任务。在电子商务领域，用户行为往往与社交网络中用户关系、电商数据中人和货品关系等紧密相关，通过 GNN 建模由全站数据构建的图结构，更高效地学习和表示数据内涵和关系，可以提升对用户行为的理解与认知，从而赋能产品推荐和广告系统。在科学研究领域，研究人员应用 GNN 通过模拟复杂粒子系统的动力学预测每个粒子的相对运动，从而合理地重建整个系统的动力学过程，了解有关控制运动的基本定律。

当前，由于 GNN 广阔的应用前景，部分企业已经基于图深度学习模型构建了丰富多样的智能系统。例如，阿里巴巴构建了大规模图神经网络平台 AliGraph，从而支撑淘宝推荐、新零售、线上支付等；腾讯构建了 Pytorch-BigGraph 等图深度学习平台，并应用于金融支付、欺诈团伙检测等；美团研发了图神经网络框架 Tulong，并在美团搜索、推荐、配送多个业务场景落地应用；网易云运用百度飞桨的图神经网络平台 PGL（paddle graph learning）实现精准的音乐推荐。另外，图深度学习被广泛应用于网络空间安全态势感知、恶意程序检测、医学诊疗与卫生管控、公共安全及应急管理等领域。

总体上，图深度学习以及相关的智能系统已经广泛应用于生产、生活的各个方面，并正在加速与实体经济的深度融合，不断提高我国社会经济发展的智能化水平，有效增强工业生产、公共服务和城市管理能力。鉴于其强大的抽象表达能力和复杂逻辑推理能力，图深度智能系统的应用场景将不断丰富拓展，将在智能社会发展中发挥越来越重要的作用。

1.5　安全可信图学习

1.5.1　面临的安全风险

目前，人工智能安全问题已经引起了各国政府和研究机构的高度关注，各国纷纷颁布法律法规以支持相关领域发展。英国于 2018 年发布《产业战略：人工智能领域行动》。德国联邦政府分别于 2018 年 7 月、2018 年 11 月发布《联邦政府人工智能战略要点》及《联邦政府人工智能战略》。欧盟委员会于 2020 年发布《人工智能白皮书——通往卓越与信任的欧洲之路》。美国于 2019 年签署名为《维护美国人工智能领导力的行政命令》，提出要确保人工智能系统安全可靠。美国国防部于 2022 年 6 月发布《负责任人工智能战略》。我国于 2019 年发布《新一代人工智能治理原则——发展负责任的人工智能》，于 2022 年发布《关于加强科技伦理治理的意见》。同时，方滨兴等[12]认为智能算法存在的安全缺陷一直是人工智能安全中的严重问题，张钹等[13]指出新一代人工智能指向的必须是安全可信的人工智能。

尽管图神经网络通过将深度学习和图计算相融合，达到了更优的认知与逻辑推理等能力，然而人工智能技术尚未完全成熟，大多数的智能模型算法在设计时未考虑攻击者的存在，普遍缺乏安全防护机制。虽然在预测正常样本时模型性能表现优异，但在现实场景中，由于可能存在大量恶意用户甚至攻击者，智能模型算法在生命周期的各个阶段都可能面临着不同程度的安全风险，导致模型算法无法提供正常的服务或者泄露模型的隐私信息。例如，攻击者可能对模型的训练数据和输入样本进行恶意篡改或窃取模型参数，从而破坏模型的机密性、可用性和完整性。作为深度学习在图数据上的扩展，图深度学习继承了它的脆弱性，图深度学习智能系统面临严重的安全与隐私威胁，包括图数据隐私风险、图数据安全风险、图模型隐私风险、图模型安全风险，具体如图 1.3 所示。特别地，随着图深度学习智能系统越来越多地应用于金融风控、智慧医疗、网络安全等关键领域，其一旦出现问题，就会造成巨大损失和恶劣影响。

1.5.2　研究现状与挑战

在图深度学习模型攻击与防御研究方面，丰富的应用场景要求图深度学习适应开放的计算环境，然而研究表明图深度学习模型具有脆弱性，攻击者可以通过扰动图数据影

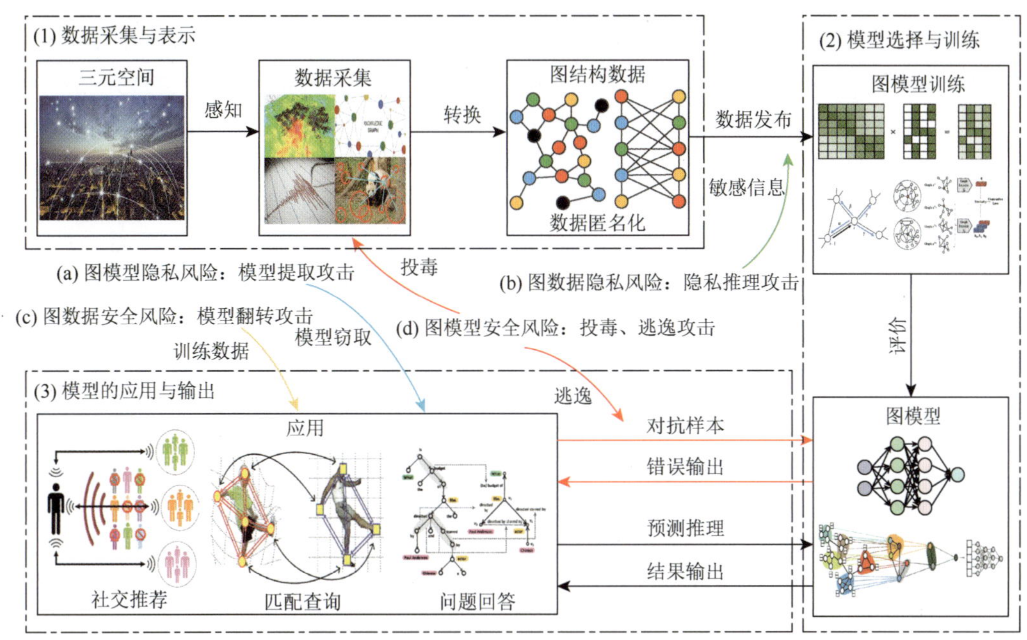

图 1.3 图深度学习智能系统面临的安全风险

响模型性能。例如，Chen 等[14]研究了图链路预测任务的投毒攻击问题，提出了面向图自编码模型的迭代式梯度攻击方法。Zhou 等[15]将链路预测投毒攻击描述为优化问题，提出了贪婪和启发式的攻击策略。Fan 等[16]以动态图中的链路预测模型为目标，提出了基于强化学习的黑盒逃逸攻击方法。Xian 等[17]提出了基于深度集成编码的链路预测投毒攻击方法；Chen 等[18, 19]针对社团检测的投毒攻击问题，提出了基于遗传算法的攻击方法 Q-Attack 和演化扰动攻击（evolutionary perturbation attack，EPA）方法；Zügner 等[20, 21]面向基于图卷积网络（graph convolutional network，GCN）的节点分类模型，研究了投毒、逃逸攻击问题，提出了攻击方法 Nettack 和 Mettack；Chen 等[22]针对图嵌入方法的逃逸攻击问题，提出了快速梯度攻击（fast gradient attack，FGA）方法。

随着图深度学习模型安全风险的日益增加，对抗攻击的防御问题也受到越来越多的关注。例如，基于数据预处理的思路，Wu 等[23]使用相似性度量对图中可疑链路进行判别，Entezari 等[24]提出利用低秩近似进行对抗扰动消除的方法。然而，只有假设的数据模式与实际数据一致时，基于数据预处理的方法才具有良好效果。另外，Liu 等[25]提出了基于模型解释性的对抗训练方法，其不足之处在于无法防御训练数据中不存在的攻击。为了消除对抗攻击的影响，Zhu 等[26]利用高斯分布，提出基于注意力机制的鲁棒性图卷积网络（robust graph convolutional network，RGCN）。Zhang 等[27]从概率分布的角度提出基于假设检测的对抗攻击检测方法。总体上来讲，当前存在的图深度学习对抗防御方法各有优势与不足，各个鲁棒性模型的设计主要以经验直觉、启发式和实验试错为主，当图数据未被对抗扰动时，鲁棒性模型的性能反而不如原始模型，即以牺牲模型性能的方式换取模型鲁棒性。

在图深度学习模型及其鲁棒性解释分析研究方面，图深度学习模型的可解释性研究对模型设计及应用具有重要意义[28]。为了理解图深度学习模型，敏感度分析、引导反向传播、基于梯度的热图、类激活映射等各种传统解释性方法被应用于 GNN 的解释分析。关于图深度学习模型的可解释性，研究人员针对性地提出了 XGNN、GNNExplainer、PGExplainer、SubgraphX 等方法[29]。近年来，图深度学习模型的脆弱性导致对抗攻击的可解释性越来越受到研究领域的重视。Chen 等[30]发现加权平均机制易于受到结构扰动的影响，GCN 模型的脆弱性源于不鲁棒的聚合函数。Zhu 等[31]从图结构特征的角度分析了对抗样本的典型特征，并基于此进行对抗攻击的检测防御。Zhu 等[32]认为 GNN 主要利用了图数据的同质性，对增加异质性的对抗扰动很敏感，他们通过实验证明了有效的对抗攻击会增加图数据的异质性。为了解释对抗攻击存在的原因，深度学习领域从模型特性、模型训练、决策边界等模型角度以及数据分布、数据子空间、数据特征等数据角度提出了多种假说。目前，研究人员关于对抗攻击的解释性研究仍然不充分，各种假说缺乏理论分析并且相互之间存在矛盾之处。

在图深度学习模型鲁棒性测评方法与指标方面，为了进行图深度学习模型对抗攻击研究，研究人员对模型鲁棒性的评价问题进行了探索。关于对抗攻击方法，陈晋音等[33]综述了图神经网络在不同任务下的对抗攻击与基于不同策略的防御方法，并全面介绍了鲁棒性技术。另外，研究人员提出了误分类率、平均修改连边数等指标。为了检验 GNN 对抗防御方法的效果，研究人员提出了平均防御率、平均置信度差、最大边界距离等指标。为了确保在图数据上的攻击扰动是不易觉察的，研究人员提出了相似度分数、攻击预算以及检验统计量等方法[34]。

面对开放复杂的应用环境以及可信人工智能的要求，保障图深度神经网络的安全性至关重要。相关工作存在以下挑战[35, 36]。

（1）现有研究工作对图深度学习模型脆弱性理解不足，关于对抗攻击的影响和来源缺乏深刻认识。当前研究人员关于对抗攻击如何影响模型鲁棒性，导致模型产生错误结果的机理和过程认识不清楚，关于 GNN 训练数据、参数取值、决策空间之间的关系缺乏深刻的认识，关于对抗扰动对模型自身造成的改变缺乏具体分析，各种假说之间存在矛盾之处，无法统一，从而无法为模型鲁棒性测评和对抗防御提供指导。

（2）当前鲁棒性 GNN 设计以反复试验为主、数据模式未能与模型架构有机融合。由于图深度学习模型中各个隐藏层层内机制、层间机制、学习配置等相互之间的相对独立性，难以直接从它们在对抗攻击条件下的性能表现发现明确的工作方向、设计更加鲁棒的新模型。同时，当前 GNN 鲁棒性研究缺乏对图数据内在模式特征的认识和考虑。当前研究人员对图数据的认识仍不深入全面，对图数据模式特征与图学习模型底层机理之间的关系缺乏深刻理解，现有的图模型对抗攻击和对抗防御方法普遍缺乏与图数据模式特征的有机交融。

（3）当前关于图深度学习模型鲁棒性测评的研究较为欠缺，缺乏统一的研究及评价体系。当前关于图深度学习的对抗攻击方法主要以数据模式、模型求解过程为视角，相关对抗防御方法主要以对抗攻击方法的缺陷为基础。同时，当前研究主要聚焦于性能评价指标、基于实验验证攻击与防御方法的有效性，关于图深度学习模型鲁棒性测评的研究仍然较为欠缺，现有的少数鲁棒性评估指标过于简单，无法全面反映模型的性能，导致研究者难以对图深度学习模型的鲁棒性及对抗攻防算法的有效性进行准确评估。

（4）现存的 GNN 对抗攻击与对抗防御方法依赖条件多，适用性不足。研究人员提出的现有的对抗攻击与对抗防御方法假设条件较多，难以实际应用。例如，相关投毒攻击方法存在投毒样本量大、实际环境投毒管制严格，从而难以应用的不足；相关攻击方法在不同目标模型之间迁移性较差。同时，存在的对抗攻击与对抗防御方法普遍对成本关注不足，在不同环境下的适用性不强，难以在不重新训练模型的条件下对有缺陷的模型进行安全防护。

（5）现有的图神经网络对抗攻击方法大部分都是基于梯度信息的白盒攻击，然而，在实际应用场景中，黑盒攻击模型更贴近实际应用需求。对于黑盒攻击，研究人员需要关注的不仅仅是优化攻击策略，更要关注模型的通用性，以保证模型能在各种不同场景和数据分布中保持有效性。值得指出的是，尽管黑盒攻击具有实际应用的优势，但其带来的挑战也不可忽视。攻击者在缺乏对目标模型内部结构的详细了解时，可能需要更为巧妙和复杂的方法。因此，未来的研究方向之一是在黑盒攻击的框架下进一步优化攻击算法，以提高攻击成功率。

1.6　本 章 小 结

本章主要介绍了图学习的基础知识及其面临的安全风险。首先，介绍了图结构化数据的表示方式和图的主要类型，以及图的形式化定义。其次，详细介绍了图的基本属性，包括节点度与度分布、连通性、直径、聚类系数以及同配系数等。然后，对图学习的产生、发展和主要应用做了概述，指出图学习不仅是理论研究的焦点，还在各种实际应用中发挥着重要作用。最后，探讨了图深度学习智能系统面临的安全风险，以及安全可信图学习领域的研究现状和挑战，说明了实现安全可信图学习是目前亟待解决的问题。

参 考 文 献

[1] Newman M E J. The structure and function of complex networks[J]. SIAM Review, 2003, 45 (2): 167-256.

[2] Yan X F, Han J W. gSpan: Graph-based substructure pattern mining[C]//2002 IEEE International Conference on Data Mining. IEEE, Maebashi City, Japan, 2002: 721-724.

[3] Washio T, Motoda H. State of the art of graph-based data mining[J]. ACM SIGKDD Explorations Newsletter, 2003, 5 (1): 59-68.

[4] 吴信东，李毅，李磊. 在线社交网络影响力分析[J]. 计算机学报, 2014, 37 (4): 735-752.

[5] 方滨兴，贾焰，韩毅. 社交网络分析核心科学问题、研究现状及未来展望[J]. 中国科学院院刊, 2015, 30 (2): 187-199.

[6] Zanin M, Papo D, Sousa P A, et al. Combining complex networks and data mining: Why and how[J]. Physics Reports, 2016, 635: 1-44.

[7] Muscoloni A, Thomas J M, Ciucci S, et al. Machine learning meets complex networks via coalescent embedding in the hyperbolic space[J]. Nature Communications, 2017, 8 (1): 1615.

[8] Tang Y, Kurths J, Lin W, et al. Introduction to focus issue: When machine learning meets complex systems: Networks, chaos, and nonlinear dynamics[J]. Chaos, 2020, 30 (6): 063151-063158.

[9] Zhang Z W, Cui P, Zhu W W. Deep learning on graphs: A survey[J]. IEEE Transactions on Knowledge and Data Engineering, 2022, 34 (1): 249-270.

[10] Xia F, Sun K, Yu S, et al. Graph learning: A survey[J]. IEEE Transactions on Artificial Intelligence, 2021, 2 (2): 109-127.

[11] Zhou J, Cui G Q, Hu S D, et al. Graph neural networks: A review of methods and applications[J]. AI Open, 2020, 1 (12): 57-81.

[12] 方滨兴, 等. 人工智能安全[M]. 北京: 电子工业出版社, 2020.

[13] 张钹, 朱军, 苏航. 迈向第三代人工智能[J]. 中国科学 (信息科学), 2020, 50 (9): 1281-1302.

[14] Chen J Y, Shi Z Q, Wu Y Y, et al. Link prediction adversarial attack[J]. arXiv: 1810.01110, 2018.

[15] Zhou K, Michalak T P, Rahwan T, et al. Attacking similarity-based link prediction in social networks[J]. arXiv: 1809.08368v2, 2018.

[16] Fan H X, Wang B H, Zhou P, et al. Reinforcement learning-based black-box evasion attacks to link prediction in dynamic graphs[C]//IEEE 23rd Int. Conf. on High Performance Computing & Communications. Haikou, Hainan, China: IEEE, 2021: 933-940.

[17] Xian X P, Wu T, Qiao S J, et al. DeepEC: Adversarial attacks against graph structure prediction models[J]. Neurocomputing, 2021, 437 (1): 168-185.

[18] Chen J Y, Chen L H, Chen Y X, et al. GA-based q-attack on community detection[J]. IEEE Transactions on Computational Social Systems, 2019, 6 (3): 491-503.

[19] Chen J Y, Chen Y X, Chen L H, et al. Multiscale evolutionary perturbation attack on community detection[J]. IEEE Transactions on Computational Social Systems, 2020, 8 (1): 62-75.

[20] Zügner D, Akbarnejad A, Günnemann S. Adversarial attacks on neural networks for graph data[C]//Proceedings of the 24th ACM SIGKDD International Conference on Knowledge Discovery and Data Mining. London, UK, 2018: 2847-2856.

[21] Zügner D, Günnemann S. Adversarial attacks on graph neural networks via meta learning[C]//International Conference on Learning Representations. Vancouver, Canada, 2018: 1-15.

[22] Chen J Y, Wu Y Y, Xu X H, et al. Fast gradient attack on network embedding[J]. arXiv: 1809. 02797, 2018.

[23] Wu H J, Wang C, Tyshetskiy Y, et al. Adversarial examples for graph data: Deep insights into attack and defense[C]// Proceedings of the 28th International Joint Conference on Artificial Intelligence. Macao, China, 2019: 4816-4823.

[24] Entezari N, Al-Sayouri S A, Darvishzadeh A, et al. All you need is low (rank) defending against adversarial attacks on graphs[C]//Proceedings of the 13th International Conference on Web Search and Data Mining. Houston TX USA: ACM, 2020: 169-177.

[25] Liu N H, Yang H X, Hu X. Adversarial detection with model interpretation[C]//Proceedings of the 24th ACM SIGKDD International Conference on Knowledge Discovery & Data Mining. London, UK, 2018: 1803-1811.

[26] Zhu D Y, Zhang Z W, Cui P, et al. Robust graph convolutional networks against adversarial attacks[C]//Proceedings of the 25th ACM SIGKDD International Conference on Knowledge Discovery and Data Mining. Anchorage, AK, USA, 2019: 1399-1407.

[27] Zhang Y X, Regol F, Pal S, et al. Detection and defense of topological adversarial attacks on graphs[C]//Proceedings of the 24th International Conference on Artificial Intelligence and Statistics, PMLR, 2021, 130: 2989-2997.

[28] 杨朋波, 桑基韬, 张彪, 等. 面向图像分类的深度模型可解释性研究综述[J]. 软件学报, 2023, 34 (1): 230-254.

[29] Ying R, Bourgeois D, You J X, et al. GNNExplainer: Generating explanations for graph neural networks[C]//Proceedings of the 33rd International Conference on Neural Information Processing Systems. Vancouver, Canada, 2019: 9244-9255.

[30] Chen L, Li J T, Peng Q B, et al. Understanding structural vulnerability in graph convolutional networks[C]//Proceedings of the Thirtieth International Joint Conference on Artificial Intelligence. Montreal, Canada, 2021: 2249-2255.

[31] Zhu J H, Shan Y L, Wang J H, et al. Deep Insight: Interpretability assisting detection of adversarial samples on graphs[J]. arXiv: 2106.09501, 2021.

[32] Zhu J, Jin J C, Loveland D, et al. How does heterophily impact the robustness of graph neural networks? Theoretical connections and practical implications[C]//Proceedings of the 28th ACM SIGKDD Conference on Knowledge Discovery and Data Mining. Washington, DC, USA, 2022: 2637-2647.

[33] 陈晋音, 张敦杰, 黄国瀚, 等. 面向图神经网络的对抗攻击与防御综述[J]. 网络与信息安全学报, 2021, 7 (3): 1-28.

[34] Sui Y, Bu F Y, Hu Y T, et al. Trigger-gnn: A trigger-based graph neural network for nested named entity recognition[C]//IEEE 2022 International Joint Conference on Neural Networks (IJCNN), Padua, Italy, 2022: 1-8.

[35] 先兴平, 吴涛, 乔少杰, 等. 图学习隐私与安全问题研究综述[J]. 计算机学报, 2023, 46 (6): 1184-1212.

[36] 吴涛, 曹新汶, 先兴平, 等. 图神经网络对抗攻击与鲁棒性评测前沿进展[J]. 计算机科学与探索, 2024, 18 (8): 1935-1959.

第 2 章　图学习基础模型

面对泛在图数据的建模学习需求，研究人员提出了大量的图模型算法。近年来，鉴于深度学习的良好性能表现，研究人员将深度学习与图数据相结合，提出了图神经网络。本章将介绍多种经典的图学习模型与图神经网络，逐一剖析它们的原理、特点以及在不同应用场景中的优劣，从而能够更好地理解和利用图数据的模式规律。

2.1　图学习的基本任务

图学习作为一个新兴领域，致力于对图数据的建模学习。在深入探讨具体的模型之前，首先要理解图学习领域所面临的基本任务，包括节点分类、图分类、链路预测、节点重要性、社团检测和信息传播预测等，这些任务不仅依赖于对图数据的深刻理解，也推动着图学习模型的不断创新和发展。

2.1.1　节点分类

节点分类任务假设图数据中相似节点具有相同的类别标签。给定图以及图中部分节点的真实类别标签，节点分类任务旨在对未知标签的节点做类别预测。如图 2.1 所示，绿色与红色节点是已知类别标签的节点，灰色节点是未知类别标签的节点，节点分类任务的目标是基于已知图结构和节点标签信息对灰色节点的类别进行预测。此任务也被称为半监督节点分类（semi-supervised node classification）。

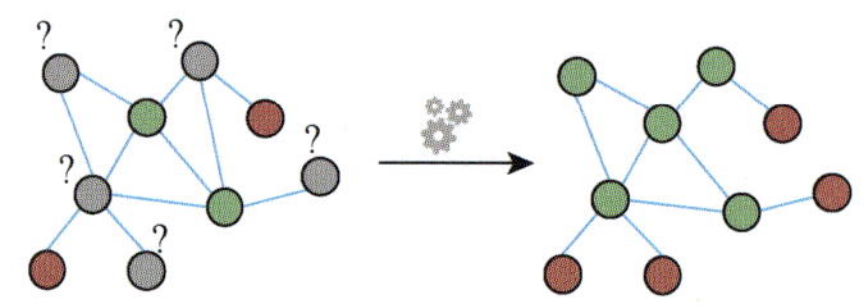

图 2.1　节点分类示例

通过采用半监督学习范式，图数据中大量的未标记样本能够被用来进行节点分类模型的训练。事实上，由于图结构在一定程度上是节点相似性的反映，因此图中的未标记节点也能提供有助于分类的信息。例如，通过识别图中的潜在社团结构，相同社团内的节点倾向于具备相同的类别，从而模型训练需要的标记样本数量将会大幅减少，节点分类结果也将会更加准确。在实际中，有很多场景都需要用到节点分类模型，例如社交网络中的用户分类、生物信息学中的蛋白质功能注释、推荐系统中的用户兴趣预测等。

2.1.2　图分类

图分类的目的是找到图和对应类别标签的映射关系。具体来说，图分类任务是指利用图的邻接矩阵 A 和特征信息 X，通过机器学习的方式获取图和对应类别标签的映射关系并预测未知图的类别标签。为了正确预测图的类别，需要充分地利用给定的结构信息和节点特征信息。常见的图分类包括图的二分类及多分类。图分类形式化表示为给定一组属性图 $D=\{(G_1,L_1),(G_2,L_2),\cdots,(G_n,L_n)\}$，图分类的目的是学习一个函数 $f:G\to L$，其中 G 是图的输入空间，L 是图的标签集，从而输入图数据便能够预测其正确的类别标签。

图分类是一个重要的数据挖掘任务，可以应用在很多领域，例如在化学信息学中，通过对分子图进行分类来判断化合物分子的诱变性、毒性、抗癌活性等；在生物信息学中，通过蛋白质网络分类判断蛋白质是不是酶、是否具有对某种疾病的治疗能力。从这个角度来看，图分类研究具有非常重要的意义[1]。

2.1.3　链路预测

链路预测是指通过已知的图结构等信息预测图中没有观测到链路的两个节点之间存在连接（缺失链路）的可能性或者当前存在链路不可靠（虚假链路）的可能性[2]，如图 2.2 所示。

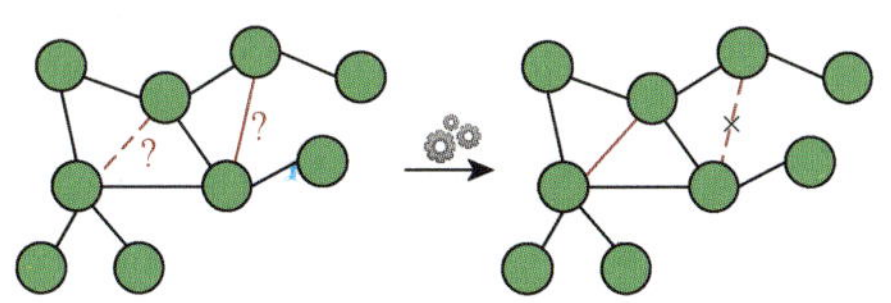

图 2.2　链路预测示例

衡量链路预测算法精确度的常用指标有曲线下面积（area under the curve，AUC）和精确度（Precision），它们对链路预测算法精确度衡量的侧重点不同，AUC 从整体上衡量链路预测算法的精确度，Precision 只考虑对排在前 L 位的边的预测是否准确。

（1）AUC 可以理解为在测试集中的边的分数值比随机选择的一个不存在的边的分数值高的概率，也就是说，每次随机从测试集中选取一条边与随机选择的不存在的边进行比较，如果测试集中的边的分数值大于不存在的边的分数值，就加 1 分；如果两个分数值相等，就加 0.5 分。独立地比较 n 次，如果有 n'次测试集中的边的分数值大于不存在的边的分数值，有 n''次两个分数值相等，则 AUC 定义为

$$\mathrm{AUC}=\frac{n'+0.5n''}{n} \tag{2.1}$$

显然，如果所有分数值都是随机产生的，AUC = 0.5。因此 AUC 大于 0.5 的程度衡量了算

法在多大程度上比随机选择的方法精确。

（2）Precision 定义为在前 L 次预测中边被预测准确的比例。如果有 m 次边预测准确，即排在前 L 位的边中有 m 个在测试集中，则 Precision 定义为

$$\text{Precision} = m / L \tag{2.2}$$

显然，Precision 越大，预测越准确。

链路预测本质上是从链路的微观层面解释图结构生成的原因，进而帮助人们更好地理解图所对应的复杂系统的结构生成和演化规律。链路预测可以分为缺失信息的还原以及未来信息的预测两类，即预测存在但未被观察到，或者未来可能会出现的链路。链路预测有着广泛的应用场景。例如，用于指导生物实验以提高实验成功率，对社交网络中的朋友推荐和敌友关系进行预测，在电子商务网站上进行商品推荐，以及通过识别隐藏的链边和虚假的链边对信息不完全或含有噪声的网络进行重构[3]。

2.1.4　节点重要性

由于图数据的高度异质性，节点在图中具有不同的角色和作用。节点重要性分析是一种用于评估网络图中节点重要性的方法，它可以帮助识别图中最重要的节点，从而更好地理解图的结构和功能。由于图数据是真实复杂系统的抽象表示，快速准确地识别出图中的重要节点并提供保护机制可以提升复杂系统的抗毁性。同时，基于重要节点可以提出更高效的攻击策略。因此，设计高效的节点重要性评估算法具有重要的理论和实践意义。

图重要节点的挖掘具有重要的应用价值。例如，将节点重要性的排序结果应用于推特（Twitter）和新浪微博等社交网络中，可以发现最有影响力的用户，从而帮助用户找到有关联的信息源；或者在信息传播背景下对节点角色进行区分，挖掘具有“信息引爆能力”的关键节点，可以应用于市场营销和广告投放[4]。

2.1.5　社团检测

大量的实证研究发现真实图数据中存在若干个节点分组，组内节点间的连接比较稠密，组间节点的连接比较稀疏。这样的节点分组被称为社团结构[5]。社团发现（community detection）旨在发现图数据中潜在的社团结构[6]，如图 2.3 所示。实际上，在很多图数据中都存在社团结构，通过社团检测将网络划分成多个相对稠密的子图，每个子图对应一个社团，高质量的社团结构对人们认识复杂系统具有重要的指导意义[6, 7]。

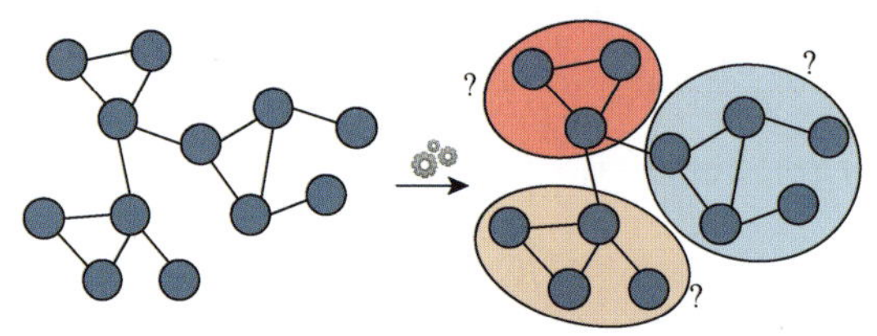

图 2.3　社团检测示例

最常用的社团结构评价指标有模块度（modularity）和标准化互信息（normalized mutual information，NMI）。

（1）模块度最早由 Newman[8]提出，旨在评价社团结构的优劣，衡量社团检测算法的效果。模块度是指连接社团内部节点的边所占的比例与另一个随机网络中连接社团内部节点的边所占的比例的期望值的差值。因为随机网络不具有社团结构，对应的差异越大，说明该社团划分得越好。如果社团结构比较明显，则社团内部连接的边的比例应该高于随机网络的期望值。模块度的定义如下：

$$Q=\frac{1}{2m}\sum_{i,j}\left[A_{i,j}-\frac{k_i k_j}{2m}\right]\delta(c_i,c_j) \tag{2.3}$$

式中，m 表示图中边的数量；A 表示邻接矩阵，$A_{i,j}$ 即邻接矩阵中的元素；k_i、k_j 分别表示所有指向 i 节点、j 节点的连接边权重和；c_i、c_j 分别表示节点 i、节点 j 所归属的社团；如果 $c_i=c_j$，$\delta(c_i,c_j)$ 满足 $\delta(c_i,c_j)=1$。Q 的值越大说明社团的结构越清晰。

（2）NMI 是社团发现方法在已知正确社团划分的情况下的重要衡量指标。令 CS 表示算法检测得到的社团结构，而 $P=\{P_1,P_2,\cdots,P_p\}$ 表示图的真实的社团结构，c_i 表示社团检测形成的第 i 个社团，$|V|$ 表示图中总的节点数量。NMI 的公式定义如下：

$$\mathrm{NMI}(\mathrm{CS},P)=\frac{-2\sum_{i=1}^{k}\sum_{j=1}^{p}\left|c_i\cap P_j\right|\log\left(\frac{\left|c_i\cap P_j\right|\cdot|V|}{|c_i|\cdot|P_j|}\right)}{\sum_{i=1}^{k}|c_i|\log\left(\frac{|c_i|}{|V|}\right)+\sum_{j=1}^{p}|P_j|\log\left(\frac{|P_j|}{|V|}\right)} \tag{2.4}$$

NMI 的有效值为[0,1]，其值越大表示对应的社团结构越接近于真实结构，当检测到的社团结构和真实结构一致时，NMI 的值为 1。

2.1.6　信息传播预测

随着信息技术的快速发展，人与人之间的互联、人与信息之间的互联高度融合，人人参与到信息的产生与传播过程，这种传播方式使得一条信息能够在短时间内传播到数以百万计的用户。在此背景下，信息传播是指在一个网络结构中，信息从一个节点传递到其他节点的过程。这一过程通常涉及节点间的相互作用，其中一个节点收到信息后，可能会传播给其邻居节点，从而形成一个连锁反应。传播过程包括传播者、接收者和传播媒介三个要素。在信息传播过程中，没有接收信息的节点被称为非激活节点（inactive node），而接收信息的节点被称为激活节点（active node）。每个激活节点会通过网络中的边向相邻的非激活节点传递信息，而这些非激活节点会存在一定的概率接收到传播的信息而成为激活节点。因此，信息传播预测的目的是在掌握现有信息传播形态的基础上，依照一定的方法和规律对未来的信息传播趋势进行测算，以预先了解信息传播的最终过程和结果，为信息传播的干预提供依据。

信息传播预测具有广泛的应用前景。例如，研究用户的在线行为以及传播行为规律将有助于网络公司准确地把握用户的偏好，并将可能感兴趣的话题信息、其他用户或者用户社群推荐给该用户；企业可根据信息传播规律寻找潜在客户，进行定位化的广告宣传，以较低的费用将新产品推广至整个网络，从而产生较大的社会影响和商业价值；通过预测信息的传播范围和用户的观点态度，政府部门可以准确地判断舆论的热点问题，以便及时采取科学的控制和引导[9]。

2.2　传统图学习模型方法

2.2.1　节点分类方法

典型的节点分类方法包括标签传播（label propagation）方法、迭代分类（iterative classification）方法、C&S（correct and smooth）方法以及循环置信传播（loopy belief propagation）方法等。本小节主要介绍标签传播方法和迭代分类方法。

1. 基于标签传播的节点分类方法

标签传播方法假设两个连通的节点可能具有相同的标签，因此它们沿着边迭代地传播标签。设 $Y^{(k)}=\left[y_1^{(k)},y_2^{(k)},\cdots,y_n^{(k)}\right]^{\mathrm{T}}\in\mathbb{R}^{n\times c}$ 是迭代 $k>0$ 中的软标号矩阵，其中第 i 行 $y_i^{(k)\mathrm{T}}$ 表示迭代 k 中节点 v_i 的预测标号分布。当 $k=0$ 时，初始标签矩阵 $Y^{(0)}=\left[y_1^{(n)},y_2^{(n)},\cdots,y_n^{(n)}\right]^{\mathrm{T}}$ 由 one-hot 标签指示向量 $y_i^{(0)}$ 组成，其中 $i=1,2,\cdots,m$（即为已标记的节点），否则为 0 向量（即为未标记的节点）。迭代 k 中的标签传播表示为以下两个方程[10]：

$$Y^{(k+1)}=\tilde{A}Y^{(k)} \tag{2.5}$$

$$y_i^{(k+1)}=y_i^{(0)},\quad \forall i\leqslant m \tag{2.6}$$

在上述方程中，$\tilde{A}$ 是归一化的邻接矩阵，可以表示为随机游走转移矩阵 $\tilde{A}_{\mathrm{rw}}=D^{-1}A$ 或对称转移矩阵 $\tilde{A}_{\mathrm{sym}}=D^{-\frac{1}{2}}AD^{-\frac{1}{2}}$，其中 D 为 A 的对角矩阵，其元素 $d_{ii}=\sum_j a_{ij}$。为了避免偶然性，取 $\tilde{A}=\tilde{A}_{\mathrm{rw}}$。在式（2.5）中，所有节点根据归一化的边权重向其邻居节点传播标签；在式（2.6）中，所有已标记节点的标签都被重置到它们的初始值，已标记的标签会被保留，这样未标记节点不会因为初始标签的消失而过度使用已标记节点。

2. 基于迭代分类的节点分类方法

该方法利用已知节点标签（即已标记的节点）以及图的结构信息，通过迭代的方式逐步更新未标记节点的标签，直至收敛到稳定状态。

图 2.4 给出了简单图上局部迭代的两个步骤[11]。步骤一对被遮挡的节点 X 进行初始标记，标记为“18”。在步骤二中，这个标签被传播到节点 Y，以后的迭代将进一步传播标签。

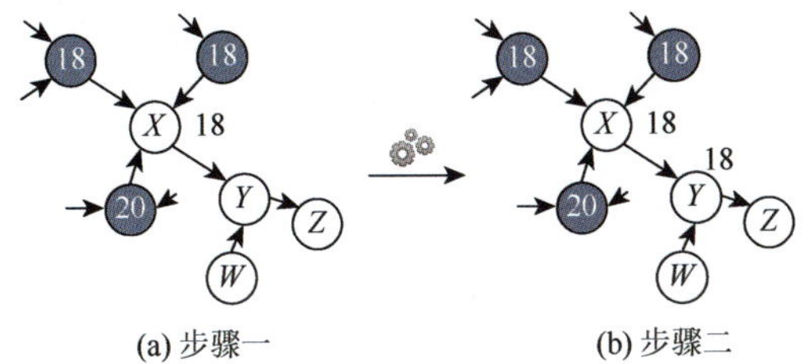

图 2.4 节点分类局部迭代方法的两个步骤

2.2.2 图分类方法

图之间的相似度度量是图数据应用领域的关键问题之一，它可以进一步处理后续任务，其中就包括了图分类。从该角度出发，图分类的方法主要有基于图核的图分类方法、基于图匹配的图分类方法以及基于图神经网络的图分类方法。

1. 基于图核的图分类方法

图核（graph kernel）方法是一类把低维空间下非线性可分问题转换为高维空间下线性可分问题的方法，其核心在于度量成对数据的相似性[1]，图核是一种特殊的核方法。基于图核的图分类方法本质是利用图核方法显示或隐式地计算图之间的相似度，然后通过核机器进行分类，其过程如图 2.5 所示。当给定图 G 时，存在一个由图空间到希尔伯特空间的映射 $\phi: G \to H$，使得 $k\langle G_1, G_2\rangle = \langle \phi(G_1), \phi(G_2)\rangle$。图核方法在应用时的关键在于定义合适的核函数。

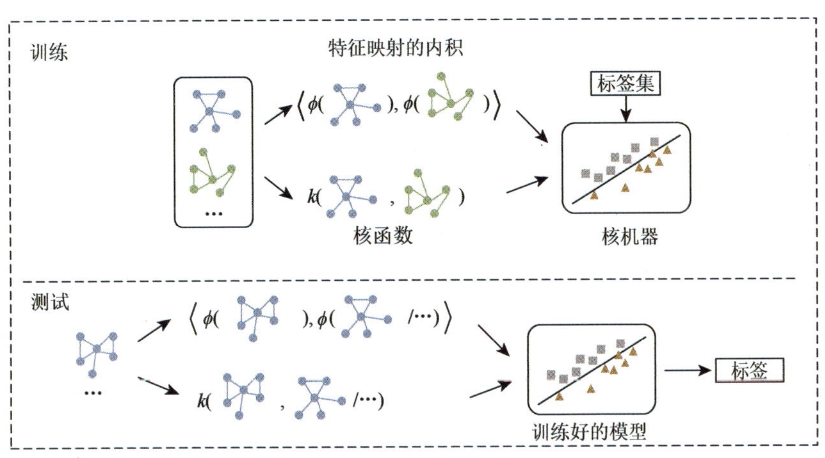

图 2.5 基于图核的图分类流程图

在过去的几年中，大量采用不同核函数的图核方法被提出并应用于图分类任务。该类方法结合了图的表示能力和图核方法的划分能力，可以解决基于图相似度计算的图分类任务。然而，在这些方法中，特征表示和分类的过程是分开的，不能以统一的方式进行优化。此外，基于图核的图分类方法的计算复杂度通常较高，无法应用于大规模图数据。

2. 基于图匹配的图分类方法

图匹配[12]包括精确图匹配和非精确图匹配，由于所考虑的模式的内在可变性和图提取过程中产生的噪声，不能预期代表同一类型对象的两个图在结构上是完全相同的，或者至少在很大程度上是相同的。这种噪声严重阻碍了精确匹配技术的应用，导致精确图匹配在实际应用中很少使用。因此，本节着重介绍非精确图匹配，图 2.6 为基于非精确图匹配的图分类流程图。

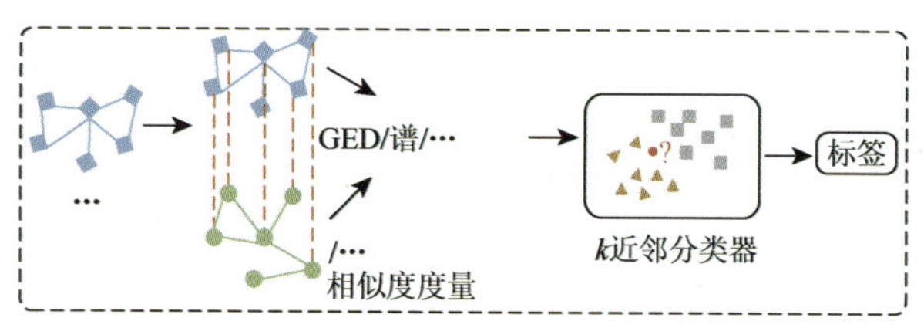

图 2.6　基于非精确图匹配的图分类流程图

非精确图匹配主要有基于图编辑距离[13, 14]（graph edit distance，GED）、人工神经网络、松弛标记、谱分解和图核等容错匹配算法。其中 GED 是应用最为广泛的算法，本书主要介绍该算法。

GED 提供了一种将误差集成到图匹配过程中的直观方法，几乎适用于所有类型的图。GED 的核心思想是通过反映结构和标记中修改的编辑操作来建模结构变化。通过节点和边的插入、删除和替换给出一组标准的编辑操作。给定两个图：源图 g_1 和目标图 g_2，图编辑就是删除 g_1 中的部分节点和边，重新标号（替换）部分剩余的节点和边，并在 g_2 中插入部分节点和边，使得 g_1 最终转换为 g_2。将 g_1 转换为 g_2 的编辑操作 $e_1, e_2, \cdots, e_k$ 的序列称为两个图之间的编辑路径。在图 2.7 中，g_1 到 g_2 的编辑路径包括三条边删除、一个节点删除、一个节点插入、两条边插入和两个节点替换。

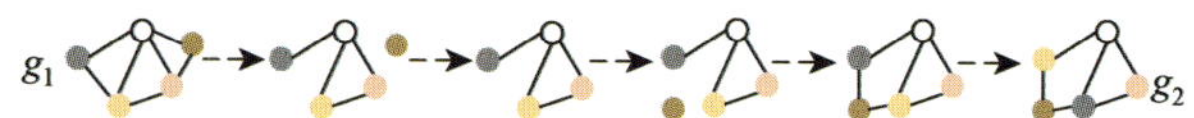

图 2.7　图 g_1 和 g_2 之间可能的一条编辑路径

节点标签用彩色表示

设 G_1、G_2 为两个图，$c(o)$ 表示从 G_1 到 G_2 的编辑路径 o 的代价，O 为从 G_1 到 G_2 的编辑路径的有限集合，那么 G_1 与 G_2 之间的编辑距离可以定义为

$$d_{\text{GED}}(G_1, G_2) = \min_{o \in O} \sum_i c(o_i) \tag{2.7}$$

在基于图编辑距离的图匹配中，定义适当的和特定应用的代价函数是一项关键的任务。图的标签的先验知识往往是不可避免的，图的编辑距离是一个合适的邻近性度量。这一事实通常被认为是图编辑距离的主要缺陷之一。

2.2.3 链路预测方法

在链路预测的研究历程中，早期的多数学者采用的是基于节点属性的方法，即两个节点的属性越相似，就越容易产生连接。然而，获取节点信息以及如何提取有用信息都具有一定的难度，且过程烦琐[15]。后来的学者关注到图拓扑结构，以图结构的相似性为基础，判别两个节点的相似性，两个节点的结构越相似则二者越可能产生连接。随着机器学习的发展，基于机器学习的链路预测方法被提出，主要分为：特征分类、概率模型以及矩阵分解。此外还有基于最大似然的链路预测方法。接下来主要介绍基于结构相似性和基于矩阵分解的链路预测方法。

1. 基于结构相似性的链路预测方法

典型的局部指标计算会涵盖节点的直接邻居，主要基于共同邻居和节点度的信息。例如，共同邻居（common neighbor，CN）指标、Adamic/Adar（AA）指标、资源分配（resource allocation，RA）指标、局部路径（local path，LP）指标等。

1）CN 指标

共同邻居指标着重考虑两个节点之间共同邻居的个数，个数越多则两个节点之间存在连接的概率越大。CN 指标的数学表达式如下：

$$\mathrm{CN}_{(x,y)}=\left|\Gamma(x)\cap\Gamma(y)\right| \tag{2.8}$$

式中，x、y 表示网络中的节点；$\Gamma(x)$、$\Gamma(y)$ 表示网络节点 x、y 的邻居集合。显然，节点 x 和 y 的相似性就定义为它们之间的共同邻居数。此外，根据共同邻居基本概念衍生出很多相关指标，例如余弦相似性指标（Salton 指标）、Jaccard 指标等。

2）AA 指标

Adamic/Adar 指标着重考虑两个节点的共同邻居的度的信息，并对共同邻居节点赋予一个与自身度相关的权重系数。AA 指标的数学表达式如下：

$$\mathrm{AA}_{(x,y)}=\sum_{z\in\Gamma(x)\cap\Gamma(y)}\frac{1}{\log k_z} \tag{2.9}$$

式中，z 表示节点 x、y 的共同的邻居节点；k_z 表示节点 z 的度。从表达式中可以清楚地看出，具有较小度的共同邻居被赋予了更多的权重。这在现实世界中也是很直观的，例如，与朋友数量较多的人相比，拥有较少朋友的人在单个朋友身上花费的时间/资源更多。

3）RA 指标

资源分配指标假设每个共同邻居都可以作为资源传递媒介，考虑两个不相邻的节点 x 和 y。假设节点 x 通过 x 和 y 的公共节点向 y 发送一些资源，则根据从 x 发送到 y 的资源计算两个节点之间的相似性。RA 指标的数学表达式如下：

$$\mathrm{RA}_{(x,y)}=\sum_{z\in\Gamma(x)\cap\Gamma(y)}\frac{1}{k_z} \tag{2.10}$$

式中，z 表示节点 x、y 的共同邻居节点；k_z 表示节点 z 的度。RA 指标与 AA 指标相比，唯一的区别就是共同邻居传递的资源没有对共同邻居的度取对数，而是直接利用共同邻居节点的度，因此 RA 指标对度数较高的节点惩罚较大。对于平均度数较小的网络，二者的预测结果几乎相同。但是 RA 指标在聚类系数较高的异构网络上表现出良好的性能，尤其是在交通网络上。

4）LP 指标

考虑基于局部节点信息的相似性预测指标，仅关注二阶路径的数量，使得计算复杂度相对较低，但也导致了有限的预测准确性。为进一步增强预测性能，提出一种称为局部路径（LP）指标的方法，它考虑了更高阶路径信息。LP 指标的数学表达式如下：

$$\mathrm{LP}_{(x,y)} = A^2 + \gamma A^3 \tag{2.11}$$

式中，A 表示网络的邻接矩阵；γ 表示调节参数，反映三阶路径信息在预测指标中的比例。当 γ 趋近于 0，则 LP 指标退化为 CN 指标；当 γ 趋近于 ∞，则 LP 指标进化为 Katz 指标，考虑分布更远的路径信息。

2. 基于矩阵分解的链路预测方法

由于维数灾难，在低维空间中可分析或计算管理的程序在高维空间中可能变得完全不切实际。例如，最近邻方法在应用于高维数据时通常会失效，因为邻域不再是局部的。降维也因此成为大多数数据挖掘应用程序中必不可少的数据预处理步骤。

在过去的几十年里，各种矩阵分解技术被用来寻找隐藏在原始数据中的低维结构。最著名的基于矩阵分解的降维方法包括非负矩阵分解（non-negative matrix factorization，NMF）、结构扰动方法（structural perturbation method，SPM）和主成分分析（principal component analysis，PCA）等。

1）非负矩阵分解

基于非负矩阵分解的预测方法通过学习网络结构的潜在特征进行预测。它首先对网络结构的邻接矩阵进行奇异值分解，然后进行重构，用于进行结构的预测推断[16]。为提高模型的准确性和抗噪性，研究者通过多次添加扰动，并对多次扰动后的矩阵重构结果进行求和及归一化处理。基于 NMF 的网络重构算法定义如下：

$$A^* = \frac{1}{R}\sum_{r=1}^{R} W^r H^r \tag{2.12}$$

式中，A^* 表示原始网络矩阵 A 的重构矩阵，也称相似度矩阵；W 表示矩阵分解产生的基矩阵；H 表示矩阵分解产生的系数矩阵；R 表示扰动的次数。

2）结构扰动方法

SPM[17]假设网络内部结构在扰动前后保持一致。它通过对原始网络结构进行随机扰动，然后重建扰动后的网络，以发现网络内在结构模式。这涉及特征值分解原始网络结构，扰动特征值并固定特征值对应的特征向量来引入结构扰动，然后基于扰动后的特征值和未扰动的特征向量来重建网络。基于 SPM 的网络重构算法定义如下：

$$\Delta\lambda_k \approx \frac{x_k^{\mathrm{T}} \Delta A x_k}{x_k^{\mathrm{T}} x_k} \tag{2.13}$$

$$\tilde{A} \approx \sum_{k=1}^{N} (\lambda_k + \Delta\lambda_k) x_k x_k^{\mathrm{T}} \tag{2.14}$$

式中，$\tilde{A}$ 表示原始网络矩阵 A 的重构矩阵，也称相似度矩阵；λ_k、x_k 分别表示原始网络矩阵 A 的特征值、特征向量；ΔA 表示随机扰动链路集合 ΔE 对应的邻接矩阵；$\Delta\lambda_k$ 表示特征值扰动变化量。

3）主成分分析

考虑到真实网络通常具有噪声和缺失信息，PCA 理论[18]用于填补观察到的网络结构的邻接矩阵，重点在于补全矩阵中新增的部分结构。基于 PCA 的网络重构方法定义如下：

$$\underset{X^*,E}{\operatorname{argmin}} \operatorname{rank}(X^*) + \lambda \|E\|_1 \ \text{s.t.} \approx X^* = A - E \tag{2.15}$$

式中，X^*、E 分别表示含噪网络矩阵 A 的重构矩阵、噪声矩阵；$\operatorname{rank}(\cdot)$ 表示矩阵的秩；$\|\cdot\|_1$ 表示矩阵的(1, 1)范数。

2.2.4　节点重要性度量

节点的重要性通常利用其“中心性”来进行衡量，不同的节点中心性度量方法从不同角度刻画了节点在网络结构中的作用。评价网络中节点重要性的方法有很多，如介数中心性（betweenness centrality，BC）、度中心性（degree centrality，DC）、PageRank 等。基于网络全局属性的介数中心性[19]评价方法认为：通过某个节点的最短路径数量越多，该节点的重要性就越高。然而，这种评价方法需要计算所有节点对之间的距离，导致时间复杂度较高。与此不同，度中心性[20]是最简单的节点重要性评价指标，直接反映与当前节点相连的邻居数量（即节点的度）。节点的度越大，与之直接相连的邻居节点越多，该节点越重要。尽管这种评价方法具有计算复杂度低的优点，但它仅考虑了待评估节点的局部信息，未考虑邻居节点的信息或节点在网络中的环境等因素，可能导致计算结果误差较大。PageRank[21]是谷歌搜索引擎的核心算法，它考虑了待评估页面的邻居页面信息对评估页面重要性的影响，认为如果一个页面被大量其他页面所指向，则该页面是重要的。下面给出前两种度量方法的计算公式。

1. 介数中心性

节点 i 的介数中心性的数学表达式为

$$\mathrm{BC}_i = \sum_{i \neq j \neq k \in V} \frac{g_{jk(i)}}{g_{jk}} \tag{2.16}$$

式中，$g_{jk(i)}$ 表示节点 j 和 k 之间通过节点 i 的最短路径的条数；g_{jk} 表示从节点 j 到节点 k 的所有最短路径的总数。介数中心性定义认为如果一个节点是网络中其他节点对之间通信的必经之路，则其在网络中必具有重要地位。节点介数中心性的值越高，则该节点的影响力越大，相应地，该节点也就越重要[22]。

2. 度中心性

度中心性是指节点 i 相关联的边数与节点 i 可能存在的最大边数的比率，一个节点的度中心性越大代表该节点的影响力越大。度中心性的数学表达式为

$$\mathrm{DC}_i = \frac{k_i}{N-1} \tag{2.17}$$

式中，k_i 表示网络中与节点 i 关联的边数。度中心性定义表明了一个节点与其他节点直接通信的能力，节点度中心性数值越大，该节点在网络中越重要。

2.2.5 社团检测方法

社团检测研究初期，相关算法主要分为基于图论的算法和层次聚类算法[23, 24]。其中，基于图论的算法主要有 K-L 算法[25]和基于图的 Laplace（拉普拉斯）矩阵特征向量的谱平分法[26, 27]。层次聚类算法主要是根据节点的相似度将网络划分为各个社区，主要有以 Newman（纽曼）快速算法[28]为代表的凝聚算法和以 GN（Girvan-Newman，格文-纽曼）算法[29]为代表的分裂算法。近年来，通过结合其他领域的思想，社团检测领域提出许多新的算法，例如模块度优化算法、标号传播算法、派系过滤算法等。本小节主要介绍 GN 算法、基于模块度优化的算法及基于派系过滤的算法。

1. 基于边介数的算法（GN 算法）

GN 算法[29]是由 Girvan 和 Newman 提出的一种分裂算法，根据其边介数（edge betweenness）的值来选择要切割的边。它的基本思想是通过不断将网络中边介数最大的边移除，来将网络逐步划分成若干个分散的社区。其中边介数定义为网络中所有经过该边的任意两个节点间的最短路径的边数。GN 算法的主要步骤如下。

（1）计算网络中每条边的边介数。

（2）将网络中边介数最大的边删除。

（3）重新计算网络中剩余各边的边介数。

（4）重复（2）和（3），直到每个节点都是一个单独的社团为止。

GN 算法的执行过程如图 2.8 所示，通过重复执行 GN 算法，最初给出的网络最后被划分为三个社团。

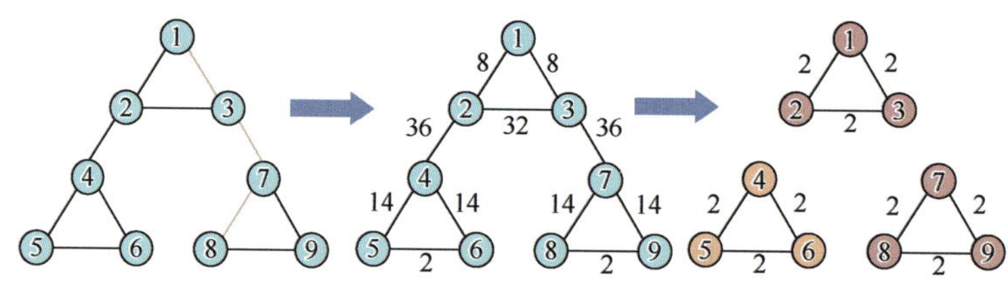

图 2.8　GN 算法的执行过程

2. 基于模块度优化的算法

基于模块度优化的思想，一系列的启发式算法被提出并用来检测网络中的社团结构。典型算法有 Louvain[30]、FN（fast Newman）[28]等，这里以 Louvain 为例，详细描述该类算法的特征。

Louvain 算法分两个阶段进行迭代计算。在第一阶段中，假设存在一个具有 n 个节点的加权网络，Louvain 算法首先将每个节点都单独视为一个社团，然后对每个节点 i，考虑将其加入邻居节点 j，并计算模块度增量 ΔQ，如果 $\Delta Q > 0$，则将节点 i 加入到使 ΔQ 增加最多的邻居节点，否则不动。一直重复上述过程直至所有节点都不再移动，第一阶段停止，此时将节点 i 加入的社团记为 C，模块度增量的计算公式如下：

$$\Delta Q = \left[\frac{\sum \text{in} + k_{i,\text{in}}}{2m} - \left(\frac{\sum \text{tot} + k_i}{2m}\right)^2\right] - \left[\frac{\sum \text{in}}{2m} - \left(\frac{\sum \text{tot}}{2m}\right)^2 - \left(\frac{k_i}{2m}\right)^2\right] \tag{2.18}$$

式中，m 表示图数据中所有边的权重之和；$\sum \text{in}$ 表示社团 C 内部边权重之和；$\sum \text{tot}$ 表示与社团 C 的节点相连的连边权重之和；k_i 表示与节点 i 相连的权重之和；$k_{i,\text{in}}$ 表示节点 i 与社团 C 内节点的连边权重之和。第二阶段利用第一阶段发现的社团重构网络，将每个社团都看作一个新的节点，此时节点的权重为社团内部节点权重之和，社团内节点之间的边的权重之和作为新节点的环的权重，社团间的连边的权重转换为两个新节点之间的边的权重，得到一个新的图。不断重复两个阶段直到整个社团模块度不再变化，算法结束。简单来说，在每次迭代过程中将每个社团作为一个节点重新构造网络，以最大的模块度值增益为目标不断合并节点，直到最后模块度不再增大为止。Louvain 算法流程图如图 2.9 所示。

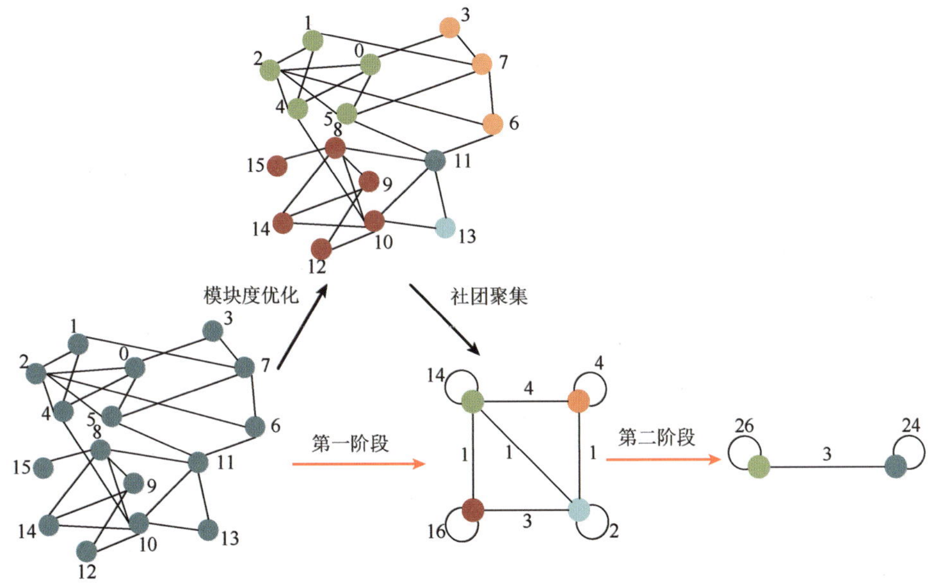

图 2.9　Louvain 算法流程图

3. 基于派系过滤的算法

Palla 等[31]提出了基于派系过滤的算法（clique percolation method，CPM），用来检测网络中具有相互重叠的社团结构的复杂网络。在 CPM 中，一个网络是由一些重叠的连通子图也即所谓的派系构成，之后通过不断地搜索邻近的派系就可以分析出网络的社团结构。

1）派系的定义

派系（clique）指的是任意两个节点都直接关联的节点集合，即完全子图。k-派系就是具有 k 个节点的完全连通子图。

如图 2.10（a）所示，如果两个 k-派系之间有 $k-1$ 个公共节点，那么称这两个 k-派系相邻，而 k-派系链（k-clique cluster）就是由多个相邻的 k-派系构成的集合，如图 2.10（b）所示。

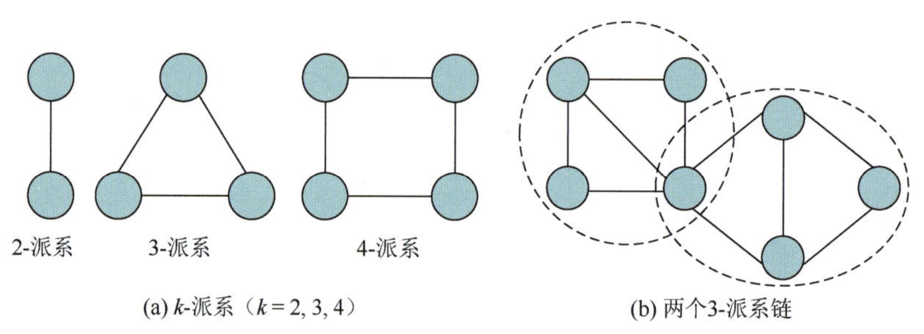

图 2.10　k-派系和 k-派系链示例

2）CPM 的定义

CPM 分为两个阶段。第一阶段，根据复杂网络中节点的度可以初步确定网络中可能存在的最大完全连通子图的大小 g。从网络中任意一个节点出发，找到该节点所在的 g-派系后，删除该节点和它相连的边，然后再选择另一个节点重复上述过程直到网络中的节点个数为 0 为止，此时便找到网络中所有存在的 g-派系。第二阶段，令 g 的值减 1，重复第一阶段的算法，直到找到复杂网络中存在的全部派系，算法结束。可以看出，该算法的核心思想就是寻找节点所在派系的算法，利用迭代回归的方法按照以下步骤找到从节点 i 出发的所有 k-派系。

（1）给定集合 $s=\{i\}$，$v=\{j\,|\,\text{与}i\text{相连的节点}\}$。

（2）将集合 v 中的节点 j 移动到集合 s 中，同时删除集合 v 中不再与集合 s 中元素相连的节点。

（3）如果集合 s 中元素的个数未达到 k，集合 v 中已经没有元素，或者 s、v 是某个已经存在的较大派系的子集，则终止计算，回归上一步；否则当集合 s 中元素的个数达到 g 时，就得到一个新派系 s，记录集合 s，回归上一步，继续寻找新的派系。

CPM 的时间复杂度高，在处理大规模复杂网络时在合理的时间内难以得到想要的结果，因此在大数据时代背景下的应用范围很局限。

2.2.6　信息传播预测方法

目前复杂网络中信息传播特性的研究工作主要包含三个方面：信息传播模型的构建与分析、抑制传播的免疫策略以及促进传播的传播最大化方法等[32-34]。早期的基础传播模型有 SI 模型、SIS 模型、SIR 模型等，不同模型考虑不同感染状态之间的变化情况，其中 S 类表示易感染（susceptible）状态，I 类表示感染（infectious）状态，R 类表示康复 （recovered）状态。考虑到信息传播中个体之间的差异性以及传播的即时性，提出网络信息传播的独立级联模型，该模型在商品的市场营销和推广领域得到了广泛的应用。由于网络中的个体对于信息均有一定的接受阈值，该阈值取决于个体的兴趣偏好以及信息的自身属性，并在独立级联模型的基础上提出了线性阈值模型（linear threshold model）。线性阈值模型能够很好地反映谣言等在社交网络中的传播机制，在各种社交场景中广泛应用。本小节主要介绍 SI 模型和线性阈值模型。

1. SI 模型

在混合均匀的网络中，所有节点接触的概率相等，假设在单位时间内一个节点以 λ 的概率将信息传播给邻居中的易感染节点，在很小的时间变化 dt 范围内的信息传播可以用以下微分方程表示：

$$\begin{cases}\dfrac{\mathrm{d}s(t)}{\mathrm{d}t}=-\lambda s(t)i(t)\\[2mm]\dfrac{\mathrm{d}i(t)}{\mathrm{d}t}=\lambda s(t)i(t)\end{cases}\tag{2.19}$$

式中，$s(t)$ 表示在时间 t 时，整个网络中易感染节点的比例；$i(t)$ 表示在时间 t 时，整体网络感染节点的比例。联立式（2.19）两个方程可以解出：

$$\ln i(t)-\ln\left[1-i(t)\right]+C=\lambda t\tag{2.20}$$

若假设在初始时间 $t=0$ 时，网络中感染节点的比例 $i(t)=i_0$，则将其代入式（2.20）求得 $C=\dfrac{i_0}{1-i_0}$，因此网络中感染节点随时间变化的比例为

$$i(t)=\frac{i_0\mathrm{e}^{\lambda t}}{1-i_0+i_0\mathrm{e}^{\lambda t}}\tag{2.21}$$

在 SI 模型中，当 $t\to\infty$ 时，网络中所有节点都变为感染状态。

2. 线性阈值模型

线性阈值模型是一种经典的累积影响力信息传播模型，它和 SI 模型一样，模型中的节点只有易感染状态和感染状态[35]，但对于线性阈值模型来说，网络中每个节点 i 都有一个固定的阈值 θ，每个节点的阈值可以相同，也可以从某种分布中随机选择。若一个节

点的临界值大于或等于该节点的阈值，则该节点转变为感染状态。它的传播机制详细描述如下。

（1）假设网络中的信息传播到第t步，此时有多个节点被激活，设这些被激活的节点的所有未被激活出边邻居节点的集合为T，节点v是集合T中的元素，$\text{in}(v)$表示当前节点v的所有激活入边邻居节点集合，$\text{allin}(v)$表示节点v的所有入边邻居集合，$\theta_v(\theta_v \in [0,1])$表示节点$v$的激活阈值，节点$u$是集合$\text{in}(v)$中的元素，$b_{u,v}$表示节点$u$对节点$v$的影响力，且$b_{u,v}$满足：

$$\sum_{u \in \text{allin}(v)} b_{u,v} \leqslant 1 \tag{2.22}$$

如果对于节点v，满足：

$$\sum_{u \in \text{in}(v)} b_{u,v} \geqslant \theta_v \tag{2.23}$$

则称节点v被成功激活。集合T中的每个节点都会被尝试激活。

（2）若节点v在上一步中被成功激活，那么它将会继续传播信息；否则，节点v的入边激活状态的邻居节点对节点v的影响力也会保存下来，为以后激活节点v做贡献。

（3）只要每一步都有新的节点被成功激活，传播过程就会进行下去。

（4）给定足够的时间，最终将不会再有新节点被激活，此时的网络处于一个稳定的状态，整个信息传播的过程结束。

2.3 图神经网络模型

随着深度学习的不断发展，如何更加有效地学习到数据内存在的抽象特征信息成为关键的问题。随着网络层数的不断增加，获取到的特征越来越抽象，最终通过得到的抽象特征来完成不同的任务。对于图数据相关任务来说，这种思想同样适用。深度学习模型从图数据最初始的特征开始到最终学习到更加抽象的特征，这种特征源于图中节点之间的关系对图中其他节点的特征信息的融合，表达出的信息比初始的特征更加简洁且丰富。这样就能够将该特征应用于不同的任务之中，比如节点分类、图分类等。其基本公式如下：

$$H^{(k+1)} = \sigma(H^{(k)}, A) \tag{2.24}$$

式中，k表示网络的层数；$H^{(k)}$表示网络在第k层得到的特征，且$H^{(0)} = X$，X表示由图中节点特征形成的矩阵；σ表示添加的非线性激活函数；A表示图数据的邻接矩阵。

2.3.1 GCN 模型

图数据与图像数据的区别在于图数据中节点邻居的个数和顺序是不确定的。因此，传统用于图像数据的卷积神经网络模型中的卷积操作不能直接应用于图数据。为了在图上进行卷积操作，需要重新定义这种卷积操作，并通过卷积定理将其转换回空间域。这种重新定义的卷积操作使得可以在图上有效地捕捉节点之间的关系和结构。其中，图卷积网络（graph convolutional network，GCN）是一种比较有代表性的方法。GCN 中的卷积机制涉及拉普拉斯矩阵归一化以及表示矩阵的乘法操作。通过这种方式，GCN 能够同时考虑到节点的自身信息和邻居节点的信息，从而捕捉到图中的结构和关系。拉普拉斯矩阵定义为节点的度矩阵与图的邻接矩阵的差，被用来描述图的结构和连接关系。GCN 为图数据提供了一种有效的表示方法，并被应用于图分类、节点分类和链接预测等任务中。

GCN 背后的核心思想是学习如何使用神经网络迭代地聚合来自局部图邻域的特征信息[36]。对于固定尺寸的图像而言，每个新特征的学习方式是通过对卷积操作领域的特征进行一定的变换求和来表示特征信息的聚合。将其类比到图上，每一个节点的新特征可以类比得到：对节点的邻域节点特征进行变换，然后求和。通过模型最后生成的抽象特征将其进行归一化处理之后结合图中部分具有标签的节点构建损失函数，通过最小化损失函数来得到其他无标签节点的分类标签，便构成了 GCN 的半监督学习过程。其基本公式如下：

$$H^{(k+1)} = \sigma(H^{(k)}, A) = \sigma(AH^{(k)}W^{(k)}) \tag{2.25}$$

式中，$W^{(k)}$ 表示第 k 层的学习矩阵。常见的激活函数有 S 型激活函数、ReLU 函数及其变体。使用这些激活函数是为了向模型中添加非线性信息，这是因为现实生活中的信息表现在模型中往往都不是线性化的，通过线性化的模型去拟合现实世界中的信息，结果往往都不尽如人意。

根据式（2.25）可以得出 GCN 的基本框架，如图 2.11 所示，GCN 的学习过程可以分为三步：对图数据特征进行变换学习；聚合邻域节点的特征，得到该节点的新特征；通过激活函数向模型中添加非线性以得到效果更好的模型。这里的权重矩阵是所有节点共享的，随着网络层数的增加，节点的感知域也随之越来越大，节点最后的特征表示就融合了更多的特征，拥有更好的表达效果。

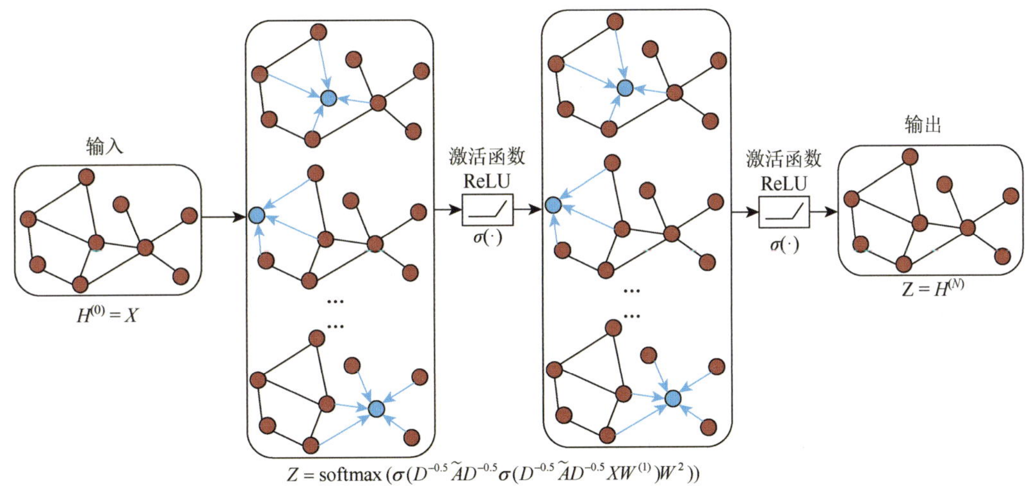

图 2.11　图卷积网络的基本框架

2.3.2　GraphSAGE 模型

GraphSAGE（graph sample and aggregate）[37]是一个用于计算节点嵌入表示的通用框架。GraphSAGE 的核心思想是先使用采样的方法，采样固定数量的邻居节点，然后进行聚合。利用节点特征（如节点概要信息、节点度）来学习一个嵌入函数，该函数可以推广到不可见的节点，对未知节点起到泛化作用。通过在学习算法中加入节点特征，可以同时学习每个节点邻域的拓扑结构以及节点特征在邻域中的分布。

图 2.12 给出了 GraphSAGE 模型的主要步骤：对图中每个节点的邻居节点进行采样；根据聚合器函数聚合邻居节点蕴含的信息；得到图中各节点的向量表示供下游任务使用。在图 2.12 中，没有为每个节点训练一个不同的嵌入向量，而是训练了一组聚合器函数，这些函数学习从节点的局部邻域聚合特征信息。每个聚合器函数聚合来自远离给定节点的不同跳数或搜索深度的信息。在测试或推理时，使用训练好的系统通过应用学习到的聚合器函数为完全不可见的节点生成嵌入。在生成节点嵌入的工作之后，设计一个无监督损失函数，允许 GraphSAGE 在没有特定任务监督的情况下进行训练。

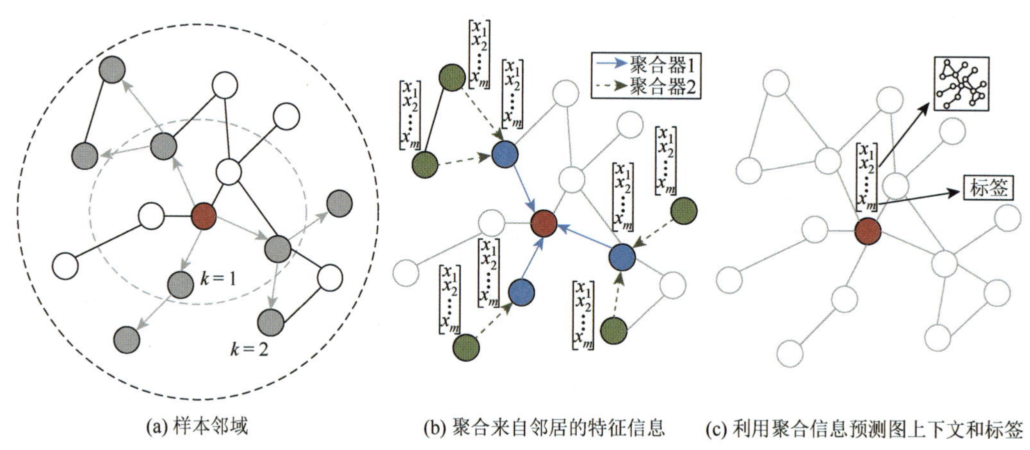

图 2.12　GraphSAGE 示例和聚合方法的可视化表示

相比较而言，GCN 模型是直推式的方法，仅考虑当前数据，而 GraphSAGE 模型是归纳式的方法，可以处理未知节点，在未知数据上也有区分性。GCN 模型聚合了每个邻居的信息，GraphSAGE 模型采样固定数量的邻居节点，通过采样机制可以很好地解决 GCN 模型必须要知道全部图的信息问题，克服了 GCN 模型训练时内存和显存的限制，即使对于未知的新节点，也能得到其表示，起到泛化作用。

2.3.3　GAT 模型

图注意力网络（graph attention network，GAT）由 Veličković等[38]于 2018 年提出，它

通过将注意力机制引入到图神经网络模型中，解决图卷积神经网络难以为图中每个邻居节点分配不同权重的问题，在行人识别、声纹识别、情感分析、文字识别、高光谱图像以及场景图生成等领域都得到了广泛的应用。

GAT 不依赖图的整体结构，具有可解释性强的特点。GAT 模型的主要思想是使用注意力机制学习网络的结构特征和节点的属性信息，即首先通过聚合一阶邻居节点的特征信息作为节点的结构信息，然后通过多层线性变换和非线性激活得到每一个节点在低维嵌入空间中的向量表示，最后将 GAT 模型生成的节点嵌入应用到各种机器学习任务中，如节点分类、链路预测、图异常检测等。

图注意力层是 GAT 的核心组件，其用于在图数据上实现节点的信息聚合与更新，图注意力层的输入是一组节点特征，即 $h=\{h_1,h_2,\cdots,h_N\}$，$h_i\in\mathbb{R}^F$，其中 N 为节点数，F 为每个节点的特征数。该层产生一组新的节点特征（可能具有不同基数的 F'）$h'=\{h_1,h_2,\cdots,h_N\}$，$h_i'\in\mathbb{R}^{F'}$ 作为输出。

为了获得足够的表达能力将输入特征转换为更高层次的特征，至少需要一个可学习的线性变换，因此初始步骤对每个节点应用由权重矩阵 $W\in\mathbb{R}^{F'\times F}$ 参数化的共享线性变换，然后在节点上执行自注意-共享注意机制 a：$\mathbb{R}^{F'}\times\mathbb{R}^{F'}\to\mathbb{R}$ 计算注意力系数：

$$e_{ij}=a(Wh_i,Wh_j) \tag{2.26}$$

式（2.26）表示节点 j 的特征对节点 i 的重要性。传统模型舍弃了结构信息，GAT 模型通过执行掩蔽注意力将图结构注入到机制中，只计算节点 $j\in N_i$ 的 e_{ij}，其中 N_i 是图中节点 i 的某个邻域。为了使系数在不同节点之间易于比较，使用 softmax 函数在 j 的所有选择中对它们进行归一化处理：

$$\alpha_{ij}=\text{softmax}_j(e_{ij})=\frac{\exp(e_{ij})}{\sum_{k\in N_i}\exp(e_{ik})} \tag{2.27}$$

GAT 模型具有以下特点：①计算高效。与 GCN 类似，GAT 同样是一种局部网络，都是将邻居节点的特征聚合到中心节点上，无须了解整个图结构，只需知道每个节点的邻居节点即可。不同的是 GCN 利用了拉普拉斯矩阵，GAT 利用了注意力系数。自注意力层的操作可以在所有边上并行化，输出特征的计算可以在所有节点上并行化，不需要特征分解或类似的昂贵的矩阵运算。单个 GAT 注意力头计算 F' 特征的时间复杂度可以表示为 $O(|V|FF'+|E|F')$，其中 F 是输入特征的数量，$|V|$ 和 $|E|$ 分别是图中节点和边的数量。②模型容量更大。与 GCN 模型相比，GAT 模型允许隐式地为同一邻域的节点分配不同的重要性，从而实现了模型容量的飞跃。此外，分析学习到的注意力权重可能会带来可解释性方面的好处。③共享注意力。注意力机制以共享的方式应用于图中的所有边，因此它不依赖于预先访问全局图结构或其所有节点的特征。

2.4　本 章 小 结

本章首先探讨了图学习领域的基本任务，介绍了各个任务的概念和目标。在此基础上，阐述了各个任务相关的传统模型方法，介绍了各类方法的主要思想和特性。然后介绍了近年来提出的图神经网络模型，特别是对具有代表性的 GCN、GraphSAGE、GAT 模型进行了详细的分析介绍。以上论述展示了图学习领域相关模型算法从传统启发式方法到机器学习方法、从机器学习方法到图神经网络方法的发展过程，强调了图神经网络已成为图数据建模学习领域具有代表性的技术路线。

参 考 文 献

[1] 王兆慧, 沈华伟, 曹婍, 等. 图分类研究综述[J]. 软件学报, 2022, 33 (1): 171-192.

[2] 吕琳媛. 复杂网络链路预测[J]. 电子科技大学学报, 2010, 39 (5): 651-661.

[3] 吕琳媛, 任晓龙, 周涛. 网络链路预测: 概念与前沿[J]. 中国计算机学会通讯, 2016, 12 (4): 12-19.

[4] 任晓龙, 吕琳媛. 网络重要节点排序方法综述[J]. 科学通报, 2014, 59 (13): 1175-1197.

[5] 乔少杰, 韩楠, 张凯峰, 等. 复杂网络大数据中重叠社区检测算法[J]. 软件学报, 2017, 28 (3): 631-647.

[6] He J Y, Wang J M, Yu Z Z. Attention based adversarially regularized learning for network embedding[J]. Data Mining and Knowledge Discovery, 2021, 35 (5): 2112-2140.

[7] Chen S, Gong C, Li J, et al. Learning contrastive embedding in low-dimensional space[J]. Advances in Neural Information Processing Systems, 2022: 6345-6357.

[8] Newman M E J. Modularity and community structure in networks[J]. Proceedings of the National Academy of Sciences of the United States of America, 2006, 103 (23): 8577-8582.

[9] 李洋, 陈毅恒, 刘挺. 微博信息传播预测研究综述[J]. 软件学报, 2016, 27 (2): 247-263.

[10] Wang H W, Leskovec J. Combining graph convolutional neural networks and label propagation[J]. ACM Transactions on Information Systems, 2022, 40 (4): 1-27.

[11] Neville J, Jensen D. Iterative classification in relational data[C]//Proceedings of the AAAI 2000 Workshop Learning Statistical Models from Relational Data. Austin, TX, USA, 2000: 77-91.

[12] Livi L, Rizzi A. The graph matching problem[J]. Pattern Analysis and Applications, 2013, 16 (3): 253-283.

[13] Zeng Z P, Tung A K H, Wang J Y, et al. Comparing stars: On approximating graph edit distance[J]. Proceedings of the VLDB Endowment, 2009, 2 (1): 25-36.

[14] Blumenthal D B, Gamper J. On the exact computation of the graph edit distance[J]. Pattern Recognition Letters, 2020, 134 (1): 46-57.

[15] 张月霞, 冯译萱. 链路预测的方法与发展综述[J]. 测控技术, 2019, 38 (2): 8-12.

[16] Lee D D, Seung H S. Algorithms for non-negative matrix factorization[C]//Proceedings of the Neural Information Processing Systems (NIPS). Denver, CO, USA, 2000: 556-562.

[17] Xian X P, Wu T, Liu Y B, et al. Towards link inference attack against network structure perturbation[J]. Knowledge-Based Systems, 2021, 218 (1): 106674.

[18] Candès E J, Li X D, Ma Y, et al. Robust principal component analysis？[J]. Journal of the ACM, 2011, 58 (3): 1-37.

[19] 路梦遥. 基于子空间学习和图正则的特征提取和选择[D]. 西安: 西安电子科技大学, 2021.

[20] Zhang J L, Luo Y. Degree centrality, betweenness centrality, and closeness centrality in social network[C]//Proceedings of the 2017 2nd International Conference on Modelling, Simulation and Applied Mathematics (MSAM2017). Bangkok, Thailand, 2017: 300-303.

[21] Bianchini M, Gori M, Scarselli F. Inside pagerank[J]. ACM Transactions on Internet Technology, 2005, 5 (1): 92-128.

[22] 于会, 刘尊, 李勇军. 基于多属性决策的复杂网络节点重要性综合评价方法[J]. 物理学报, 2013, 62 (2): 46-54.

[23] Fortunato S. Community detection in graphs[J]. Physics reports, 2010, 486 (3/4/5): 75-174.

[24] Wu T, Guo Y, Chen L, et al. Integrated structure investigation in complex networks by label propagation[J]. Physica A: Statistical Mechanics and its Applications, 2016, 448: 68-80.

[25] Kernighan B W, Lin S. An efficient heuristic procedure for partitioning graphs[J]. The Bell System Technical Journal, 1970,

49 (2): 291-307.

[26] Pothen A, Simon H D, Liou K P. Partitioning sparse matrices with eigenvectors of graphs[J]. SIAM Journal on Matrix Analysis and Applications, 1990, 11 (3): 430-452.

[27] Fiedler M. Algebraic connectivity of graphs[J]. Czechoslovak Mathematical Journal, 1973, 23 (2): 298-305.

[28] Newman M E J. Fast algorithm for detecting community structure in networks[J]. Physical Review E, 2004, 69 (6): 066133.

[29] Girvan M, Newman M E J. Community structure in social and biological networks[J]. Proceedings of the National Academy of Science of the United States of America, 2002, 99 (12): 7821-7826.

[30] Blondel V D, Guillaume J L, Lambiotte R, et al. Fast unfolding of communities in large networks[J]. Journal of Statistical Mechanics: Theory and Experiment, 2008, 2008 (10): P10008.

[31] Palla G, Derényi I, Farkas I, et al. Uncovering the overlapping community structure of complex networks in nature and society[J]. Nature, 2005, 435 (7043): 814-818.

[32] Wang W, Li W, Lin T, et al. Generalized k-core percolation on higher-order dependent networks[J]. Applied Mathematics and Computation, 2022, 420: 126793.

[33] Pastor-Satorras R, Vespignani A. Immunization of complex networks[J]. Physical Review E, 2002, 65 (3): 036104.

[34] Morone F, Makse H A. Influence maximization in complex networks through optimal percolation[J]. Nature, 2015, 524 (7563): 65-68.

[35] Chen W, Yuan Y, Zhang L. Scalable influence maximization in social networks under the linear threshold model[C]//2010 IEEE International Conference on Data Mining. Sydney, Australia: IEEE, 2010: 88-97.

[36] Ying R, He R N, Chen K F, et al. Graph convolutional neural networks for web-scale recommender systems[C]//Proceedings of the 24th ACM SIGKDD International Conference on Knowledge Discovery & Data Mining. London United Kingdom. ACM, 2018: 974-983.

[37] Hamilton W L, Ying R, Leskovec J. Inductive representation learning on large graphs[C]//NIPS'17: Proceedings of the 31st Annual Conference on Neural Information Processing Systems. Long Beach, California USA, 2017: 1025-1035.

[38] Veličković P, Cucurull G, Casanova A, et al. Graph attention networks[J]. arXiv: 1710.10903, 2018.

第 3 章　图数据挖掘方法

图数据是复杂系统的抽象表示，通过图数据的分析挖掘可以认识、理解复杂系统的结构和功能特征，从而为实际业务提供指导。为了进行图数据的分析研究，除了基于统计学设计特征指标对图数据进行刻画之外，研究人员发现图数据还具有丰富的结构特性和动力学现象，本章将介绍关于社团检测方法、节点重要性度量方法、基于相似性的链路预测与图演化方法、基于深度生成式模型的链路预测方法及基于决策建模的信息传播预测方法的研究成果。

3.1　社团检测方法

社团是图数据蕴含的主要结构特征之一，在真实图数据中社团还存在多层次性和相互重叠性。本节对图数据进行分析挖掘，研究图数据不同层次、不同尺度、不同类型的结构特征，提出基于标签的集成网络结构调查算法（label based integrated network structure investigation algorithm，LINSIA）[1]。

3.1.1　问题定义

定义图 $G(V,E)$ 中的社团结构为 $\mathrm{CS}=\{C_1,C_2,\cdots,C_k\}$ ，其中 $C_i \cap C_j = \varnothing(i,j=1,2,\cdots,k, i\neq j)$ ，$U_{i=1}^{k}C_i = V$ ，该社团结构中的每一个社团 C_i 也被称为簇或模块，它对应于 $G(V,E)$ 中的一个节点之间链接关系密切的子图，其对应的节点集合 $V_i \subseteq V$ ，V_i 中节点之间的链接密度高于 V 与图中其余部分 $V-V_i$ 之间的链接密度。社团检测的目的为设计社团检测算法以准确识别给定的图 $G(V,E)$ 中潜藏的社团结构 $\mathrm{CS}=\{C_1,C_2,\cdots,C_k\}$ 。

3.1.2　标签传播方案

为了进行图结构的整体检测，本节提供一种基于标签传播算法（label propagation algorithm，LPA）[2]的方案。该方案为每个节点初始分配一个唯一的社团标签。然后，在更新过程中，每个节点统计邻居节点标签，以邻居节点中数量最多的标签更新自己的标签。若出现多个数量相等的标签，则随机选择其中一个。由于每个节点标签趋同于多数邻居节点，所以紧密相连的节点的标签会很快趋于一致，如图 3.1 所示。随着节点社团标签的迭代更新，不同节点标签的数量会逐渐减少，少数节点标签会主导局部结构区域，最终以相同的节点标签表征节点之间结构上的紧密相关性，从而形成社团划分。

对于标签更新过程，标签传播算法可以同步更新标签，也可以异步更新标签。其中，在同步更新过程中，每个节点基于邻居节点上一轮的标签进行标签选择，即 $C_x(t)=$

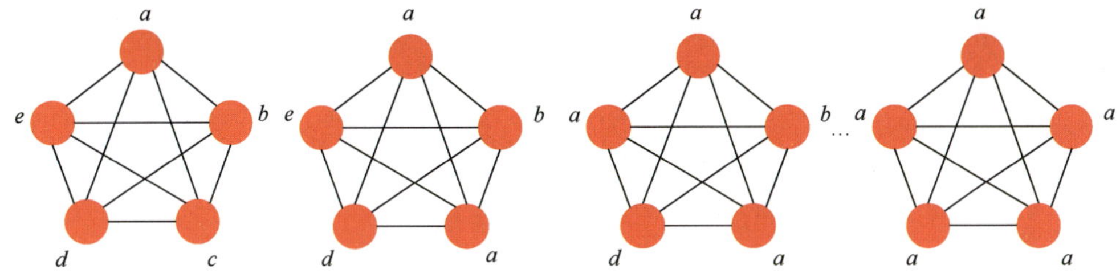

图 3.1　紧密相连节点的标签传播过程

$f(C_{x_1}(t-1), C_{x_2}(t-1), \cdots, C_{x_n}(t-1))$，其中 $C_x(t)$ 为节点 x 在时刻 t 时的社团标签；在异步更新过程中，每个节点基于邻居节点当前的标签进行标签选择，即 $C_{x_k}(t) = f(C_{x_1}(t), C_{x_2}(t), \cdots, C_{x_{k-1}}(t), C_{x_{k+1}}(t-1), C_{x_{k+2}}(t-1), \cdots, C_{x_n}(t-1))$，其中 $x_1, x_2, \cdots, x_{k-1}$ 为此轮已经完成标签更新的邻居节点，$x_{k+1}, x_{k+2}, \cdots, x_n$ 为此轮还没有进行标签更新的邻居节点。在基本标签传播算法中，对于每一轮迭代更新，节点的更新顺序随机确定。

在标签更新过程中，随着每个节点的社团标签趋同于多数邻居节点，图数据中各个不同标签的节点总个数不断减少，如图 3.1 所示。同时，紧密相连的子结构中的节点标签很难影响此结构以外其他节点标签的选择。另外，紧密相连的子结构内部节点的标签影响外部其他节点标签的概率很小[3]，节点标签迭代更新的收敛性主要由图中各个紧密相连的子结构决定，如图 3.2 所示。

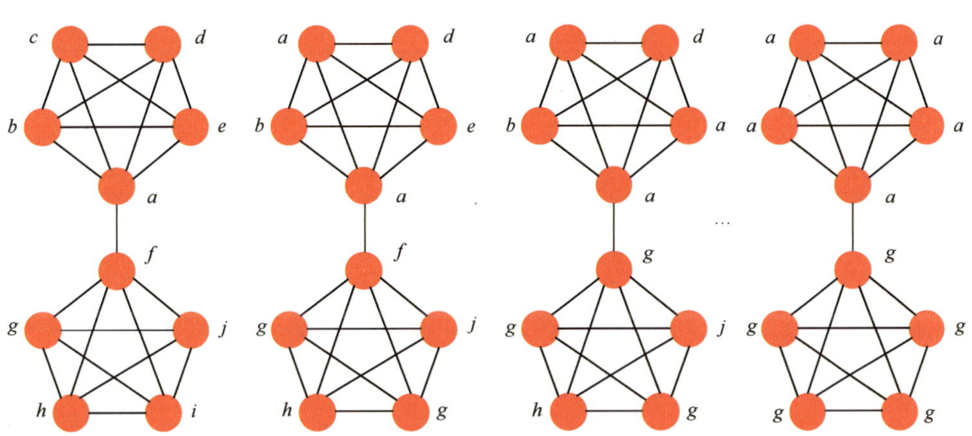

图 3.2　包含多个紧密相连子结构的网络的节点标签迭代更新过程

3.1.3　基于 LPA 的社团检测方法

1. 定义

（1）节点影响力：对于节点 i，其节点影响力定义如下：

$$\mathrm{NI}(i) = \mathrm{ENCoreness}(i) + \sum_{j \in N(i)} \frac{\mathrm{ENCoreness}(j)}{\mathrm{degree}(j)^{\alpha}} \cdot w_{ij} \tag{3.1}$$

式中，ENCoreness(i)表示节点i的ENCoreness中心度；degree(j)表示j的节点度；w_{ij}表示链路e_{ij}的权重；$N(i)$表示节点i的邻居节点集合；α表示一个自适应变量。$(\text{ENCoreness}(j) / \text{degree}(j)^\alpha) \cdot w_{ij}$表示邻居节点$j$在其所有邻居节点中对节点$i$的影响比例。

（2）标签影响力：令LIset_i为集合LC_i中各个标签的影响力，计算如下：

$$\text{LIset}_i = \left\{ \text{LI}_i^p \mid \text{LI}_i^p = \sum_{j \in N(i)} \frac{\text{NI}(j)}{\text{degree}(j)^\alpha} \cdot \frac{\text{LI}_j^p}{\sum_{m \in \text{Lset}_j} \text{LI}_j^m} \cdot w_{ij}, p \in \text{LC}_i \right\} \quad (3.2)$$

式中，Lset_j表示节点j的标签集合；LC_i表示节点i的候选标签集合；LI_j^p表示节点j的标签p的影响力，如果节点j没有标签p，则LI_j^p等于0；$\text{NI}(j) / \text{degree}(j)^\alpha$表示邻居节点$j$在其所有邻居节点中对节点$i$的影响比例；$\text{LI}_j^p \Big/ \sum_{m \in \text{Lset}_j} \text{LI}_j^m$表示标签$p$在节点$j$的全部标签中的影响力占比。

（3）节点标签：根据式（3.2），在非重叠网络中，选择集合LIset_i中影响力最大的标签作为节点i的标签，从而发现互斥社团。在存在重叠社团的网络中，选择集合LIset_i中影响力处于最大量级的标签作为节点i的最终标签，定义如下：

$$\text{Lset}_i = \{p \mid \log(\max(\text{LIset}_i))^3 - 1 < \log(\text{LI}_i^p)^3 < \log(\max(\text{LIset}_i))^3, \text{LI}_i^p \in \text{LIset}_i\} \quad (3.3)$$

（4）隶属强度：在重叠社团中，枢纽节点可以以不同隶属强度同时属于多个社团。为了刻画枢纽节点对各个社团的隶属程度，定义社团隶属强度如下：

$$\text{PISet}_i = \left\{ \text{PI}_i^q \mid \text{PI}_i^q = \frac{\text{LI}_i^q}{\sum_{m \in \text{Lset}_i} \text{LI}_i^m}, q \in \text{Lset}_i \right\} \quad (3.4)$$

式中，PI_i^q表示节点i对于标签为q的社团的隶属强度；LI_i^q表示节点i的标签q的影响力；Lset_i表示节点i的标签集合。

2. 基于标签的集成网络结构调查算法 LINSIA

为了使所提算法适用于各种异构图，基于图异构性调节节点影响力和标签影响力，通过抑制图核心节点以及大度节点对应的影响力的方式调控标签更新过程，从而实现与图结构相适应的标签选择和社团结构检测。本算法使用参数α均衡社团内部的凝聚性和社团之间的竞争性。如果参数α取值很小，则ENCoreness中心度高的核心节点和大度节点的节点影响力和标签影响力都会大大高于边缘节点，从而导致很多极大社团划分；如果α取值很大，核心节点和大度节点的影响力会受到抑制，最终图节点各自取不同的标签，从而形成很多极小社团划分。

本节基于图的异构性确定参数α的取值，对基于K-Shell中心性[4]排序的节点序列，以节点影响力累积和等于总影响力二分之一时的节点数占比度量图异构性r。如果图完全均衡，异构性$r=0.5$，并定义$r=0.1$时为极不均衡状态，从而r的中值为0.3。在任意图中，结构自适应调控因子α计算如下：

$$\alpha = 1.0 + \left(0.3 - \frac{N'}{N}\right)^{1/3} \tag{3.5}$$

式中，N表示图节点总数；N'表示对应于影响力累积和的节点数。

由于节点的标签更新相对于边缘节点标签更多地受核心节点标签的影响，核心节点标签的准确更新对于全部节点标签的准确性至关重要，核心节点不准确的标签信息会扩散到整个图，从而影响其他节点标签的准确性。另外，为了防止边缘节点以及离群点标签被淹没，影响力较低的边缘节点和离群点标签应该优先更新，因此提出基于节点影响力升序进行标签更新。基于以上思想，改进的 LPA 算法流程如算法 3.1 所示。其中，在步骤 2 和步骤 3 中提出基于固定顺序进行节点标签更新，同时计算节点标签的影响力，基于此影响力进行标签选择，从而避免了基本 LPA 算法中随机节点选择和多个候选标签随机选择所导致的算法不稳定（instability）问题。另外，在步骤 3 中采用异步标签更新方式，强化了 LPA 算法的收敛性。结构自适应调控因子α通过影响节点影响力和标签影响力取值调控标签更新过程。最终，步骤 4 根据节点最终标签获得社团结构。

算法 3.1　改进 LPA 算法

输入：$G=(V,E)$，$V=\{v_1,v_2,\cdots,v_n\}$
输出：社团划分 CS，PISet_i
步骤 1：初始化：为图中的每个节点分配一个唯一的标签
步骤 2：计算每个节点的节点影响力 NI(i)，并将节点按节点影响力升序排列形成 NList
步骤 3：标签传播迭代更新
（a）设$t=1$
（b）对于 NList 中的每个节点，计算其候选标签的影响力 LIset_i
（c）根据 $f(C_{v_1}(t),\cdots,C_{v_{i-1}}(t),\ C_{v_{i+1}}(t-1),\ \cdots,C_{v_n}(t-1))$ 更新节点标签
（d）如果标签不再更改，则停止。否则，$t=t+1$，转到步骤（b）
步骤 4：获取社团划分，其中相同标签的节点形成一个社团，并计算 PISet_i

真实图中低层次的多个社团往往嵌入到高层次的一个社团中，从而形成嵌套层次社团结构。为了检测图数据中的多尺度、多层次社团结构，对算法 3.1 进行扩展，构建一个加权的、从底向上的多层超级图。首先，LINSIA 算法在原始网络中基于算法 3.1 检测重叠社团，并基于社团检测结果以超级节点取代社团结构，从而构建一个加权超级网络。其次，在构建的加权超级网络之上，基于算法 3.1 进行互斥社团检测。将超级网络的互斥社团映射到原始网络更新网络社团，获得更大尺度的社团划分。再次，基于新的社团结构构建更高层次的超级网络，继而进行社团检测。循环迭代以上两步，直到社团结构不再发生变化。其中，在超级网络构建过程中，节点之间的链路权重计算如下：

$$w_{ij} = \sum_{m \in \text{com}_i, n \in \text{com}_j} \frac{a_{mn} / \text{len}(C_m) \cdot \text{len}(C_n)}{N_{ij}} \tag{3.6}$$

式中，com_i 表示超级节点 i 对应的社团；a_{mn} 表示节点 m 和 n 之间是否存在链路；$\text{len}(C_m)$、$\text{len}(C_n)$ 分别表示节点 m、节点 n 参与的社团的个数；N_{ij} 表示在社团 com_i 和 com_j 之间存在链路的节点个数。

基于构建的多层次超级网络以及各层互斥社团划分，LINSIA 算法可以实现多层次、多尺度社团检测。LINSIA 算法中高层次的一个大规模社团可能包含低层次的多个小规模社团，从而能够揭示社团之间的层次嵌套关系。LINSIA 算法允许节点同时拥有多个标签，从而能够发现重叠社团结构。最后，基于模块度以及扩展模块度概念，通过模块度最大化方法在多层次社团结构中选择最佳社团划分。具体的 LINSIA 算法如算法 3.2 所示。其中，步骤 2 基于算法 3.1 获得初始社团划分；步骤 3 构建加权超级网络，基于算法 3.1 获得加权超级网络的社团划分并获得原始网络更大尺度的社团划分结果。通过循环构建加权超级网络和社团检测，步骤 3 获得网络的多层次、多尺度重叠社团结构；步骤 4 基于社团模块度最大化方法从各层社团划分中选择模块度最大划分作为最优社团划分；步骤 5 基于节点标签计算网络节点的社团隶属度。LINSIA 算法构建多层次超级网络的过程如图 3.3 所示。

算法 3.2　LINSIA 算法

输入：图 $G=(V,E)$

输出：层次化社团划分 $\text{Dic}=\{\text{CS}_1,\text{CS}_2,\cdots\}$，最佳社团划分 $\text{CS}_{\text{best}}=\{C_1,C_2,\cdots\}$ 及 PISet_i

步骤 1：$t \leftarrow 0$，进行标签初始化

步骤 2：$t \leftarrow t+1$，基于改进 LPA 算法获取社团划分 CS_t 和 $\text{Dic} \leftarrow \text{CS}_t$

步骤 3：获得社团划分 $\text{Dic}=\{\text{CS}_1,\text{CS}_2,\cdots\}$

（a）基于 CS_t 构建加权超级网络 SN_t

（b）基于改进 LPA 算法获得不相交社团划分 CCS_t

（c）$t \leftarrow t+1$，将 CCS_t 投影到原始图获得 CS_t，$\text{Dic} \leftarrow \text{CS}_t$

（d）迭代（a）、（b）、（c）直到不再产生新的社团

步骤 4：从 $\text{Dic}=\{\text{CS}_1,\text{CS}_2,\cdots\}$ 选择具有最大模块度的最优社团划分 CS_{best}

步骤 5：基于 CS_{best} 计算 PISet_i

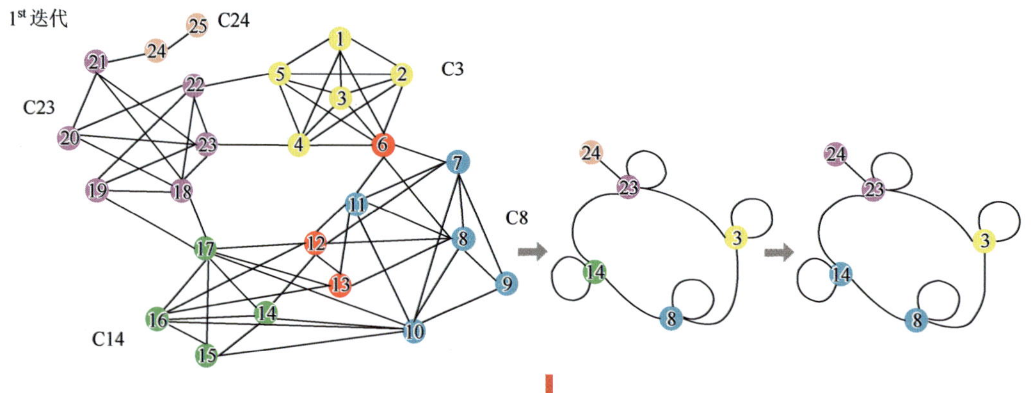

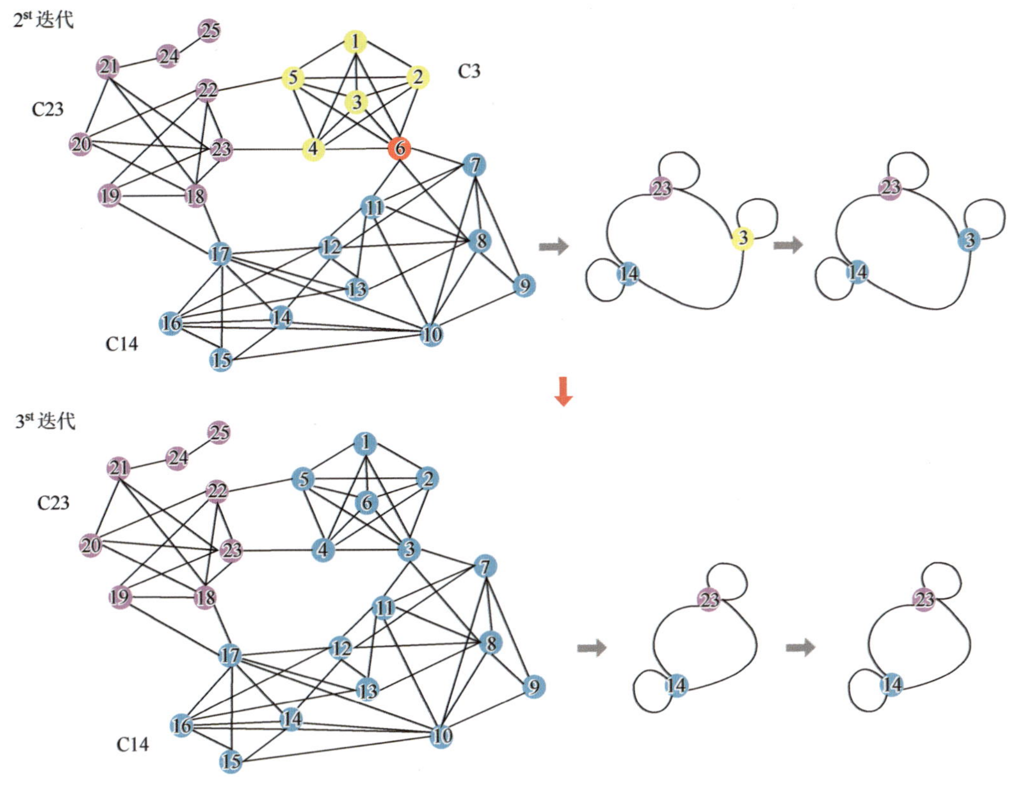

图 3.3　社团检测与多层次超级网络构建

3. LINSIA 算法时间复杂度

LINSIA 算法的时间复杂度等于在不同层次进行社团检测以及计算社团隶属强度、检测枢纽节点以及离群点的复杂度之和。在每一层次，社团检测的复杂度都为 $O(n)+O(n\cdot\log_2(n))+O(t\cdot m)$，其中 n 和 m 分别表示图节点数和边数。$O(n)$ 表示节点影响力的复杂度，$O(n\cdot\log_2(n))$ 表示节点排序的复杂度，$O(t\cdot m)$ 表示标签更新的复杂度，t 表示标签更新的迭代次数。如果层次化超级网络包含 h 层，则总的时间复杂度为在 h 层中各个层次上的复杂度之和。另外，枢纽节点和离群点检测的复杂度为 $O(n)$。在迭代更新以及层次化超级网络构建过程中 t 和 h 都是一个小整数，并且随着超级网络层次的增加其超级节点和边的数目会急剧减小，因此较高层次社团检测的复杂度很小，LINSIA 算法复杂度为 $O(n)+O(n\cdot\log_2(n))+O(t\cdot m)$。

3.1.4　实验结果与分析

前文已对所提算法中的初始标签影响力和结构自适应调控因子进行测评分析，本小节分别基于人工网络和真实网络数据集对提出的 LINSIA 算法进行性能测评，并与多个相关算法进行性能比较。

1. 基于人工网络的算法性能评估

实验基于 LFR（Lancichinetti-Fortunato-Radicchi）网络模型[5]生成人工网络以测试 LINSIA 算法的性能。LFR 网络产生模型可以通过多个参数调控人工网络的结构特征，包括节点数 n、平均节点度 k、混合比率 μ、重叠节点数 O_n、重叠节点的重叠强度 O_m 以及层次社团结构中高层混合比率 μ'。为了进行性能评估，本实验共生成 7 个不同结构的网络，具体如表 3.1 所示。其中，LFR_1 和 LFR_2 为非层次非重叠网络，LFR_3 和 LFR_4 为包含层次社团结构的网络，LFR_5 和 LFR_6 为包含重叠社团结构的网络，LFR_7 为同时包含层次社团结构和重叠社团结构的网络。

表 3.1　人工网络生成模型参数取值

数据集	n	k	μ	O_n	O_m	μ'
LFR_1	200	4	0.05	0	0	—
LFR_2	2000	4	0.05	0	0	—
LFR_3	500	4	0.05	0	0	0.30
LFR_4	1000	5	0.05	0	0	0.20
LFR_5	200	3.6	0.05	8	3	—
LFR_6	2000	3.6	0.05	30	4	—
LFR_7	1000	5	0.05	10	3	0.20

基于以上人工网络，执行 LINSIA 算法的社团检测结果如表 3.2 所示。根据表 3.2 可以发现 LPA 和 NIBLPA[6]算法较为准确地检测出了网络 LFR_1 和 LFR_2 中的社团结构。同时，循环首次适应（next fit，NF）[7]和 Louvain[8]算法对 LFR_3 和 LFR_4 的社团检测结果也能够较好地匹配真实社团结构。在包含重叠社团结构的 LFR_5 和 LFR_6 网络中，OCSBM[9]算法在给定社团数量的条件下较为完美地发现了网络的重叠社团结构。另外，尽管 EAGLE[10]算法能够发现层次和重叠社团结构，但实验结果显示其在 LFR_5、LFR_6 和 LFR_7 网络中性能较差。与以上算法相对应的是，LINSIA 算法在各个人工网络的社团检测任务中都能够准确地发现社团结构，且无需任何先验知识，其检测结果也能够较好地匹配真实社团结构。

表 3.2　人工网络社团检测结果

算法	LFR_1	LFR_2	LFR_3	LFR_4	LFR_5	LFR_6	LFR_7
LPA	0.7102	0.6843	—	—	—	—	—
NIBLPA	0.7213	0.7001	—	—	—	—	—
NF	—	—	0.7140	0.6210	—	—	—
Louvain	—	—	0.7260	0.6426	—	—	—

续表

算法	LFR_1	LFR_2	LFR_3	LFR_4	LFR_5	LFR_6	LFR_7
OCSBM	—	—	—	—	0.9114	0.9311	—
EAGLE	—	—	—	—	0.5017	0.4812	0.4632
LINSIA	0.9365	0.8921	0.8144	0.8829	0.9110	0.9056	0.8090

2. 基于真实网络的算法性能评估

为了展示 LINSIA 算法的综合性能，以下分别从互斥社团检测、层次社团检测两个方面进行实验评估，真实网络数据集如表 3.3 所示。

表 3.3　真实网络数据集

数据集	节点数	边数	社团数
Karate	34	78	2
Dolphins	62	159	2
Football	115	615	12
Polblogs	1266	20171	2
Cond	16725	44619	—
Enron	36692	367662	—
Facebook	60000	1545686	—
Flicker	105938	2316948	—

1）互斥社团检测

在真实网络中分别执行 LINSIA、LPA 以及 NIBLPA 算法，并比较它们的检测结果。根据表 3.4 和表 3.5 所示结果可知，相对于 LPA 和 NIBLPA 算法，LINSIA 算法在互斥社团检测问题中总体上取得了更好的准确性。原因在于相对于 LPA 和 NIBLPA 算法，LINSIA 算法对标签影响力定义、标签选择策略以及标签传播过程都进行了优化。另外，为了展示 LINSIA 算法对图结构分析的有效性，本节详细介绍 LINSIA 对美国大学生足球联赛网络 Football 的社团检测结果。LINSIA 算法对此网络的社团检测结果如图 3.4 所示。

表 3.4　真实网络中互斥社团的检测结果（1，#C，NMI）

算法	Karate	Dolphins	Football	Polblogs
LPA	2，0.7502	6，0.5845	8，0.6832	8，0.4281
NIBLPA	**2，0.7655**	**3，0.7836**	9，0.7027	8，0.4432
LINSIA	2，0.7138	4，0.6795	**11，0.7411**	**2，0.7312**

注：#C 为社团个数，NMI 为标准化互信息。

表 3.5　真实网络中互斥社团的检测结果（2，#C，Q）

算法	Cond	Enron	Facebook	Flicker
LPA	1377，0.6996	1377，0.6996	1377，0.6996	1377，0.6996
NIBLPA	3222，0.6578	3222，0.6578	3222，0.6578	3222，0.6578
LINSIA	**1021，0.7676**	**1021，0.7676**	**1021，0.7676**	**1021，0.7676**

注：#C 为社团个数，Q 为模块度（modularity）取值。

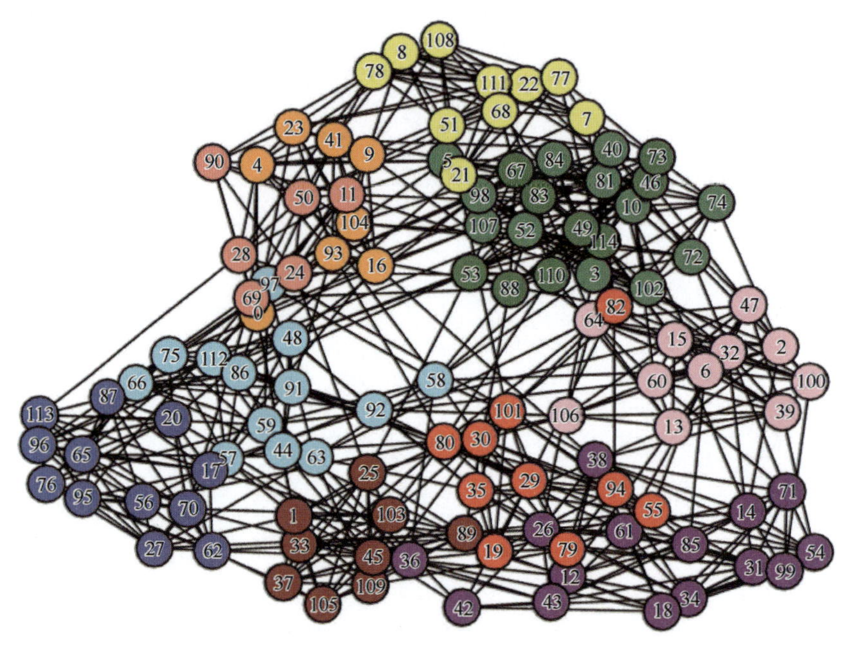

图 3.4　基于 LINSIA 算法的美国大学生足球联赛网络的社团检测结果

2）层次社团检测

为了评价 LINSIA 算法在层次社团检测中的性能，将其与 NF 和 Louvain 算法进行比较，结果如表 3.6 和表 3.7 所示。由于是层次社团检测，其结果包括图在多个层次上的不同社团划分。为了评价这些社团划分的准确性，对于真实社团结构已知的图，比较社团个数以及标准化互信息 NMI，对于真实社团结构未知的图，比较各个层次的社团模块度的平均值。

根据表 3.6 和表 3.7 可知，LINSIA 在层次社团检测问题中总体取得了相对 NF 和 Louvain 算法更好的准确性和更高的社团模块度。相对于 NF 和 Louvain 算法，LINSIA 算法虽然每个节点都基于邻居节点进行标签更新，但通过迭代传播节点的候选标签一定程度上反映了图的全局结构信息，而 NF 和 Louvain 算法没有相关机制获取图的全局结构信息。

表 3.6　真实网络中层次社团检测结果（#C，NMI）

算法	Karate	Dolphins	Football	Polblogs
NF	**2，0.7500**	**3，0.7514**	6，0.9111	8，0.4204
Louvain	4，0.5070	5，0.7011	9，0.6822	12，0.3927
LINSIA	2，0.7138	4，0.6795	**11，0.7411**	**2，0.7312**

表 3.7　真实网络中层次社团检测结果（层次化社团的平均模块度）

算法	Cond	Enron	Facebook	Flicker
NF	0.6011	0.6011	0.6011	0.6011
Louvain	0.6712	0.6712	0.6712	0.6712
LINSIA	**0.7793**	**0.7793**	**0.7793**	**0.7793**

综合以上分析可以发现，LINSIA 算法相对于传统社团检测算法具有很多优点，包括适用于多种图，能够发现多层次、多尺度的社团结构。同时，LINSIA 算法具有鉴别图中特殊节点的能力。有别于传统的面向单一结构特征的网络结构分析方法，LINSIA 算法对图结构进行综合分析，再基于分析结果进行分类输出，从而能够综合地、有效地揭示图的结构模式，这对图结构检测分析问题的发展具有重要意义。

3.2　节点重要性度量方法

由于图功能和图结构密切相关，图结构只有在保持完整连通的条件下才可能维持功能。同时，由于图结构的异构性，图中存在能够对图结构和功能产生巨大影响的重要节点。检测和影响这些重要节点是进行图结构优化以及图功能调控的重要途径。特别地，由于图的功能紧密依赖于图结构的完整性，所以可以通过移除图中重要节点以分裂图结构的方式破坏图功能。例如，发现和破坏分子关联图中的重要节点从而消灭细菌。鉴于节点重要性问题的重要价值，本节将介绍节点重要性度量方法。

3.2.1　问题定义

由于真实图的异构性，图中常常存在小部分节点，它们可能对图结构的完整性以及图相关系统功能的正常性有着十分显著的影响力，从而可以通过发现和移除这些节点进行图攻击、将图分裂成许多互不连通的碎片，减小图最大连通子图的规模，进而达到摧毁图功能的目的。基于节点重要性的图最优分裂问题研究如何设计节点重要性度量方法，并基于此发现重要节点，将重要节点移除后使得图结构尽可能彻底地分裂，最大连通子图尽可能地小[11]。

给定图 $G=(V,E)$，定义 G_q 为基于某一节点重要性度量方法移除 q 比例的节点后剩余的拓扑，同时定义图 G_q 的最大连通子图为 G_q^c。图最优分裂问题研究在移除 q 比例的节点后图 G_q 的最大连通子图 G_q^c 与初始图 G 的相对规模 $G(q)$ 的变化情况。令 v_i 指示节点 i 是否属于最大连通子图 G_q^c，如果 $i \in G_q^c$，则 $v_i = 1$，否则 $v_i = 0$。因此，相对规模 $G(q)$ 可以被定义为

$$G(q) = \frac{1}{N}\sum_{i=1}^{N} v_i \tag{3.7}$$

3.2.2　基于特征向量中心性的节点中心性度量

特征向量中心性基于邻居节点的影响力计算中心节点的重要性，高影响力的邻居节点对中心节点的重要性贡献比低影响力的邻居节点大，邻居节点的影响力越大，中心节点的重要性越高。特征向量中心性仅仅基于本地信息进行计算，通过连续迭代从而获得网络的全局信息。特征向量中心性为节点 i 指定与它的邻居节点的中心性分数之和成比例的中心性分数 v_i。节点的中心性分数迭代更新可以被形式化地表达为 $v_i = \lambda^{-1}\sum_j A_{ij} v_j$，其中 λ 为一个常量，A_{ij} 为邻接矩阵 A 的元素，如果节点 i、j 之间有边相连，则 $A_{ij} = 1$，否则 $A_{ij} = 0$。节点的中心性分数迭代更新以矩阵形式表达可以写为 $Av = \lambda v$，即特征向量中心性的向量为邻接矩阵 A 的非负特征向量。本小节介绍基于特征向量中心性的节点中心性度量方法。

1. *质量扩散与热传导过程*

给定无向图 $G(V,E)$，其中 V 为节点集合，E 为连边集合，r_i 为节点 i 的资源量，$i \in V$，Γ_i 为节点 i 的邻居节点集合。在标准的质量扩散（mass diffusion，MD）过程中，每个节点首先被分配一个初始资源 $r_i(0)$。在后续迭代过程的每一轮，节点 i 的资源都被均衡地分配给它的邻居节点。在此重分配过程中，每个节点的资源量等于其邻居节点对其贡献的资源量之和，其可以形式化地定义为

$$r_i(t+1) = \sum_{j \in \Gamma_i} \frac{r_j(t)}{d_j} \tag{3.8}$$

式中，d_j 表示节点 j 的度。通过以上重分配过程的迭代更新，节点的资源将趋近于一个常量。当全部节点的资源不再发生变化时，迭代更新过程收敛。

在标准的热传导（heat conduction，HC）过程中，假设每个节点拥有一个不同的初始温度，热量将从高温节点向低温邻居节点传导。在后续迭代过程的每一轮，通过计算节点 i 各个邻居节点的平均温度对其进行状态更新，其形式化地定义为

$$r_i(t+1) = \frac{1}{d_i}\sum_{j \in \Gamma_i} r_j(t) \tag{3.9}$$

通过以上平均过程的迭代更新，节点之间的温度差将逐渐缩小，低温节点的地位将被升高，从而有利于发现图结构中潜藏的信息。

2. 质量扩散与热传导过程特性

标准质量扩散和热传导过程对重要节点有不同的偏好，同时节点度对它们的迭代更新过程有不同的影响。为了设计融合这两个物理过程特性的混合更新机制，并且能够进行灵活调控，首先将式（3.8）和式（3.9）分别重写为式（3.10）和式（3.11）。

$$r_i(t+1)=\sum_{j\in\Gamma_i}\frac{r_j(t)}{d_j^{\lambda}} \tag{3.10}$$

$$r_i(t+1)=\frac{1}{d_i^{\lambda}}\sum_{j\in\Gamma_i}r_j(t) \tag{3.11}$$

式中，λ表示节点度的调控参数。与标准质量扩散过程相比，当$\lambda<1.0$时，式（3.10）定义的惩罚质量扩散过程中大度邻居节点的影响力将被强化；当$\lambda>1.0$时，大度邻居节点的影响力将被抑制。同样地，与标准热传导过程相比，式（3.11）定义的惩罚热传导过程中大度中心节点的影响力在$\lambda<1.0$时将被强化，在$\lambda>1.0$时将被抑制。通过对质量扩散和热传导过程特性的分析可以发现，节点度对以上两个物理过程的偏好性以及最终的节点排序结果都具有重要影响。因此，混合更新机制必须融合这两个物理过程，使它们之间能够平滑地过渡。同时，也必须调整节点度对重要节点选择更新过程的影响。

3. 混合更新机制

根据对标准质量扩散和标准热传导过程的介绍和特性分析，可以发现两个物理过程存在统一的计算框架和明显的互补性。一个融合两个物理过程的方法将能够同时鉴别不同特性的网络关键节点。另外，经典的特征向量中心性与这两个物理过程具有相同的迭代更新框架。基于两个物理过程的哲学内涵，将标准质量扩散和标准热传导的更新机制引入到特征向量中心性的框架中，从而设计融合两个物理过程各自偏好性的新的迭代更新机制，提出能够利用它们特性的新的中心性度量。

给定图节点总数$N=|V|$、连边总数$M=|E|$以及邻接矩阵A，$A=\{a_{ij}\}^{N\times N}$，质量扩散、热传导和特征向量中心性的迭代更新过程可以形式化地统一表示为

$$R(t+1)=W\cdot R(t)=\begin{bmatrix}w_{11}\ \dots\ w_{1n}\\ \vdots \qquad \vdots\\ w_{n1}\ \dots\ w_{nn}\end{bmatrix}\begin{bmatrix}r_1(t)\\ \vdots\\ r_n(t)\end{bmatrix} \tag{3.12}$$

式中，$R(t)$表示步骤t时全部图节点的N维中心性评分向量；$R(t+1)$表示步骤$t+1$时全部图节点的N维中心性评分向量；W表示迭代更新矩阵。当迭代更新矩阵W等于邻接矩阵A时，以上公式即为特征向量中心性的迭代更新机制。

标准的质量扩散过程在每一轮迭代中都均衡地将节点自身资源分配给邻居节点。在式（3.12）的迭代更新框架下，对应于标准质量扩散过程的迭代更新矩阵W^M的元素w_{ij}^M定义为

$$w_{ij}^{M} = \frac{a_{ij}}{d_j} \tag{3.13}$$

式中，d_j 表示节点 j 的度。同样地，在式（3.12）的迭代更新框架下，对应于标准热传导过程的迭代更新矩阵 W^H 的元素 w_{ij}^H 定义为

$$w_{ij}^{H} = \frac{a_{ij}}{d_i} \tag{3.14}$$

因此，标准质量扩散过程和标准热传导过程的非线性混合定义为

$$w_{ij}^{M+H} = \frac{a_{ij}}{d_i^{\lambda} \cdot d_j^{1-\lambda}} \tag{3.15}$$

式中，λ 表示节点度混合调控参数。此非线性混合能够在两个物理过程之间平滑迁移，同时调整节点度对迭代更新过程的影响。基于此非线性混合，式（3.12）中的迭代更新操作可以以矩阵形式被重写为

$$R(t+1) = W^{M+H} \cdot R(t) \tag{3.16}$$

式中，$W^{M+H} = \left\{ w_{ij}^{M+H} \right\} \in \mathbb{R}^{N \times N}$。因此节点 i 每次迭代更新中总的资源量为

$$r_i(t+1) = \sum_{j=1}^{N} \frac{a_{ij} \cdot r_j(t)}{d_i^{\lambda} \cdot d_j^{1-\lambda}} = \sum_{j \in \Gamma(i)} \frac{r_j(t)}{d_i^{\lambda} \cdot d_j^{1-\lambda}} \tag{3.17}$$

式中，$\Gamma(i)$ 为节点 i 的邻居节点集合。式（3.17）表明节点 i 新的资源量等于其邻居节点资源量的加权和。此权重也可以理解为节点 i 与其邻居节点存在连边的概率 p_{ij}，$p_{ij} = 1/d_i^{\lambda} \cdot d_j^{1-\lambda}$。定义 $P = \{p_{ij}\} \in \mathbb{R}^{N \times N}$，则迭代更新矩阵 W^{M+H} 可以被重写为

$$W^{M+H} = A \odot P \tag{3.18}$$

因此，混合迭代更新机制可以被重写为

$$R(t+1) = A \odot P \cdot R(t) \tag{3.19}$$

4. PIRank 中心性度量

由于本节提出的算法基于特征向量中心性的计算框架，且幂迭代方式是求解特征值和特征向量的基本方法，所以 Wu 等[12]基于幂迭代求解本节基于迭代更新的节点排序问题，提出了 PIRank（power iteration ranking）节点排序算法。该算法的具体过程如算法 3.3 所示。其中，在 PIRank 算法中，首先，节点被随机初始化，而后基于网络的邻接矩阵和节点度计算迭代更新矩阵 W。其次，PIRank 算法基于上文所述的混合迭代更新机制更新节点的中心性评分，循环迭代此更新步骤，并计算节点中心性评分的相邻两次取值之差。如果更新过程中前后两次的误差趋于相等，即 $|\sigma^{t+1} - \sigma^{t}|$ 趋

于 0，则迭代过程终止。最后，PIRank 算法基于节点的稳定态时的中心性评分进行排序。

算法 3.3　PIRank 算法

步骤 1： 初始化。选择包含所有节点中心性分数的向量，以及 $R(0)$

步骤 2： 更新矩阵 $W=\{w_{ij}\}\in\mathbb{R}^{N\times N}$，$W=AeP$

步骤 3： 更新 $R(t+1)\leftarrow\dfrac{W\cdot R(t)}{\|W\cdot R(t)\|_2}$

步骤 4： 计算 $\sigma^{t+1}\leftarrow|R(t+1)-R(t)|$

步骤 5： 增加 t，$t=t+1$

步骤 6： 重复步骤 3、步骤 4 和步骤 5 直到 $|\sigma^{t+1}-\sigma^{t}|$ 接近 0

步骤 7： 返回 $R(t+1)$

3.2.3　实验结果与分析

为了评价 PIRank 中心性的性能，前文已对 PIRank 算法的非线性混合机制进行合理性分析，并讨论混合参数的取值问题。本小节基于真实图，在图最优分裂问题中对 PIRank 算法的性能进行分析。

1. 实验设置

本实验基于 4 个真实图数据集对所提出的 PIRank 中心性进行性能测评，包括：①Erdos 数据集[13]；②Polblogs 数据集[14]；③Protein 数据集[15]；④Routers 数据集[16]。以上全部图在实验之前都被预处理为无向无权的简单图。

由于图功能依赖于图结构的完整性，本节实验研究与图结构完整性紧密相关的基于节点排序的图最优分裂问题。图最优分裂问题的性能直接依赖于分裂节点的选择，为了测试 PIRank 算法的性能，本节以 PIRank 算法为指导进行最优分裂节点的选择。首先构建包含 $N=|V|$ 个节点以及 $M=|E|$ 条边的图 $G=(V,E)$。然后，以节点中心性为指导选择 q 比例的节点进行移除，令移除 q 比例的节点后的剩余图为 G_q，令图 G_q 的最大连通子图为 G_q^c，G_q^c 与初始图 G 的相对规模为 $G(q)$。图最优分裂问题的目的为找到并移除最小比例的节点使得相对规模 $G(q)$ 最小化，同时使图 G_q 的连通分支数量 $C(q)$ 最大化。

2. 结果分析

在真实图中进行最优图分裂实验，PIRank 和特征向量中心性的性能表现如图 3.5 所示。真实图的最大连通子图 G_q^c 与初始图的相对规模 $G(q)$ 随着移除节点数量的增加而下降，具体被移除的节点分别基于特征向量中心性和 PIRank 算法进行选择。图 3.5 中的结果表明全部真实图呈现出相似的分裂模式。

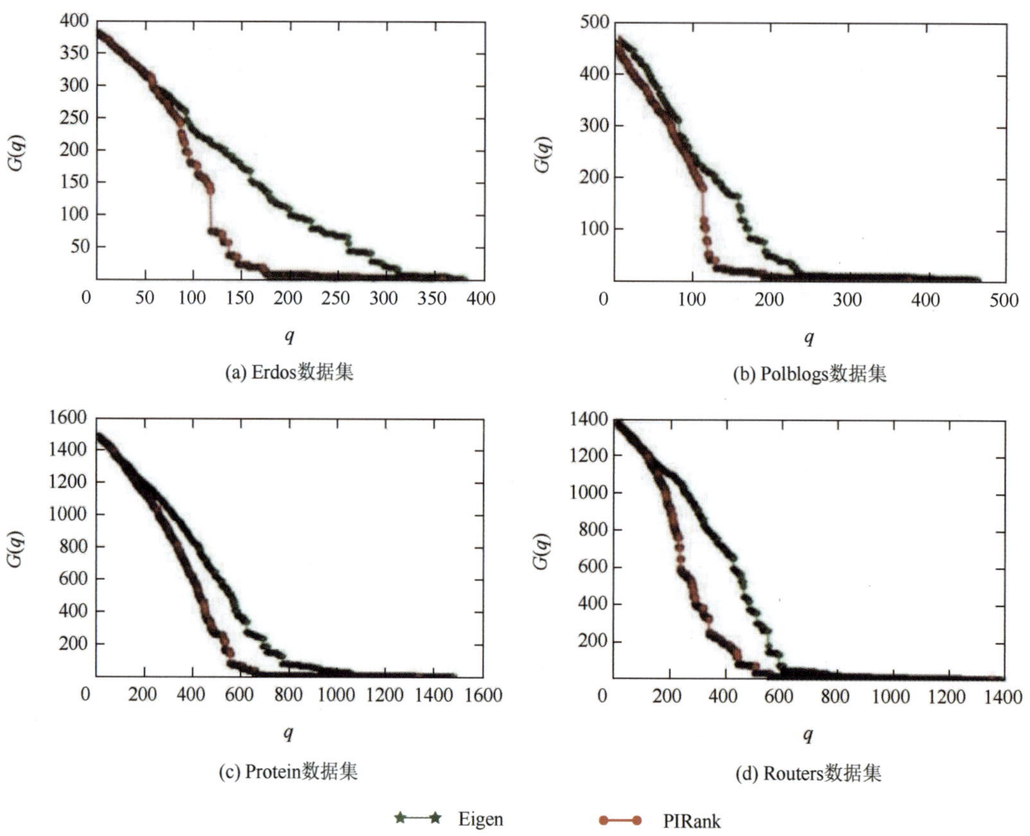

图 3.5　基于相对规模的 PIRank 与特征向量中心性（用 Eigen 指代）性能比较

在初始阶段，最大连通子图与初始图的相对规模 $G(q)$ 随着移除节点数量的增加而迅速下降。在经过一个最优的节点移除阶段之后，最大连通子图与初始图的相对规模趋于稳定，更多的节点移除对图结构的破坏影响逐渐降低。比较图 3.5 中 4 个真实图上特征向量中心性和 PIRank 算法对应的 $G(q)$ 变化曲线可以发现，对应于 PIRank 的 $G(q)$ 比对应于特征向量中心性的 $G(q)$ 下降速度更快。这意味着基于 PIRank 进行的图分裂能够使网络的最大连通子图与初始图的相对规模更快地减小到一个较低水平，同时也意味着在相同破坏程度条件下基于 PIRank 方法的图分裂相对于基于特征向量中心性的图分裂需要移除的节点数量更少。

在图 3.5 中，在进行节点移除的初始阶段，真实网络连通子图的数量随着移除节点数量的增加而迅速上升。然后，在经过极大值点之后，真实网络连通子图的数量随着移除节点数量的增加而逐渐下降。对比图 3.5 中特征向量中心性和 PIRank 算法对应的变化曲线可以发现，以 PIRank 为指导的网络分裂比以特征向量中心性为指导的网络分裂更有效，前者能够更快速地产生更多网络碎片，从而更彻底地摧毁网络结构。

为了进一步展示 PIRank 中心性的性能，本小节在 4 个真实图中将 PIRank 中心性与 Closeness、K-Shell 以及增强集体影响力中心性（ECI）的性能进行比较，基于图最大连通子图与初始图的相对规模进行评价的实验结果如图 3.6 所示。根据实验结果可知，PIRank 中心性性能明显优于 Closeness 和 K-Shell 中心性。在 Polblogs 图和 Routers 图中，

PIRank 中心性性能优于 ECI 中心性，在 Erdos 图和 Protein 图中，PIRank 中心性与 ECI 中心性性能相当，即 PIRank 中心性在各个图中都取得了良好的性能表现。

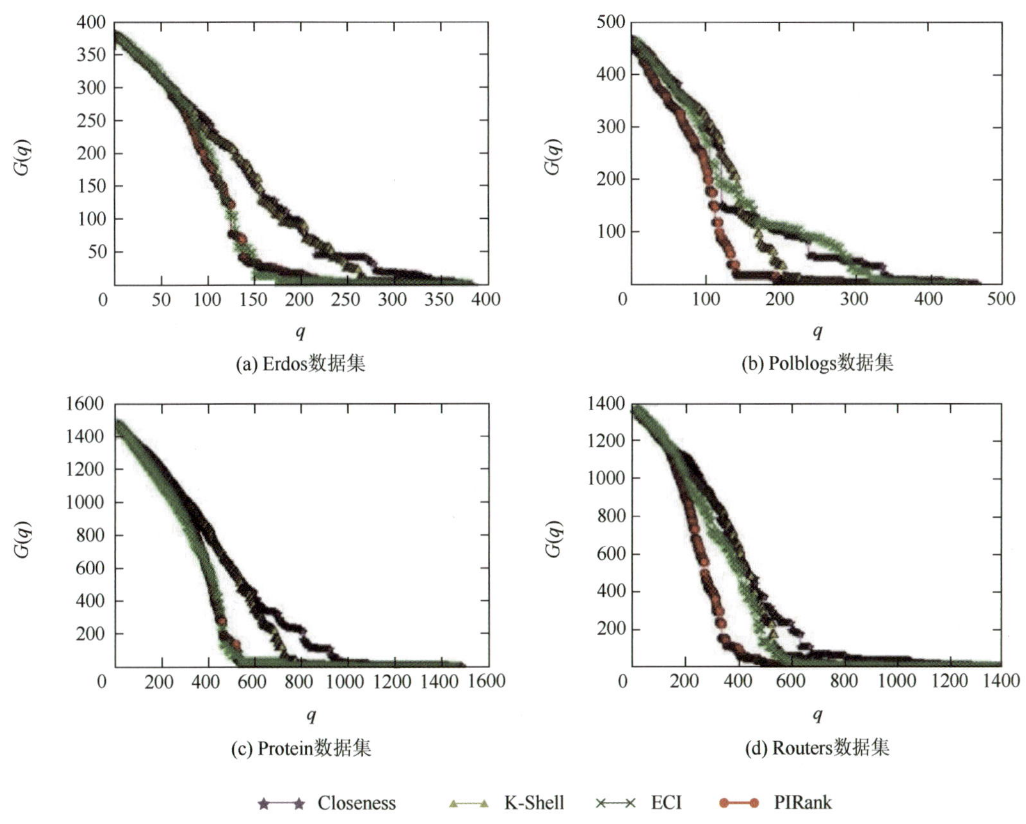

图 3.6 基于相对规模的 PIRank 与 Closeness、K-Shell、ECI 中心性性能比较

3.3 基于相似性的链路预测与图演化方法

动态演化是现实图系统的普遍规律，许多实证分析表明动态图遵循特定的演化规律。至今，动态演化图的分析研究仍然存在很多挑战性的问题，包括动态图的潜在演化机制、动态图演化机制的复合多样性、动态图演化过程的建模与预测等。由于图演化机制对应于图链路的产生机理，研究图动态演化本质上就是研究图链路的产生规律、预测动态图中未来的可能链路。本节将介绍一种基于链路预测框架的动态图建模和预测方法[17]。

3.3.1 问题定义

给定无向简单图 $G=(V,E)$，其中 $V=\{v_1,v_2,\cdots,v_n\}$ 为图节点集合，E 为图链路集合，其中不允许存在多重链路和自环路。每条链路 $e=(u,v,t)\in E$ 表示节点 u 和节点 v 在时刻 t

的交互关系。令 $G[t,t']$ 表示包含 G 中时间标签在 t 到 t' 之间的所有链路的图。基于此定义，选择三个时间戳 $t_0 < t_1 < t_2$，从而得到图 $G[t_0,t_1]$ 和 $G[t_1,t_2]$。在本节中，$[t_0,t_1]$ 将作为训练时序区间，$[t_1,t_2]$ 将作为预测时序区间。

令 ET 和 EP 分别表示图 $G[t_0,t_1]$ 和 $G[t_1,t_2]$ 的链路集合。显然，有 $\mathrm{ET} \cap \mathrm{EP} = \varnothing$。令 EU 表示包含所有 $|V'|(|V'|-1)/2$ 条可能链路的全集，其中 V' 表示图 $G[t_0,t_1]$ 的节点集合。本节链路预测的任务是基于已知链路集合 ET，从候选空间 $\mathrm{EU} \setminus \mathrm{ET}$ 中发现未来会出现的链路 EP。对于每对在图 $G[t_0,t_1]$ 中无链路相连的节点 $u,v \in V'$，链路预测方法基于已知链路集合 ET 为其分配一个相似性分数。图 $G[t_0,t_1]$ 中全部无连接的节点对基于此分数进行降序排序。

3.3.2 图演化预测模型

动态图的演化预测问题试图通过挖掘历史图数据来预测未来的图结构。为了预测可能的链路，本小节首先提出与图结构特征相适应的相似性度量。然后，从动力学的角度出发，将图结构的整体动态性视为各个图节点的自身动态性的复合结果。为了对单个图节点的动态性进行建模，本小节提出节点位置时空漂移模型，基于影响力和相似性对节点网络位置进行迭代更新，从而使节点之间未来的相似度关系以及未来的可能链路被推理预测。

1. 结构依赖的相似性度量

基于近邻的链路预测相似性度量，例如共同邻居（CN）度量、AA 方法、资源分配（RA）方法，可以在聚集程度高的图中获得比较满意的预测准确率。但是在聚集程度低的真实稀疏图中，基于这些方法得到的预测准确率会明显下降。另外，链路预测方法需要估计图中所有未连接节点对的相似度。如果链路的相似性度量是基于全局结构信息的，那么将非常耗时。因此，链路预测方法在准确有效的同时必须尽量降低复杂度。综合考虑基于近邻的链路预测方法和基于全局结构信息的预测方法的优缺点，提出均衡准确性和高效性的半局部性相似性度量。为了确定各种图中半局部性相似性度量需要计算的图结构的范围，采用图平均距离作为指导。此外，度越大的节点越有可能连接两个孤立的节点。对于链路存在似然性的计算，不同节点度的中间节点的贡献是不一样的，因此可能链路的相似性分数应该根据中间节点的度进行归一化处理。基于以上的分析，提出结构依赖（structure dependent，SD）相似性度量来刻画图中不同范围的结构信息。具体定义如下：

$$s_{xy}^{\mathrm{SD}} = \sum_{\delta=2}^{\langle d \rangle} \varepsilon^{\delta-2} \cdot \frac{A_{xy}^{\delta}}{\overline{k(z)}} \tag{3.20}$$

式中，A 表示网络的邻接矩阵；$\overline{k(z)}$ 表示节点 x 和 y 之间路径上的中间节点的平均度；$\langle d \rangle$ 表示图的平均距离；ε 表示自由参数。对于加权网络，加权结构依赖（weighted structure dependent，WSD）相似性度量定义如下：

$$s_{xy}^{\text{WSD}} = \sum_{\delta=2}^{\langle d \rangle} \varepsilon^{\delta-2} \cdot \frac{W_{xy}^{\delta}}{\overline{s(z)}} \tag{3.21}$$

式中，W 表示图的权值矩阵；$\overline{s(z)}$ 表示节点 x 和 y 之间路径上的中间节点的平均节点强度。在实际执行中，依据局部路径（LP）相似性度量将参数 ε 确定为 $\varepsilon = 10^{-3}$ 。

2. 节点位置时空漂移模型

为了建模动态图，本节对单个节点的演化过程进行分析，并提出刻画节点与其邻居节点相似度变化过程的节点位置时空漂移模型。节点位置时空漂移模型基于对节点位置的迭代更新推断未来节点之间的相似性关系。该方法通过负指数函数 $w_s = \mathrm{e}^{-1/w}$ 标准化链路权重，并将计算结果作为位置漂移模型的初始节点相似性。由于动态图中节点只与其邻居节点交互，也只受到邻居节点的影响，因此节点的动态性可以通过分析本地结构中邻居节点的影响力进行建模。

1）空间影响力

动态图中节点趋近于紧密聚集的群组，疏远于结构松散的群组。群组聚集度越高，群组的邻居节点和群组内节点产生连接的可能性越高，即聚集度越高的群组成员越具有吸引力。因此，动态图中节点总是趋向于与高聚集区域内高吸引力的节点相连。为了建模图节点的空间影响力，本节假设图节点被放置在一个引力场中，每个邻居节点对中心节点都具有吸引力，本节通过对邻居节点局部结构的分析来度量邻居节点的空间影响力。综合节点吸引力和结构连接强度定义节点的空间影响力：

$$\mathrm{AI}(i) = \mathrm{cn}(i) \cdot \mathrm{st}(i) \tag{3.22}$$

式中，$\mathrm{cn}(i) = |E(e(i))|$ 表示节点 i 的吸引力；$\mathrm{st}(i) = \sum_{l \in E(e(i))} \frac{w_l}{|E(e(i))|}$ 表示节点 i 的结构连接强度，其中 $e(i)$ 表示节点 i 一跳邻居区域内的节点集合，$E(e(i))$ 表示节点 i 一跳邻居区域内的链路集合；w_l 表示链路 l 的权重。

除了中心节点与邻居节点的交互影响，邻居节点之间也存在关联，并且相互关联的邻居节点会作为整体对中心节点形成一致的共同影响。定义 NC 是互通邻居节点集合，v 为 NC 融合产生的虚拟节点，影响力分配定义为

$$\mathrm{AI}(i) = |\mathrm{NC}| \cdot \mathrm{AI}(v) \cdot \frac{\mathrm{AI}'(i)}{\sum_{j \in \mathrm{NC}} \mathrm{AI}'(j)} \tag{3.23}$$

式中，$\mathrm{AI}(v)$ 表示虚拟节点 v 的空间影响力；$\mathrm{AI}'(i)$ 表示节点 i 在独立计算情况下的空间影响力。

2）时间影响力

假设动态网络的演化是连续过程，相对于在 $t-1$ 时刻的网络状态，动态演化网络在 $t+1$ 时刻的状态与在 t 时刻的网络状态更相关。对于图中的节点 a ，在时间区间 $[t_0, t_1]$ 内，节点 a 依次与多个节点产生关联，节点 a 的关联链路集合按时间顺序可以表示为 $l_a = \{l_{aj}, l_{ai}, l_{an}, l_{ak}, l_{am}\}$ 。随着时间的增长，链路对网络的预测能力逐渐减弱。因此，链路 l_{ai} 的时间影响力定义如下：

$$\mathrm{PI}(l_{ai}) = \frac{e^{(t(l_{ai}) - \max_{i \in N(a)}\{t(l_{ai})\})/\Delta t}}{1 + e^{(t(l_{ai}) - \max_{i \in N(a)}\{t(l_{ai})\})/\Delta t}} \tag{3.24}$$

式中，$N(a)$ 表示节点 a 的邻居节点集合；$t(l_{ai})$ 表示链路 l_{ai} 的时间戳；Δt 表示时序链路的平均时间间隔；$(t(l_{ai}) - \max_{i \in N(a)}\{t(l_{ai})\}) / \Delta t$ 表示 l_{ai} 产生后经过的时间间隔数。

基于空间和时间影响力，邻居节点 i 对中心节点 a 的时空影响力定义如下：

$$I(i) = \frac{\mathrm{AI}(i)}{\max\limits_{k \in N(a)} \mathrm{AI}(k)} \cdot \frac{\mathrm{PI}(l_{ai})}{\max\limits_{k \in N(a)} \mathrm{PI}(l_{ak})} \tag{3.25}$$

3）邻居节点时空影响力与本地网络结构强度的比较

为了建模单个图节点的动态性，节点的邻域被视作以节点为中心的引力场。在对邻居节点的时空影响力建模之后，中心节点根据邻居节点的时空影响力来调整自身在引力场中的位置，每个邻居节点都在吸引中心节点朝着自己移动。通过比较分析邻居节点影响力和图固有的结构连接强度，可以基于它们之间的强度差来估计中心节点的漂移方向和漂移距离，如图 3.7 所示。具体地，如果邻居节点的影响力比结构固有强度高，那么中心节点与邻居节点的相似性就会增加，否则，相似性减小。基于以上分析，令 $s(a,i)$ 表示中心节点 a 和邻居节点 i 的相似性，定义 $\Delta s(a,i)$ 表示在邻居节点的影响下相似性 $s(a,i)$ 的变化量：

$$\Delta s(a,i) = \begin{cases} \sum\limits_{k \in N(a)} s(a,k) \cdot \left(\dfrac{I(i)}{\sum\limits_{k \in N(a)} I(k)} - \dfrac{s(a,i)}{\sum\limits_{k \in N(a)} s(a,k)} \right), & \dfrac{I(i)}{\sum\limits_{k \in N(a)} I(k)} > \dfrac{s(a,i)}{\sum\limits_{k \in N(a)} s(a,k)} \\ 0, & \dfrac{I(i)}{\sum\limits_{k \in N(a)} I(k)} \leqslant \dfrac{s(a,i)}{\sum\limits_{k \in N(a)} s(a,k)} \end{cases} \tag{3.26}$$

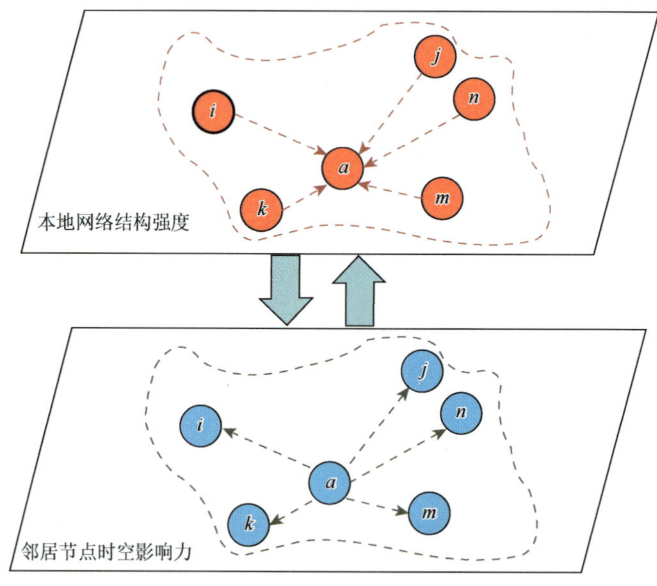

图 3.7　邻居节点时空影响力与本地网络结构强度比较

基于以上时空漂移模型，每个节点迭代更新自己在图中的位置（邻居相似度集合），进而推断图节点之间未来的相似性关系。

3.3.3 实验结果与分析

1. 实验设置

该实验基于多个真实图对所提出的网络演化预测模型进行性能测评，具体包括三个静态图和三个动态演化图，分别为 Celegans 数据集[18]、Jazz 数据集[19]、USAir 数据集[20]、MIT 数据集[21]、Hypertext 数据集[22]、Infectious 数据集[23]。以上数据集在进行实验之前都被预处理为无向无权的简单图。各个图的拓扑特征如表 3.8 所示。N、M 分别表示网络节点数和边数，<k>表示网络的平均节点度，<d>表示网络的平均最短距离，C、C_w 和 r 分别表示网络聚类系数、加权聚集系数和异质系数，H 表示节点度分布的异构性。实验采用 AUC 和精确度（Precision）两个指标进行性能评价。

表 3.8　实验网络的结构特征

数据集	N	M	<k>	<d>	C	C_w	r	H
Celegans	297	1977	13.313	2.521	0.262	0.016	–0.167	1.798
Jazz	198	2523	25.484	2.282	0.569	0.051	0.028	1.392
USAir	332	1956	11.783	2.817	0.556	0.045	–0.211	3.460
MIT	96	2336	48.667	1.494	0.658	0.003	–0.022	1.117
Hypertext	113	2021	36.000	1.684	0.486	0.005	–0.133	1.226
Infectious	378	2544	13.460	3.482	0.445	0.015	0.235	1.403

2. WSD 相似性度量的有效性

为了验证所提出的 WSD 相似性度量的有效性，实验基于 AUC 和精确度指标评价加权结构依赖（WSD）、加权共同邻居（WCN）、加权 AA 方法（WAA）、加权资源分配（WRA）、加权局部路径方法（WLP）相似性度量[24]在链路预测问题中的准确性，结果如表 3.9 和表 3.10 所示。每个网络对应的 AUC/Precision 的最高值由粗体显示。如表 3.9 所示，根据 AUC 评价指标，在 4 个真实图中 WSD 性能表现最优，在其他两个图中 WSD 相似性度量的性能表现次优。在表 3.10 中，根据精确度评价指标，WSD 在 6 个真实图中性能表现全部最优。

表 3.9　基于 AUC 评价指标的链路预测相似性度量性能比较

数据集	WCN	WAA	WRA	WLP	WSD
Celegans	0.8625	0.8362	0.8772	0.8187	**0.9152**
Jazz	0.9543	**0.9726**	0.9566	0.9634	**0.9726**

续表

数据集	WCN	WAA	WRA	WLP	WSD
USAir	0.9500	**0.9764**	0.9588	**0.9764**	0.9706
MIT	0.7980	0.7980	**0.8571**	0.8128	0.8523
Hypertext	0.5485	0.6343	0.6857	0.6114	**0.7028**
Infectious	0.6851	0.7333	0.6481	0.7685	**0.7692**

表 3.10　基于精确度评价指标的链路预测相似性度量性能比较

数据集	WCN	WAA	WRA	WLP	WSD
Celegans	0.1169	0.1169	0.1111	0.0760	**0.1286**
Jazz	0.4948	0.5022	0.4885	0.5140	**0.5705**
USAir	0.3294	0.3588	0.3588	0.3235	**0.3941**
MIT	0.2315	0.2413	0.4481	0.2364	**0.4482**
Hypertext	0.1771	0.1942	**0.2571**	0.1771	**0.2571**
Infectious	0.0000	0.0000	0.0365	0.0000	**0.0410**

3. 节点位置漂移模型的有效性

给定链路预测相似性度量和节点位置漂移模型的迭代次数，基于漂移模型推理的节点相似性越接近网络未来真实的节点相似性关系，链路预测的结果越准确。因此，本小节通过动态网络链路预测的准确性评价位置漂移模型的合理性。基于 AUC 评价指标，表 3.11 展示了三个真实动态图上节点位置漂移模型对于动态网络演化预测的有效性，其中 WCN、WAA、WRA、WLP、WSD 为在原始网络上基于各结构相似性度量的链路预测准确性，WCN′、WAA′、WRA′、WLP′、WSD′为在漂移预处理之后的网络上各结构相似性度量的链路预测准确性。根据表 3.11 可以发现，在 AUC 指标上，几乎所有基于漂移预处理网络的未来链路预测结果都比基于原始网络的预测结果准确性高。因此，可以认为节点位置漂移模型对动态网络的建模预测是有效的。

表 3.11　基于 AUC 评价指标的链路预测相似性度量性能比较

数据集	WCN	WCN′	WAA	WAA′	WRA	WRA′	WLP	WLP′	WSD	WSD′
MIT	0.798	0.837	0.798	0.817	0.857	0.861	0.812	0.843	0.852	0.866
Hypertext	0.548	0.691	0.634	0.662	0.685	0.685	0.611	0.622	0.702	0.720
Infectious	0.685	0.693	0.733	0.685	0.648	0.731	0.768	0.676	0.769	0.777

3.4　基于深度生成式模型的链路预测方法

3.4.1　问题定义

定义 $G(V,E)$ 为一个无向图，其中 V 为节点集合，E 为边集合。图中的节点数为 N，边数为M。该图共有$N(N-1)/2$个节点对，即全集U。给定一种链路预测的方法，为每对没有连边的节点对$(x,y)\in U\setminus E$赋予一个似然性分数S_{xy}，然后将所有未连接的节点对按照该分数值从大到小排序，排在最前面的为出现链路的概率最大的节点对，即为缺失链路。类似地，基于链路预测方法对图$G(V,E)$中已经存在的链路E计算似然性分数S_{xy}，按照该分数值从小到大排序，排在最前面的为已存在、不可靠的链路，即为虚假链路。

近年来，神经网络被越来越多地用于链路预测任务，学者们提出了多种基于神经网络的链路预测方法[25-27]。然而，典型的基于神经网络的链路预测方法都是基于子图分类的判别性方法，这种方法的性能直接依赖于封闭子图的构造和子图的判别特征的设计，忽略了对图数据全局结构模式的利用。为了解决这个问题，本节基于自监督学习（self-supervised learning，SSL）框架，提出一种生成式图神经网络链路预测 GraphLP（graph link prediction）[28]方法。

3.4.2　基于自表征的协同推理

本小节介绍基于自表征的生成式图神经网络链接预测方法 GraphLP，其框架如图 3.8（a）所示。早期研究表明，真实世界的图中的链路形成通常受到规律性和非规律性因素的驱动，前者可以基于多种生成机制来解释，如同质性、三元闭合、优先连接等[29, 30]。

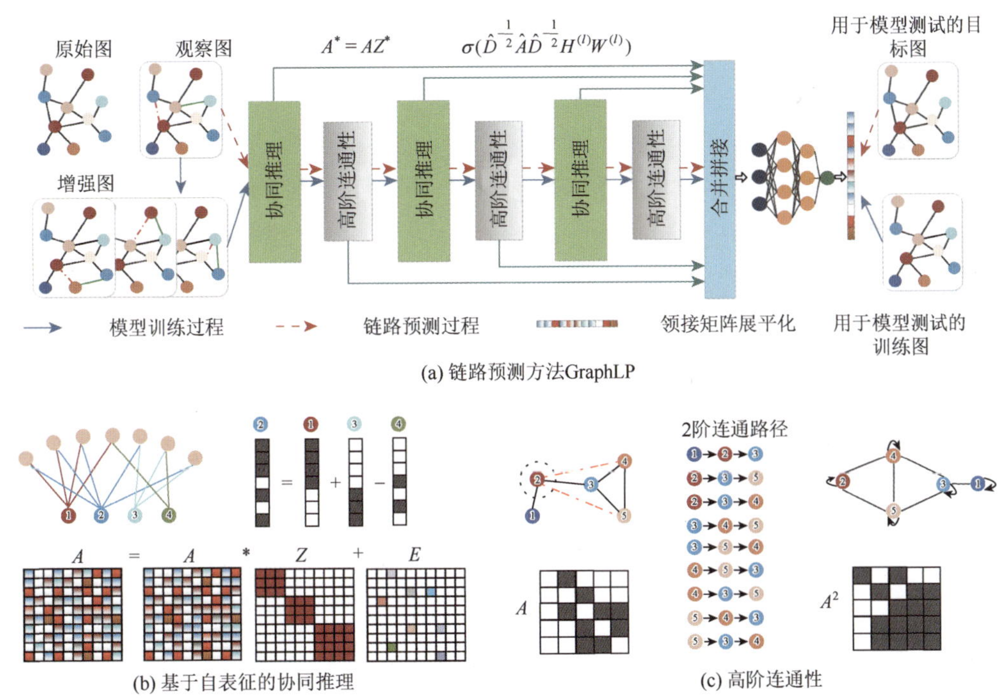

图 3.8　链路预测方法 GraphLP 框架图

类似地，高维数据可以被认为是来自多个低维线性子空间的简单数据的混合，从而可以利用低秩表示（low-rank representation，LRR）[31]将数据 $A=[a_1,a_2,\cdots,a_N]$ 表示为“字典” $D=[d_1,d_2,\cdots,d_M]$ 中各个基（basis）的线性组合：

$$\min_{Z} \operatorname{rank}(Z) \quad \text{s.t. } A = DZ \tag{3.27}$$

因此，最优表示矩阵 Z^* 揭示了数据隐含的子空间。通过使用每个子空间来建模一个数据中的同质子集，即具有特定结构模式中的频繁子图，具有多个子空间的低秩表示可以有效刻画复杂的图数据。因此，基于以上思想，现实世界中的图数据可以通过 LRR 模型进行描述，其中图数据的生成机制基本对应子空间，而低秩约束则捕捉了子图内在的共现关系。基于生成机制，遵循相同结构模式的子图可以互相表示，如图 3.8（b）所示。因此，通过使用邻接矩阵 A 作为“字典”，可以基于图数据自身进行表示建模，具体如下所示：

$$\min_{Z} \operatorname{rank}(Z) \quad \text{s.t. } A = AZ \tag{3.28}$$

除了规律性结构，真实图中的非规律性结构可以用矩阵 E 进行表示。因此，图自表征模型可以修改为 $A = AZ + E$ 。根据低秩表示，数据被视为以节点为单位，因此采用 $L21$ 范数对矩阵 E 进行约束，即 $|E\|_{2,1}$ 。然而，尽管提出的方法可以用于建模真实图，但低秩模型和 $L21$ 范数约束通常使用交替方向法（alternating direction method，ADM）求解，这需要大量迭代且具有较高的复杂性。因此，一个合理的策略是用 Frobenius 范数来放宽约束：

$$\min_{Z} \| Z \|_{\mathrm{F}}^2 + \lambda \| A - AZ \|_{\mathrm{F}}^2 \quad \text{s.t. } A = AZ + E \tag{3.29}$$

令 $L = \| Z \|_{\mathrm{F}}^2 + \lambda \| A - AZ \|_{\mathrm{F}}^2$，则 L 对 Z 的偏导数为 $\partial L / \partial Z = 2Z + \lambda(-2A^{\mathrm{T}}A + I)^{-1}A^{\mathrm{T}}A$ ，设 $\partial L / \partial Z = 0$ ，最优表示 Z^* 可计算如下：

$$Z^* = \lambda(\lambda A^{\mathrm{T}}A + I)^{-1}A^{\mathrm{T}}A \tag{3.30}$$

式中，I 表示单位矩阵。因此，原始图数据可以通过 AZ^* 进行表示，缺失的链路和虚假的链路可以通过基于自表征的协同推理进行计算：

$$\mathrm{CI}(A) = \lambda A(\lambda A^{\mathrm{T}}A + I)^{-1}A^{\mathrm{T}}A \tag{3.31}$$

3.4.3 高阶连通性计算

除了以节点和边为单位的低阶连接模式，研究人员发现现实世界的图数据集具有高阶连通性[32]。也就是说，子图相互嵌套形成了层次化结构模式。因此，除了利用低阶结构模式中的重复子图来推理重构原始图，还有必要探索并利用高阶结构模式进行链路预测。特别是根据启发式的链路预测方法，互连通性高的两个节点更有可能在它们之间产生链路，其中互连通性可以通过 n（$n \geqslant 2$）跳的路径的数量来进行度量。利用深度学习框架，可以将 n 跳连通性计算分解为多个在深度学习模型中的隐藏层的两跳连通性（two-hop connectivity）计算，从而通过深度学习模型的多个隐藏层叠加两跳连通性计算机制来估计两个节点的高阶互连通性。

假设邻接矩阵的整数次幂表征图节点之间的互连通性，即 $[A^n]_{ij}$ 表示节点 i 和 j 之间

长度为 n 的路径的个数，那么深度学习模型每个隐藏层中两跳连通性的计算可以通过邻接矩阵的二次幂进行表示，即 $[A^2]_{ij}$。基于协同推理的结果，节点之间两跳连通性可以定义为

$$\mathrm{HCCA}(A) = \mathrm{A} \times \mathrm{CI}(A) \tag{3.32}$$

图 3.8（c）举例解释了两跳连通性的计算机制。然而，当在深度神经网络模型中使用该算子时，重复应用该算子会导致数值不稳定和梯度爆炸/消失。为了解决这个问题，需要进行归一化（normalization）处理。此处，根据 GCN 模型的计算机制，将 $\mathrm{CI}(A)$ 视为节点特征，上式可以重新表述为

$$H^{(l+1)} = \hat{D}^{-\frac{1}{2}} \hat{A} \hat{D}^{-\frac{1}{2}} \mathrm{CI}(H^{(l)}) W^{(l)} \tag{3.33}$$

式中，$l = 1$ 时，$H^{(0)} = A$。因此，图数据中的层次化结构可以通过迭代执行以上非线性操作进行建模。

3.4.4　多尺度模式融合

为了估计潜在链路的似然性，将第 $l-1$ 层的输出 $H^{(l)}$ 作为 GraphLP 第 l 层的输入。通常，基于 $\mathrm{CI}(A)$ 和 $\mathrm{HCCA}(A)$，GraphLP 利用浅层提取的低阶结构模式恢复损坏的图结构，同时利用深层获得的高阶结构特征推断潜在的链路，从而利用不同层次的结构特征实现链路预测。然而，不同层次的结构特征对链路预测的贡献是不同的，GraphLP 利用残差连接对不同隐藏层的输出进行综合，并利用多层感知机（multi-layer perceptron，MLP）进行处理，定义为

$$O = \mathrm{MLP}(\mathrm{concat}(\mathrm{CI}(H^{(l)}), \mathrm{HCCA}(H^{(l)}))), \quad 0 \leqslant l \leqslant L \tag{3.34}$$

式中，O 表示一个包含所有可能的节点对之间存在链路概率的向量，可以根据它对缺失链路和虚假链路进行推理。

3.4.5　实验结果与分析

本小节将在真实图数据上进行实验，将 GraphLP 与具有代表性的链路预测方法进行比较以评估 GraphLP 的性能。采用 AUC 指标和 AP（average precision，平均精确度）指标来测评各方法的性能。根据链路预测结果，将似然性分数分别按降序和升序排序，然后选择 top-L 的链路作为预测的缺失链路和虚假链路。

1. 实验设置

本实验采用领域内广泛使用的真实图数据，具体的数据集特征如表 3.12 所示。

表 3.12　数据集设置

特征	USAir	NS	PB	Yeast	C.ele	Router	E.coli
节点数	332	1589	1222	2375	297	5022	1805

续表

特征	USAir	NS	PB	Yeast	C.ele	Router	E.coli
边数	2126	2742	16714	11693	2148	6258	14660
平均聚类系数	0.625	0.638	0.320	0.306	0.292	0.012	0.516
平均节点度	12.81	3.45	27.36	9.85	14.46	2.49	12.55

注：平均聚类系数（average cluster coefficient，ACC）；平均节点度（average degree，AD）

2. 性能对比

为了评估 GraphLP 方法的性能，选取 6 种最先进的链路预测方法作为基准，包括 WLK[25]、WLNM、Node2Vec[33]、LINE[34]、SEAL[26]、WalkPool（WP）[27]。

在原始链路占 90%的观测图上进行链路预测，基于 AUC 和 AP 的链路预测结果分别如表 3.13 和表 3.14 所示，从表 3.13 和表 3.14 可以看出，GraphLP 在总体上明显优于其他算法。以上结果表明，多层次的图结构建模学习机制更好地表征了图数据潜在的结构模式，从而可以更好地识别缺失链路和虚假链路。表 3.13 表明，与 WP 算法相比，GraphLP 显著提高了在 PB、C.ele 和 Router 数据集上的 AUC 结果，分别提高了约 4.3%、4.3%和 1.8%。此外，在 USAir、Yeast 和 NS 数据集上，GraphLP 方法的性能仍然优于其他先进的方法。另外，表 3.14 所示的 AP 结果表明，GraphLP 在大多数数据集上的性能优于其他先进的方法，并且与性能最好的图神经网络方法 WP 相比，在 C.ele 数据集上，GraphLP 的性能提高了约 8.6%，这充分体现了 GraphLP 方法的优越性。

表 3.13　AUC 结果（%）

预测方法	USAir	NS	PB	Yeast	C.ele	Router	E.coli
WLK	96.63	98.57	93.83	95.86	89.72	87.42	96.94
WLNM	95.95	98.61	93.49	95.62	86.18	94.41	97.21
Node2Vec	91.44	91.52	85.79	93.67	84.11	65.46	90.82
LINE	81.47	80.63	76.95	87.45	69.21	67.15	82.38
SEAL	97.09	98.85	95.01	97.91	90.30	96.38	97.64
WP	98.68	98.95	95.60	98.37	95.79	97.27	98.58
GraphLP	**99.26**	**99.64**	**99.73**	**99.41**	**99.90**	**99.02**	**99.23**

表 3.14　AP 结果（%）

预测方法	USAir	NS	PB	Yeast	C.ele	Router	E.coli
WLK	96.82	98.79	93.34	96.82	88.96	86.59	97.25
WLNM	95.95	98.81	92.69	96.40	85.08	93.53	97.50
Node2Vec	89.71	94.28	84.79	94.90	83.12	68.66	90.87
LINE	97.70	85.17	78.82	90.55	67.51	71.92	86.45
SEAL	97.13	99.06	94.55	98.33	89.48	96.23	98.03
WP	98.66	99.09	95.28	98.64	91.53	97.20	98.79
GraphLP	**99.91**	**98.94**	**98.32**	**98.74**	**99.41**	**79.30**	**98.96**

3.5　基于决策建模的信息传播预测方法

近年来，信息传播在各种网络环境中以不同形态迅速涌现，但是目前对影响信息传播过程的关键因素、主导网络信息传播过程的驱动机制仍不十分清楚。当前的信息传播预测的主要关注点是信息传播过程的最终规模，本节将主要研究网络信息传播过程的演化预测问题，提出一种基于决策建模的信息传播预测方法[35]。

3.5.1　问题定义

给定有向网络 $G=(V,E)$，其中 V 为网络节点集合，$E\subseteq V\times V$ 表示有向边集合。边 $e_{ij}=(v_i,v_j)\in E$ 表示从节点 v_i 到 v_j 的关注关系。如果 v_i 关注 v_j 同时 v_j 关注 v_i，则定义它们互为朋友。在信息传播过程中，被关注节点发布的任何消息对关注节点都是可见的。为了建模信息传播过程，相关变量和概念定义如下。

定义 3.1：信息传播 给定网络 G 以及 t_0 时刻消息的源节点，消息源节点以一定概率激活其关注节点实现消息转发，关注节点以同样的方式进行响应处理。以上过程迭代级联，最终形成信息传播。

定义 3.2：激活节点 给定节点 v_i 和它的关注节点 v_j，如果节点 v_j 对消息的转发响应导致节点 v_i 以相同的方式处理消息，就认为对于当前消息节点 v_i 被激活。令 AP_i 表示节点 v_i 处于激活状态的关注对象集合，对于每个激活节点 v_i，假设它的 AP_i 中的全部节点都会对其状态造成影响。

定义 3.3：激活序列 给定网络 G 以及消息 m 的传播过程，则转发消息 m 的节点序列 $\{v_1,v_2,\cdots\}$ 为此传播过程的激活序列，定义为 $C_m=\{v_1,v_2,\cdots,v_k\}$。

定义 3.4：时间标签 对于激活序列 $C_m=\{v_1,v_2,\cdots,v_k\}$，节点 v_i 的时间标签可表示为 $t(v_i)$，且满足 $t(v_i)\leqslant t(v_{i+1})$。对应于激活序列 $C_m=\{v_1,v_2,\cdots,v_k\}$ 以及关注对象集合 AP_i 的时间标签集合被分别定义为 Ct_m 和 $\mathrm{AP}t_i$。因此，在时刻 t 部分已知的信息传播过程可以表示为 $C_m(t)=\{v_i\mid t(v_i)<t\}$，其规模可以被定义为 $|C_m(t)|$。

定义 3.5：历史消息集合 如果节点 v_i 因消息 m 被激活，则称消息 m 是节点 v_i 的历史消息之一。定义三元组 (v_i, m, t) 表示节点 v_i 在时刻 t 转发消息 m 的一个转发实例，并定义 $\mathrm{HM}=\{v_i, m, t\}_{i,m,t}$ 表示网络中全部历史消息集合。

定义 3.6：候选消息集合 如果节点 v_i 的关注对象集合 $\mathrm{AP}t_i$ 非空，节点 v_i 可能被来自任一关注对象的消息激活，从而来自 $\mathrm{AP}t_i$ 的节点 v_i 可见的消息集合为 v_i 的候选消息集合 CMS_i。

定义 3.7：多尺度信息传播预测 给定网络 G，时间节点 t，消息 m 的部分已知信息传播过程 $C_m(t)$ 以及历史消息集合 $\mathrm{HM}=\{v_i,m,t\}_{i,m,t}$，多尺度信息传播预测的目的是：①整合多个影响因素对节点转发行为进行建模估计；②分析鉴别影响信息传播过程的主要因素和驱动机制；③构建信息传播的演化预测方法，从而能够预测 t' 时刻激活节点集合 $\mathrm{ANSet}_{t'}$，$t'>t$。

3.5.2　基于局部决策模型的传播预测

假设宏观的在线社交网络信息传播过程是由各个图节点微观的消息转发行为组成。基于此假设，宏观上的多尺度信息传播预测任务可以被分解为在图结构之上的一组微观转发行为估计任务。因此，多尺度信息传播预测问题的研究可以被分解为微观转发行为影响因素分析、微观转发行为建模以及宏观级联转发过程建模三个子问题。相应地，多尺度网络信息传播预测任务也被分为三个阶段：考虑多种潜在影响因素的本地影响力量化、基于机器学习模型的微观转发行为建模以及基于标签传播的全局传播预测。以此为基础，本小节最终提出多尺度传播预测（multi-scale diffusion prediction，MScaleDP）方法，如图 3.9 所示。

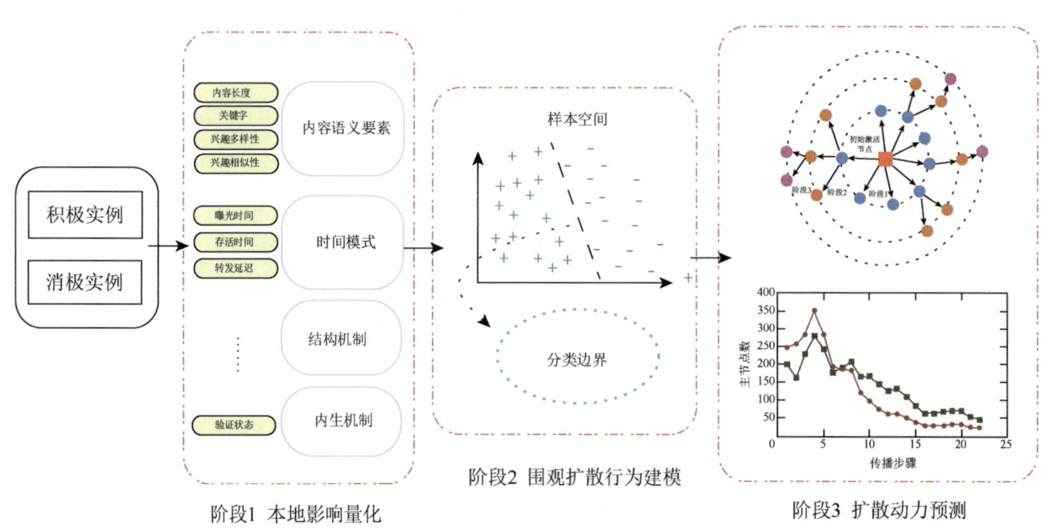

图 3.9　多尺度传播预测方法 MScaleDP

1. 本地影响力量化

（1）内容语义驱动机制。影响消息转发的最直接的一个因素就是消息内容。因此采用文档主题生成模型（LDA）算法[36]计算节点 u 的兴趣分布 I_u 以及候选消息 m 的主题分布 T_m，基于信息熵计算节点的兴趣广度，采用 Jensen-Shannon 距离[37]计算分布 I_u 和 T_m 之间的相似度。定义内容语义驱动机制 CSM(t) 为相关内容语义因素对个体转发行为的共同影响。

（2）时序驱动机制。影响消息传播的一个重要因素为消息的时效性，因此定义消息的生存时间为消息自首次发布时刻起至当前时刻的时间跨度，并基于它刻画消息的时效性。通过计算激活序列中相邻转发行为之间的时间差量化消息的吸引力。另外，计算被关注对象的平均转发时间与当前节点转发时间的时间差量化消息等待转发的平均曝光时间。定义时序驱动机制 TM(t) 为相关时序因素对个体转发行为的共同影响。

（3）结构驱动机制。图结构是信息传播过程的承载媒介，信息传播也受网络结构的影响，因此基于社会强化作用以及节点之间的关联强度定义信息传播网络的结构特征，包括节点 u 的激活态关注对象集合 AP_i 的规模 SAFE_u 、节点 u 的激活态朋友节点数量 SAF_u 、全部朋友节点数量 SF_u 、激活态关注对象占比 FeeR_u 、朋友数量在关注对象中的占比 RecipR_u 、激活态朋友数量在激活态关注对象中的占比 $\mathrm{ARecipR}_u$ 。定义结构驱动机制 $\mathrm{SM}(t)$ 为相关结构因素对个体转发行为的共同影响。

（4）内因驱动机制。本节考虑用户账户的验证状态 VerSta_u 、用户账户的创建时间 $\mathrm{AccCreT}_u$ 、相关消息的数量 NMsg_u 、关注节点数量 FerN_u 、被关注对象与关注节点的数量 FFR_u 刻画节点的内生影响，定义内因驱动机制 $\mathrm{EM}(t)$ 为相关内因的共同影响。

基于以上分析，本节将微观个体消息转发行为定义为本地影响力的函数：

$$\mathrm{TI}(t) = f(\mathrm{CSM}(t), \mathrm{TM}(t), \mathrm{SM}(t), \mathrm{EM}(t), \Theta) = f(\Phi, \Theta) \tag{3.35}$$

式中，Φ 表示驱动机制向量；Θ 表示对于相关驱动机制的参数向量。

2. 微观转发行为建模

给定图 G ，在 t 时刻部分已知信息传播过程为 $C_m(t)$ ，定义 $M_{\mathrm{LBE}}(G, C_m(t))$ 表示微观转发行为估计模型。由于每个节点可能转发多条消息，因此将针对一个消息的节点响应定义为一个实例。对于不同的实例，定义“状态”。y 表示相应消息是否被转发。具体地，对于实例 n ，其状态空间为 $y(n) \in \{-1, +1\}$ ，$y(n) = +1$ 表示节点执行消息转发，$y(n) = -1$ 表示消息未转发。因此，所有的传播实例都可以被分为两个不相交的集合：转发实例集合 P 和未转发实例集合 I ，且满足 $y(P) = +1$ 和 $y(I) = -1$ 。基于以上分析，微观转发行为估计模型 $M_{\mathrm{LBE}}(G, C_m(t))$ 可以被实例化为一个分类问题：给定消息 m 、节点 v ，目的是估计节点 v 对消息 m 的响应行为。式（3.35）中函数 f 对应分类模型，驱动机制向量 Φ 对应特征空间，参数向量 Θ 对应特征权重。根据驱动机制 $\Phi = [\mathrm{CSM}(t), \mathrm{TM}(t), \mathrm{SM}(t), \mathrm{EM}(t)]$ 可以得到转发实例的特征向量 $x = [x_C^{\mathrm{T}}, x_T^{\mathrm{T}}, x_S^{\mathrm{T}}, x_E^{\mathrm{T}}]^{\mathrm{T}}$ ，进而转发实例集合 P 和未转发实例集合 I 可以被特征化为向量集合 FP 和 FI 。

设 n 为预测实例，将模型 $M_{\mathrm{LBE}}(G, C_m(t))$ 应用于实例 n ，定义 n 的转发概率为 $p(y(n) = +1 \mid x(n), M_{\mathrm{LBE}}(G, C_m(t)))$ ，其中 $x(n) = [x_C(n)^{\mathrm{T}}, x_T(n)^{\mathrm{T}}, x_S(n)^{\mathrm{T}}, x_E(n)^{\mathrm{T}}]^{\mathrm{T}}$ 。将模型 $M_{\mathrm{LBE}}(G, C_m(t))$ 运用到实例集合 IN ，其总体目标是选择最合理的模型使得转发行为似然估计最大化：

$$\begin{aligned} \hat{Y}_{\mathrm{IN}} &= \underset{M_{\mathrm{LBE}}(G, C_m(t))}{\operatorname{argmax}} \; p(y(\mathrm{IN}) = Y_{\mathrm{IN}} \mid G, C_m(t)) \\ &= \underset{M_{\mathrm{LBE}}(G, C_m(t))}{\operatorname{argmax}} \; p(y(\mathrm{IN}) = Y_{\mathrm{IN}} \mid x(\mathrm{IN})) \end{aligned} \tag{3.36}$$

式中，$y(\mathrm{IN}) = Y_{\mathrm{IN}}$ 表示实例集合 IN 的预测结果 $y(\mathrm{IN})$ 与实际状态 Y_{IN} 相同；$x(\mathrm{IN})$ 表示实例集合 IN 的特征向量集。

为了求解分类问题，定义 ModelSelect(CM, FP, FI) 为分类模型的选择过程，其中 CM 为候选分类器集合。由于每个转发实例有多个转发特征，因此采用顺序浮动后向选择

（sequential floating backward selection，SFBS）[38]算法进行特征选择，优化特征空间。为了揭示影响信息传播的主要驱动机制，本节使用最终分类模型的特征权重向量 F_w 进行驱动机制度量，定义为 $\mathrm{MecMeasure}(F_w)$ 。基于上述分析，微观转发行为估计模型具体过程如算法 3.4 所示。其中，步骤 1 确定候选特征集合，步骤 2 综合考虑有效性和复杂性选择分类器，步骤 3 到步骤 6 计算最优特征空间，步骤 7 和步骤 8 计算特征权重以及驱动机制的影响。

算法 3.4　微观转发行为估计模型

输入：图 G，已激活序列集 $\{C_1(t), C_2(t), \cdots, C_n(t)\}$

输出：模型 $M_{\mathrm{LBE}}(G, C_m(t))$ ，驱动机制权重 W

步骤 1：x 提取特征集合

步骤 2：$M \leftarrow$ 模型选择$(\mathrm{CM}, \{\mathrm{FP}, \mathrm{FI}\})$ 到选择分类器

步骤 3：while 期望特征数 $i \leqslant |\mathrm{FP}|$ do

步骤 4：　$F_r \leftarrow \mathrm{Cmp}(F_r, \mathrm{SFBS}(M, \{\mathrm{FP}, \mathrm{FI}\}))$ 更新特征空间 F_r

步骤 5：　更新 $i = i + 1$

步骤 6：end while

步骤 7：$F_w \leftarrow M(F_r, \{\mathrm{FP}, \mathrm{FI}\})$ ，根据分类器和训练数据获得特征权重

步骤 8：驱动机制权重 $W \leftarrow \mathrm{MecMeasure}(F_w)$

步骤 9：返回模型 $M_{\mathrm{LBE}}(G, C_m(t)) = \{M, F_r, F_w\}$ ，驱动机制权重 W

3. 基于标签传播的全局传播预测

1）单向标签传播算法

为了能够真实刻画信息传播，选择基于异步更新方式对级联扩散过程进行建模。基于信息级联扩散过程的特点，提出单向标签传播算法（unidirectional label propagation algorithm，ULPA）整合微观转发行为并预测宏观传播，其中节点以异步随机方式更新状态，具体过程如算法 3.5 所示。

算法 3.5　单向标签传播算法 ULPA

输入：图 G 、部分激活序列 $C_m(t)$ 和模型 $M_{\mathrm{LBE}}(G, C_m(t))$

输出：预测的激活序列 C_m^p

步骤 1：$t = 0$ ，并获得初始节点的激活序列状态 $C_m(t)$

步骤 2：基于 G 和 $C_m(t)$ 获得敏感节点集 SN

步骤 3：对于 SN 中的每个节点 v，使用 $M_{\mathrm{LBE}}(G, C_m(t))$ 更新节点 v 的状态

步骤 4：if 节点 v 已经被激活 Then

步骤 5：　　$t = t + 1$

步骤 6：　　$C_m^p = C_m^p + (v, t)$ ，$\mathrm{SN} = \mathrm{SN} - \{v\}$

步骤 7：　　基于 G 、$C_m(t)$ 和 C_m^p 更新敏感节点集 SN

步骤 8：end if

步骤 9：如果节点的状态不再改变，则停止。否则，进行步骤 4

步骤 10：返回预测序列集 C_m^p

2）加速的单项标签传播算法

由于同步更新方式无法刻画易感染节点（susceptible nodes）之间的关系和相互影响，ULPA 算法采用异步随机方式更新节点状态。对于易感染节点集合，ULPA 算法每步从易感染节点集合中随机选择一个节点进行状态更新。虽然 ULPA 能够刻画真实的信息传播，然而通过分析可以发现，易感染节点集合包括多个独立的关联节点组以及多个独立节点，它们之间互不影响，从而可以同步并行地更新相互独立节点的转发状态。基于此分析，本节对 ULPA 算法进行优化，提出加速的单项标签传播算法（accelerated unidirectional label propagation algorithm，AULPA），具体过程如算法 3.6 所示。其中，步骤 1 和步骤 2 确定初始活跃节点和易感染节点集合，步骤 3 到步骤 7 迭代性地更新节点的转发状态。

算法 3.6　加速的单向标签传播算法 AULPA

输入： 图 G 、部分激活序列 $C_m(t)$ 和模型 $M_{\mathrm{LBE}}(G, C_m(t))$
输出： 预测的激活序列 C_m^p
步骤 1： $t=0$ ，并获得初始节点的激活序列状态 $C_m(t)$
步骤 2： 基于 G 和 $C_m(t)$ 获得敏感节点集 SN
步骤 3： while 没有达到收敛状态 do
步骤 4： 　从 SN 中提取独立节点集 IN
步骤 5： 　基于 $M_{\mathrm{LBE}}(G, C_m(t))$ 同时更新 IN 中节点的状态
步骤 6： 　更新敏感节点集合 SN 和激活序列 C_m^p ， $C_m^p = C_m^p + (v,t)$
步骤 7： end while
步骤 8： 返回预测的激活序列 C_m^p

3.5.3　实验结果与分析

1. 实验设置

该实验数据集采用新浪微博数据。此数据集共包括 170 万个微博账户信息。对于每个微博账户，数据集包含其账户属性以及最近 1000 个微博消息。每条微博可以是原创消息，也可以是转发消息，数据集共包含 30 万条微博消息的传播记录。

（1）LRC-Q 方法[39]。LRC-Q 方法采用逻辑回归模型作为分类器对微博转发行为进行分类预测，其基于随机行走理论和环结构数量计算本地影响力。

（2）LRC-BQ 方法[39]。LRC-BQ 方法是 LRC-Q 方法结合节点个体属性、时序特征以及主题偏好的扩展，同样采用逻辑回归模型作为分类器对微博转发行为进行分类预测。

（3）EDSP 方法[40]。EDSP 方法基于已知信息传播结构图预测信息以传播最终规模。

（4）LRC-Q-MScaleDP 方法和 LRC-BQ-MScaleDP 方法。通过 MScaleDP 传播预测方案、微观转发行为估计模型以及传播预测算法 AULPA 实现信息传播预测。本书在 MScaleDP 中分别采用 LRC-Q 和 LRC-BQ 方法代替微观转发行为估计模型对 MScaleDP 性能进行测试。

为了评估以上方法的性能，采用精确度（Precision）、召回率（Recall）、F1 分数（F1-Score）以及准确率（Accuracy）4 种指标进行评价。另外，对于信息传播过程的预测，以单位间隔内预测的节点激活序列与真实的节点激活序列相同节点比例进行评价，定义为 Interval-Precision。同时，本实验认为在真实结果 σ 偏差范围内的预测结果都有意义，因此使用 σ-Precision 指标评价信息传播规模的预测结果。

在模型选择方面，虽然随机森林微观转发行为估计模型准确率很高，但由于随机森林模型容易陷入过拟合问题以及复杂度较高，因此本实验选择决策树作为 MScaleDP 微观转发行为的估计模型。

2. 微观转发行为估计与驱动机制分析

为了提高特征质量、优化估计模型的可解释性，实验采用 SFBS 方法进行特征选择。根据表 3.15 中 MScaleDP 和其他基准方法在不同特征组合条件下的微观转发行为估计结果可以发现，基于最优特征集合的 MScaleDP 方法获得了最好的估计结果，同时基于最优特征集合的补集的 MScaleDP 方法获得了最差的估计结果。一个值得注意的结果是基于全部候选特征集合的 MScaleDP 的估计结果准确率比基于最优特征集合的 MScaleDP 估计结果准确率差。这说明估计结果准确率与有效特征个数不直接相关，也说明进行特征选择的必要性。除了不同特征集合的影响，与基于 LRC-Q 和 LRC-BQ 的 MScaleDP 方法相比，本节的 MScaleDP 方法性能更优，这说明了本节提出的微观转发行为估计模型的科学性和有效性，这对于提高特征质量，估计模型的优化提供了支持。

表 3.15　微观转发行为性能评价

方法	精确度	召回率	F1-Score	准确率
MScaleDP with OF	0.976995	0.976995	0.976885	0.977247
MScaleDP with AF	0.975678	0.975680	0.975679	0.975680
MScaleDP with CF	0.716539	0.712711	0.713507	0.712711
MScaleDP with OF∪SF	0.976791	0.976792	0.976792	0.976792
MScaleDP with OF∪EF	0.976436	0.976438	0.976437	0.976437
LRC-Q	0.776387	0.776306	0.776241	0.776348
LRC-BQ	0.823538	0.810324	0.828912	0.834356

注：OF 为最优特征集合；AF 为全部候选特征集合；SF 为结构特征子集；EF 为内因特征子集；CF 为最优特征集合的补集。

3. 宏观信息传播预测

从活动状态预测、传播规模预测和传播过程预测三个方面分析 MScaleDP 在全局信息传播预测上的性能。使用 LRC-Q 和 LRC-BQ 代替 MScaleDP 中的微观转发行为估计模型，表示为 LRC-Q-MScaleDP 和 LRC-BQ-MScaleDP。通过 MScaleDP 与 LRC-Q-MScaleDP 和 LRC-BQ-MScaleDP 的比较，展示微观转发行为估计模型的有效性，通过 MScaleDP 与 EDSP 方法的比较，展示 MScaleDP 对预测的准确性。

节点激活状态估计：为了说明 MScaleDP 的性能，从数据集中选择三组不同规模的信息传播记录，并基于不同比例的已知传播数据对剩余节点的将来状态进行预测，结果如图 3.10 所示。根据结果可知，这些方法基于不同比例的已知传播数据会有不同的预测精确度，但是，MScaleDP 方法在不同规模的传播过程、不同比例的已知数据条件下均取得了更好的性能表现。另外，已知数据比例越大，训练的估计模型的泛化能力越强，最后预测的准确率就越高。信息传播过程的规模越大，一般其网络范围就越大，同时信息转发的层数就越多，转发预测的不准确率会随着转发的层数的增多而放大。

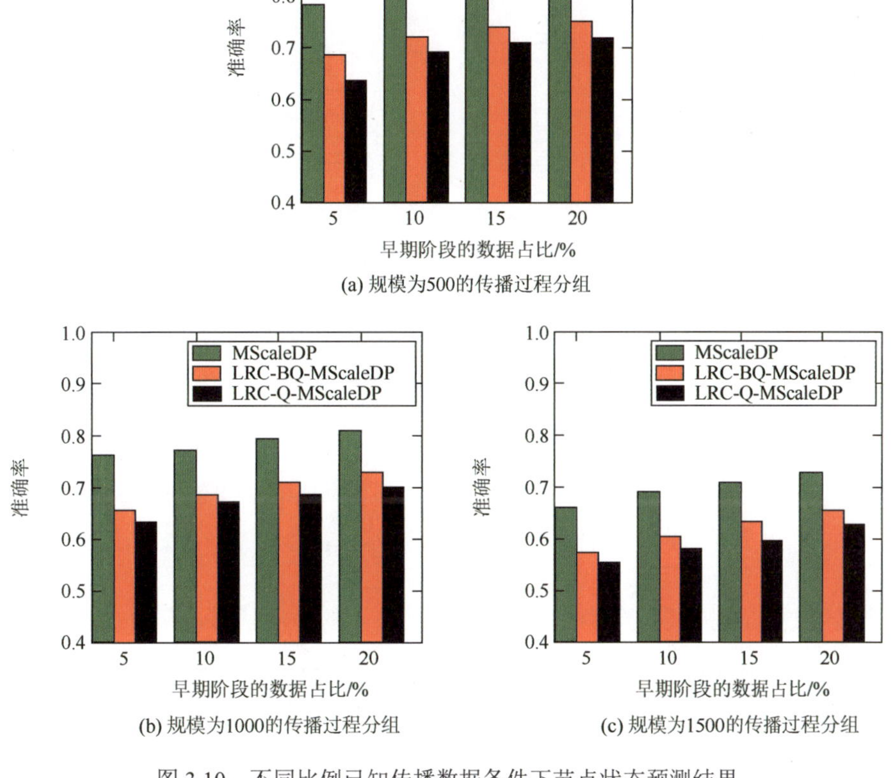

(a) 规模为500的传播过程分组

(b) 规模为1000的传播过程分组

(c) 规模为1500的传播过程分组

图 3.10　不同比例已知传播数据条件下节点状态预测结果

信息传播规模预测：本节研究预测的信息传播规模随着已知传播数据比例的增大如何变化。实验将在 20%偏差范围内的预测值都视为有效预测值，定义评价指标为 0.2-Precision。图 3.11 展示了不同比例已知传播数据条件下信息传播规模的预测结果。根据图 3.11 可知，MScaleDP 在三组信息传播过程预测实验中都获得最佳的精度。此外，虽然更高比例的已知数据可以提高 MScaleDP 的预测准确性，但 MScaleDP 对比 EDSP 的一个明显优势是前者并不依赖于高比例已知数据。

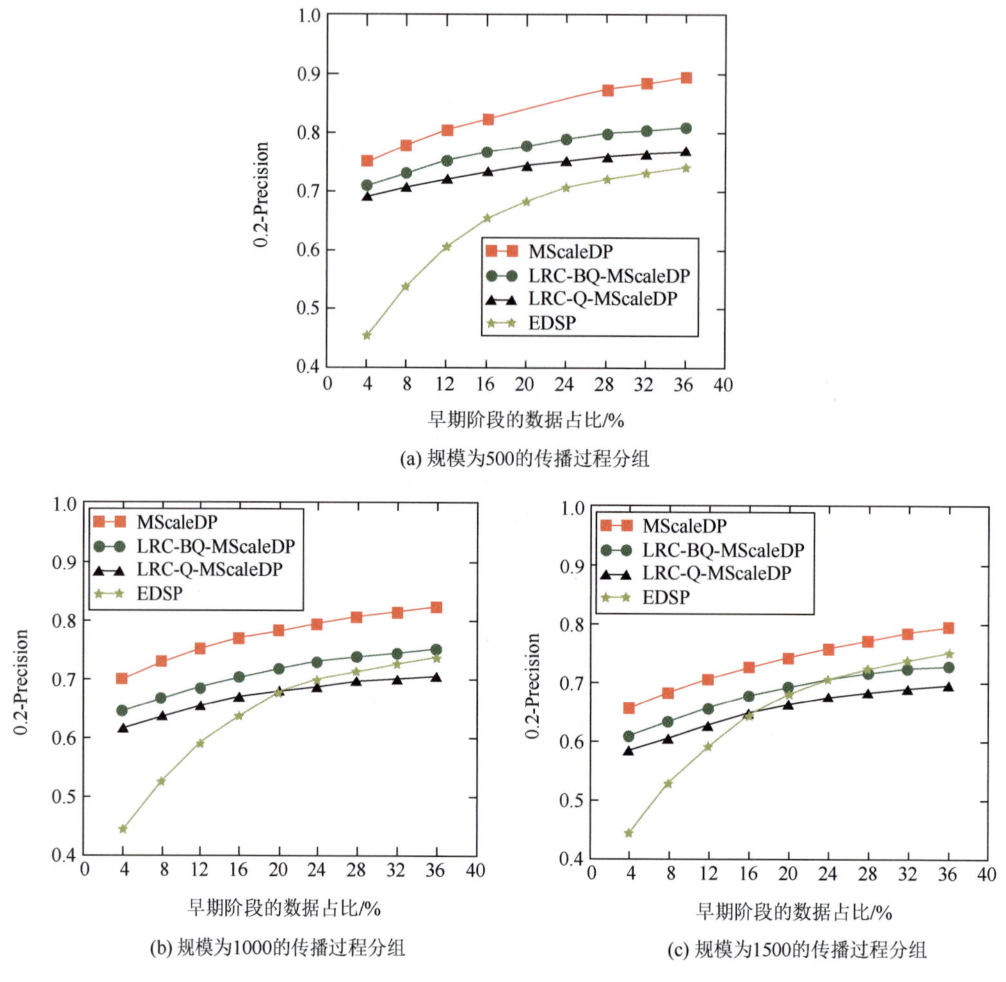

(a) 规模为500的传播过程分组

(b) 规模为1000的传播过程分组

(c) 规模为1500的传播过程分组

图 3.11　不同比例已知传播数据条件下传播规模预测结果

信息传播过程预测：除了最终规模以及中间节点的激活状态，预测信息传播的过程，即各个中间节点之间的时序关系，也十分重要。通过按区间逐次检测预测的激活节点序列与真实激活节点序列相同节点占比的方法评价传播过程预测结果，如图 3.12 所示。根据图 3.12 可知，相较其他两种方法，MScaleDP 在信息传播过程预测中获得了最高的准确性。

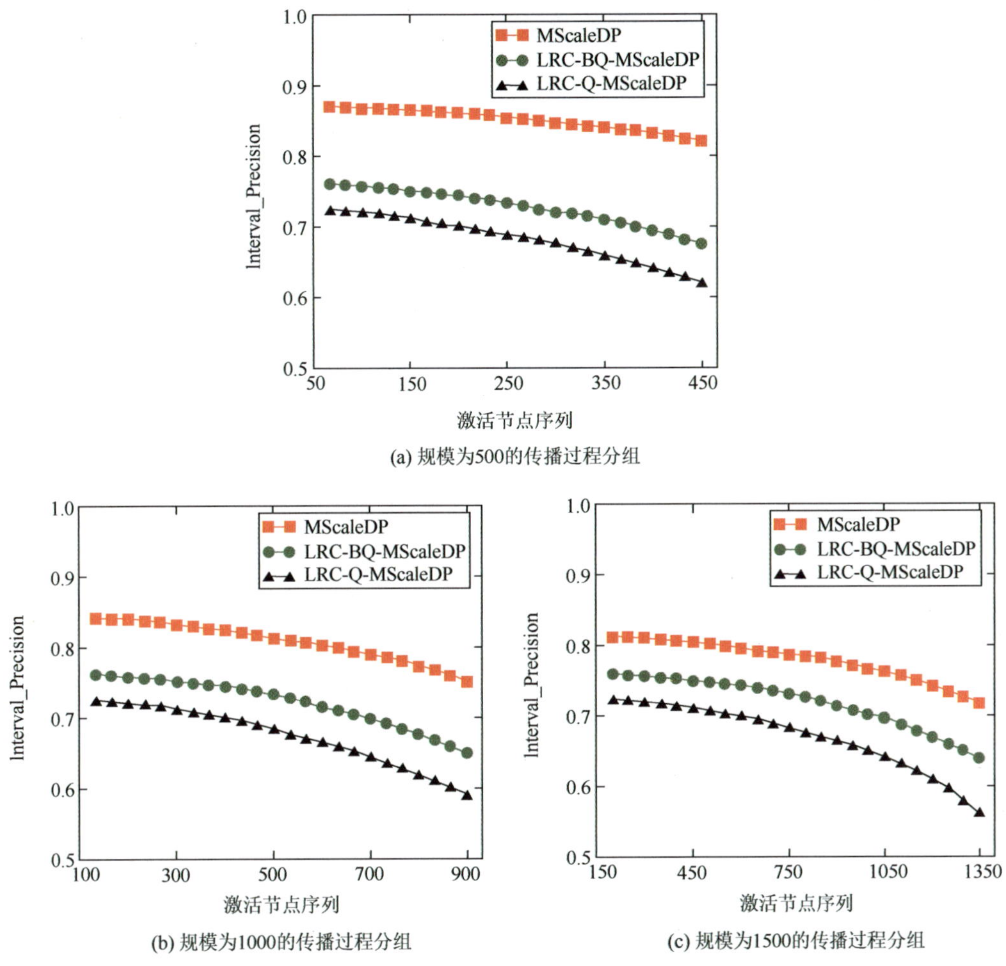

(a) 规模为500的传播过程分组

(b) 规模为1000的传播过程分组

(c) 规模为1500的传播过程分组

图 3.12　基于激活节点序列准确性的信息传播过程预测结果

3.6　本 章 小 结

本章介绍了图挖掘与图学习领域的多项成果。首先，针对社团检测问题，提出了 LINSIA 算法。其次，面向节点重要性度量问题提出了 PIRank 方法，实验表明该方法在最优图分裂问题中性能表现良好。另外，本章还介绍了基于节点位置时空漂移模型的链路预测方法、基于深度生成式模型的链路预测方法及基于决策建模的信息传播预测方法。本章的研究对理解图结构和调控系统功能具有重要意义。

参 考 文 献

[1] Wu T, Guo Y, Chen L, et al. Integrated structure investigation in complex networks by label propagation[J]. Physica A: Statistical Mechanics and its Applications, 2016, 448: 68-80.

[2] Garza S E, Schaeffer S E. Community detection with the label propagation algorithm: A survey[J]. Physica A: Statistical Mechanics and its Applications, 2019, 534: 122058.

[3] Leung I X Y, Hui P, Liò P, et al. Towards real-time community detection in large networks[J]. Physical Review E, 2009, 79 (6): 066107.

[4] Kitsak M, Gallos L K, Havlin S, et al. Identification of influential spreaders in complex networks[J]. Nature Physics, 2010, 6: 888-893.

[5] Lancichinetti A, Fortunato S, Radicchi F. Benchmark graphs for testing community detection algorithms[J]. Physical Review E, 2008, 78 (4): 046110.

[6] Xing Y, Meng F R, Zhou Y, et al. A node influence based label propagation algorithm for community detection in networks[J]. The Scientific World Journal, 2014, 2014 (5): 627581.

[7] Newman M E J. Fast algorithm for detecting community structure in networks[J]. Physical Review E, 2004, 69 (6): 066133.

[8] Blondel V D, Guillaume J L, Lambiotte R, et al. Fast unfolding of communities in large networks[J]. Journal of Statistical Mechanics Theory & Experiment, 2008, 2008 (10): 55-168.

[9] Ball B, Karrer B, Newman M E J. Efficient and principled method for detecting communities in networks[J]. Physical Review E, 2011, 84 (3): 036103.

[10] Shen H W, Cheng X Q, Cai K, et al. Detect overlapping and hierarchical community structure in networks[J]. Physica A: Statistical Mechanics and its Applications, 2009, 388 (8): 1706-1712.

[11] Ghedini C G, Ribeiro C H C. Rethinking failure and attack tolerance assessment in complex networks[J]. Physica A: Statistical Mechanics and its Applications, 2011, 390 (23-24): 4684-4691.

[12] Wu T, Xian X, Zhong L, et al. Power iteration ranking via hybrid diffusion for vital nodes identification[J]. Physica A: Statistical Mechanics and its Applications, 2018, 506: 802-815.

[13] Grady D, Thiemann C, Brockmann D. Robust classification of salient links in complex networks[J]. Nature Communications, 2012, 3: 864.

[14] Adamic L A, Glance N. The political blogosphere and the 2004 U.S. election: Divided they blog [C]//Proceedings of the 3rd International Workshop on Link Discovery. Chicago Illinois. ACM, 2005, 36-43.

[15] Bu D B, Zhao Y, Cai L, et al. Topological structure analysis of the protein-protein interaction network in budding yeast[J]. Nucleic Acids Research, 2003, 31 (9): 2443-2450.

[16] Rossi R, Ahmed N. The network data repository with interactive graph analytics and visualization[J]. Proceedings of the AAAI Conference on Artificial Intelligence, 2015, 29 (1): 4292-4293.

[17] Wu T, Chen L, Zhong L, et al. Predicting the evolution of complex networks via similarity dynamics[J]. Physica A: Statistical Mechanics and its Applications, 2017, 465: 662-672.

[18] Qiu J Z, Li Y X, Tang J, et al. The lifecycle and cascade of WeChat social messaging groups[C]//Proceedings of the 25th International Conference on World Wide Web. Montréal Québec Canada. Republic and Canton of Geneva, Switzerland: International World Wide Web Conferences Steering Committee, 2016: 311-320.

[19] Watts D J, Strogatz S H. Collective dynamics of 'small-world' networks[J]. Nature, 1998, 393 (6684): 440-442.

[20] Gleiser P M, Danon L. Community structure in jazz[J]. Advances in Complex Systems, 2003, 6 (4): 565-573.

[21] Cheung D P, Gunes M H. A complex network analysis of the United States air transportation[C]//2012 IEEE/ACM International Conference on Advances in Social Networks Analysis and Mining. Istanbul, Turkey. IEEE, 2012: 699-701.

[22] Eagle N. Reality mining: Sensing complex social systems[J]. Personal and Ubiquitous Computing, 2006, 10 (4): 255-268.

[23] Isella L, Stehlé J, Barrat A, et al. What's in a crowd? Analysis of face-to-face behavioral networks[J]. Journal of Theoretical Biology, 2011, 271 (1): 166-180.

[24] Zhou T, Lü L, Zhang Y C. Predicting missing links via local information[J]. The European Physical Journal B, 2009, 71 (4): 623-630.

[25] Zhang M, Chen Y. Weisfeiler-lehman neural machine for link prediction[C]//Proceedings of the 23rd ACM SIGKDD International Conference on Knowledge Discovery and Data Mining. Halifax, NS, Canada, 2017: 575-583.

[26] Zhang M, Chen Y. Link prediction based on graph neural networks[C]//Proceedings of the 32nd International Conference on

Neural Information Processing Systems (NIPS'18). Montréal, Canada, 2018: 5171-5181.

[27] Pan L, Shi C, Dokmanic I. Neural link prediction with walk pooling[C]//International Conference on Learning Representations, Online, 2022: 1-12.

[28] Xian X, Wu T, Ma X, et al. Generative graph neural networks for link prediction[J]. arXiv preprint. arXiv: 2301.00169, 2022.

[29] Lü L, Pan L, Zhou T, et al. Toward link predictability of complex networks[J]. Proceedings of the National Academy of Sciences, 2015, 112 (8): 2325-2330.

[30] Zhang Q M, Xu X K, Zhu Y X, et al. Measuring multiple evolution mechanisms of complex networks[J]. Scientific Reports, 2015, 5 (1): 10350.

[31] Liu G, Lin Z, Yan S, et al. Robust recovery of subspace structures by low-rank representation[J]. IEEE Transactions on Pattern Analysis and Machine Intelligence, 2012, 35 (1): 171-184.

[32] Benson A R, Gleich D F, Leskovec J. Higher-order organization of complex networks[J]. Science, 2016, 353 (6295): 163-166.

[33] Grover A, Leskovec J. Node2vec: Scalable feature learning for networks[C]//Proceedings of the 22nd ACM SIGKDD International Conference on Knowledge Discovery and Data Mining. San Francisco, CA, USA, 2016: 855-864.

[34] Tang J, Qu M, Wang M, et al. Line: Large-scale information network embedding[C]//Proceedings of the 24th International Conference on World Wide Web. Florence, Italy, 2015: 1067-1077.

[35] Wu T, Chen L T, Xian X P, et al. Evolution prediction of multi-scale information diffusion dynamics[J]. Knowledge-Based Systems, 2016, 113: 186-198.

[36] Blei D M, Ng A Y, Jordan M I. Latent dirichlet allocation[J]. Journal of Machine Learning Research, 2003, 3 (2003): 993-1022.

[37] Endres D M, Schindelin J E. A new metric for probability distributions[J]. IEEE Transactions on Information Theory, 2003, 49 (7): 1858-1860.

[38] Pudil P, Novovičová J, Kittler J. Floating search methods in feature selection[J]. Pattern Recognition Letters, 1994, 15 (11): 1119-1125.

[39] Zhang J, Liu B, Tang J, et al. Social influence locality for modeling retweeting behaviors[C]//International Joint Conference on Artificial Intelligence. Beijing, China, 2013: 2761-2767.

[40] Cheng J, Adamic L, Dow P A, et al. Can cascades be predicted? [C]//International Conference on World Wide Web Proceedings. New York, NY, USA, 2014: 925-936.

第 4 章　图数据隐私保护方法

图数据广泛存在于社会经济发展的各个领域，蕴含着大量的敏感信息，图数据的挖掘与建模学习需要面对隐私泄露的风险挑战。在实际业务场景中，恶意攻击者可能结合各种背景知识对图数据发起隐私攻击，因此图数据的隐私保护研究显得尤为重要。本章首先介绍图数据隐私保护的相关概念及基础知识，然后介绍图数据隐私风险评估与隐私保护方法。

4.1　图数据隐私保护概述

信息技术的快速发展使得大数据产业成为国家的重要发展战略。然而，开放共享的海量数据在给相关产业提供充分数据资源的同时，也使得数据隐私与安全问题日渐突出。因此，数据隐私保护成为大数据时代非常重要的课题。本节将着重介绍图数据隐私保护的基本理论与方法。

4.1.1　图数据隐私问题

根据图学习系统的基本过程，在实际应用中，数据采集和模型输出两个环节直接与现实环境进行交互，隐私泄露的风险最高。具体地，在开放环境中，无论是在图学习系统的数据层面还是在模型层面，都存在不愿意被未获得授权的人员推理感知的敏感信息，例如个人身份信息、模型参数取值等。在图学习系统训练过程中，数据所有者或服务提供商一般会对敏感数据进行匿名处理。然而，恶意攻击者可能基于公开的信息和服务接口对被隐藏的敏感信息进行推理攻击，从而使图学习系统面临隐私威胁。当前，图数据主要面临三类隐私泄露风险：身份隐私泄露、属性隐私泄露以及链路隐私泄露。

当前图数据的匿名化方法主要分为朴素匿名化方法、数据扰动方法、基于随机行走的方法、差分隐私方法、k 匿名方法和聚类方法。然而，经过匿名化处理的图数据也不是绝对安全的。由于图数据内在的相关性和规律性，攻击者往往可以通过建模学习图数据中蕴含的关联关系推理重构匿名的敏感信息，从而实现“隐私推理攻击”。恶意攻击者以公开发布的图数据或者窃取的图模型训练数据为输入，利用图数据蕴含的模式规律输出原始图的近似图数据、推理原始图数据中包含的敏感信息，从而造成隐私泄露。

4.1.2　隐私攻击与保护方法

隐私保护的基本思想是在尽可能保持原始数据不变的条件下对敏感信息进行隐藏，使得恶意攻击者无法通过背景知识对被隐藏的敏感信息进行重识别攻击。图数据隐私保护与图的节点、属性和结构紧密相关，本节主要介绍具有代表性的图数据隐私攻击和隐私保护方法。

1. 图数据隐私推理攻击方法

图数据隐私推理攻击是指在匿名化的图数据中重新识别发现敏感信息的过程。根据攻击对象的不同，图数据隐私推理攻击可以概括为节点身份重识别攻击、属性推理攻击和链路推理攻击三类。

1）节点身份重识别攻击

此类方法主要分为基于属性的方法和基于结构的方法。在基于属性的节点身份重识别攻击方法中，恶意攻击者从公开数据中提取用户住址、时间戳、地理标签等特征，然后结合分类器来推断节点身份。假设 $Q=\{(u^s,u^t),u^s\in V^S,u^t\in V^t\}$ 是来自两个图的所有用户身份对，其中 $M\subset Q$ 表示正实例，即用户 u^s 和 u^t 属于同一个人，$N=Q-M$ 表示负实例，节点身份重识别的目的是基于已知数据训练分类模型 $F:V^S\times V^t\to\{0,1\}$，对未知身份的节点进行匹配识别，此识别模型可以被写为式（4.1）。在基于结构的节点身份重识别攻击方法中，假设用户在不同图中具有相似的本地结构，从而使用与目标节点相关联的子图作为标识用户的背景知识。例如，将匿名图与辅助图进行匹配，并通过社团结构来识别节点身份[1]，对含有种子信息的去匿名化方法进行综合量化分析，并证明基于结构的去匿名化攻击的有效性[2]。

$$F(x)=\operatorname{sign}\left(\sum_{i=1}^{T}a_i h_i(x)\right) \tag{4.1}$$

2）属性推理攻击

属性推理攻击是指攻击者利用获得的背景知识推理缺失的或者隐藏的敏感属性的过程[3]。现有的属性推理攻击方法主要分为基于关系的属性推理攻击方法和基于行为的属性推理攻击方法。基于关系的属性推理攻击方法利用同质性理论[4]进行推理，该理论假设朋友之间比陌生人之间更有可能拥有相似的属性；基于行为的属性推理攻击方法是根据有关用户的公开行为信息和其他类似用户的公开行为信息推理用户属性。

3）链路推理攻击

链路推理攻击也称为链路重识别攻击，目的是通过建模学习匿名化图数据推理发现隐藏在节点之间的敏感关系。基于低秩近似的推理重构是其中的代表性方法，给定原始图邻接矩阵 A 的特征值 λ_i 和特征向量 x_i，它通过特征分解近似原始图，如式（4.2）所示。

$$A_r=\sum_{i=1}^{r}\lambda_i x_i x_i^{\mathrm{T}} \tag{4.2}$$

在所有秩不大于 r 的矩阵中，低秩近似矩阵 A_r 最接近原始图邻接矩阵 A，即

$$\|A\|_F^2=\min_{\operatorname{rank}(B)<r}\|B-A\|_F^2 \tag{4.3}$$

2. 传统的图数据隐私保护方法

图数据隐私保护方法可以分为基于非结构扰动的隐私保护方法和基于结构扰动的隐

私保护方法。其中，基于非结构扰动的隐私保护方法主要为朴素匿名化方法，这类方法仅仅通过对敏感信息进行替换、消除以达到隐私保护的目的；基于结构扰动的隐私保护方法有数据扰动、k 匿名、聚类方法、差分隐私等，这类方法通过对图结构进行扰动修改从而实现隐私保护。下面介绍基于结构扰动的隐私保护方法。

1）数据扰动

通过数据扰动实现隐私保护，其直接方法是在朴素匿名化之后对图结构进行随机扰动，包括稀疏化扰动、随机扰动和随机交换。其中，稀疏化扰动方法对图中的每条链路执行一次伯努利实验，根据实验结果进行链路的删除或保持，从而最终在尽可能保持图结构信息的同时对敏感链路推理进行干扰；随机交换方法从图中随机选择两条链路进行删除，并添加交叉连接各自端节点的新链路到图中，重复多次。

2）k 匿名

k 匿名保护是指通过数据操作使得任意一项信息所属的相等集内数据项的数量不小于 k，即对于每一项信息，数据集中都存在其他 $k-1$ 项与其无法区分的信息。k 值越大，目标个体身份被攻击者识别的概率就越小，抵御攻击的能力就越强。k 度匿名是最早的图数据 k 匿名保护方法。如果一个图满足 k 度匿名，则表明图中任何一个节点至少与其他 $k-1$ 个节点具有相同的度。同时由于攻击者能够利用节点的局部结构特征作为背景知识，k 度匿名的隐私保护能力较差。

3）聚类方法

为了抵御基于结构和属性的隐私攻击，研究人员提出了基于聚类的匿名方法，该方法基于图结构和属性对图进行聚类划分，然后根据划分结果将图表示为超级节点和超级边。基于聚类方法的图匿名过程首先对图中的节点基于距离度量聚类为不同的簇，使得不同簇的节点之间距离尽可能地大，同一簇中节点之间的距离尽可能地小。然后，在此基础上将同一簇的节点融合为超级节点，将簇与簇之间的边融合为超级边，从而实现对敏感信息的隐藏。

基于聚类的匿名方法将图中所有节点聚类融合成若干超级节点，其中每个超级节点至少包含 k 个节点，因此其隐私保护能力强，具有广泛的适用性，可以防止多种类型的隐私攻击。然而，基于聚类的匿名方法中的融合操作需要合并节点和边，对数据效用的影响较大。

4）差分隐私

差分隐私的主要思想是通过任何随机算法得到的输出难以区分仅相差一条记录的“相邻”数据集，从而实现隐私保护。设有随机算法 M 及其可能输出构成的子集 S_M，对于相邻数据集 D 和 D'，如果满足

$$P_r[M(D)\in S_M]\leqslant \exp(\varepsilon)\cdot P_r[M(D')\in S_M] \tag{4.4}$$

则称算法 M 提供了 ε-差分隐私保护。式中，ε 表示隐私保护的预算，exp() 表示指数函数，P_r 表示概率。一般 ε 取很小的值，如果 ε 等于 0，则表明在相邻数据集 D 和 D' 上算法 M 输出两个概率分布完全相同的结果，因而隐私保护水平最高。为了保护敏感数据记录，差分隐私方法对获得的精确查询结果添加噪声，使得在相邻数据集上尽可能输出相同的结果。实质上，差分隐私就是要保证数据集中存在或不存在某一数据项时，对最终发布的查询结果几乎没有影响，最常用的噪声产生方式是采用拉普拉斯（Laplace）机制。

4.2　基于推理重构的图数据隐私风险评估

本节介绍基于链路预测的匿名图推理重构，目的是通过扰动链路的识别精确度分析现有图数据隐私保护方法的有效性，评估图数据敏感链路的隐私泄露风险。

4.2.1　图推理攻击问题框架

为了说明图推理攻击的问题，图 4.1 描述了一个基于社交网络的框架。图 4.1（a）为图数据匿名化的处理流程图，在数据发布之前，通过朴素链路匿名和图结构扰动进行隐私保护处理，然后将匿名之后的数据发布给第三方用户进行应用。图 4.1（b）给出了面向图数据结构扰动的链路推理攻击机制。首先，进行图结构扰动生成匿名图，通过不同的图扰动策略对敏感链路进行保护。其次，采用链路预测方法进行图推理重构攻击。最后，通过对比原始图和重构图，评估链路推理攻击的准确性和隐私保护方法的有效性。

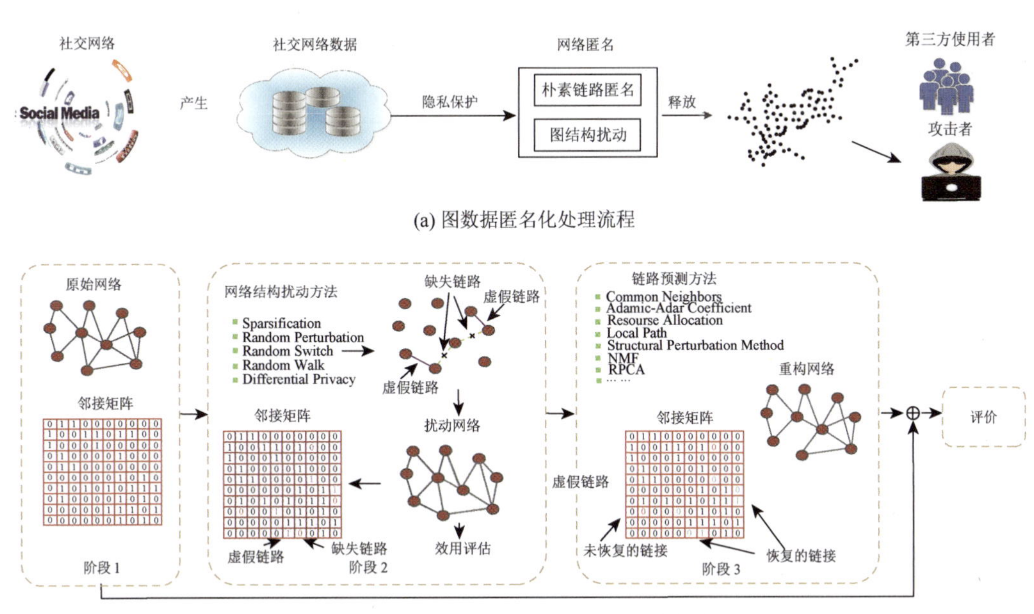

(a) 图数据匿名化处理流程

(b) 面向图数据结构扰动的链路推理攻击机制

图 4.1　图数据推理攻击框架

4.2.2　图结构扰动匿名方法

图数据的拥有者在数据发布之前通常会对数据进行匿名化处理，其中最直接的匿名化方法就是进行朴素链路匿名，但是由于图数据的规律性，攻击者可以利用匿名化的图数据轻易推理发现其中的隐藏链路。因此，基于图结构扰动的隐私保护机制被大量提出。本小节主要介绍典型的用于保护敏感链路的结构扰动方法，包括链路稀疏化扰动（sparsification perturbation，SP）方法、随机扰动（random perturbation，RP）方法、dK-序列差分隐私算法等。

1. 稀疏化扰动方法

对于图 $G=(V,E)$，基于匿名化水平 p 的 SP 方法为每条链路 $e\in E$ 进行一个独立的、成功概率为 p 的伯努利实验 B_e。当 $B_e=1$ 时，该链路被删除，否则保留该链路，最终形成扰动图 $\hat{G}=(V,\hat{E})$，$\hat{E}=\{e\in E\mid B_e=0\}$，其能够在保持足够多的图信息的同时对敏感链路推理进行一定程度的干扰。具体算法流程见算法 4.1。

算法 4.1　稀疏化扰动算法 SP

输入： 图 $G=(V,E)$，匿名化水平 p
输出： 匿名图 $\hat{G}=(V,\hat{E})$ 的邻接矩阵
步骤 1： 初始化，导出图 G 的邻接矩阵 A
步骤 2： for　e　in　E
步骤 3： 以概率 p 进行独立伯努利实验
步骤 4： 从邻接矩阵 A 中获得链路 $e=(u,v)$，设 $B_e=1$ 时，$a_{u,v}=0$
步骤 5： end for
步骤 6： 返回邻接矩阵

---

2. 随机扰动方法

随机扰动方法首先选择匿名化水平 $p\in[0,1]$，然后以概率 p 删除图中的链路，再以概率 q 在集合 $\binom{V}{2}\setminus E$（基于结构建模的链路预测方法）中添加链路。

$$q=\frac{|E|.p}{\left(\binom{V}{2}-|E|\right)}\cdot(1-p) \tag{4.5}$$

具体而言，在第一阶段，该方法随机选择 $p(E)$ 条链路进行删除，$p(E)=|E|\cdot p$，其中 $|E|$ 表示图中链路的总数。在第二阶段，该方法随机选择图中 $p(E)$ 条不相连的链路进行添加，在第一阶段已经删除的链路不再进行添加。最后，保持扰动涂鸦的总链路数量与原始图相等。算法 4.2 给出了随机扰动算法的具体流程。

算法 4.2　随机扰动算法 RP

输入： 图 $G=(V,E)$，匿名化水平 p
输出： 匿名图 $\hat{G}=(V,\hat{E})$ 的邻接矩阵
步骤 1： 初始化，将图转换为邻接矩阵 A
步骤 2： 设置 $k=0$，$p(E)=|E|\cdot p$
步骤 3： while　$k\leqslant p(E)$

步骤 4: 随机选择一条存在的链路 $e=(u,v)$，并设置 $a_{u,v}=0$
步骤 5: 随机选择一条不存在的链路 $e=(w,h)$，并设置 $a_{w,h}=1$
步骤 6: $k=k+1$
步骤 7: end while
步骤 8: 返回修改后的邻接矩阵

3. 随机交换方法

随机交换（random switch，RS）方法从图 $G=(V,E)$ 中随机选择链路 $e=(u,v)$ 和 $e=(w,h)$ 进行删除，并添加链路 $(u,h)\notin E$ 和 $(w,v)\notin E$ 到网络 G 中，重复 $p(E)/2$ 次，最终形成的扰动网络有 $p(E)$ 条链路被添加、$p(E)$ 条链路被删除。完整 RS 算法如算法 4.3 所示。

算法 4.3 随机交换算法 RS

输入: 图 $G=(V,E)$，匿名化水平 p
输出: 匿名图 $\hat{G}=(V,\hat{E})$ 的邻接矩阵
步骤 1: 初始化，将图转换为邻接矩阵 A
步骤 2: 设置 $k=0$，$p(E)=|E|\cdot p$
步骤 3: while $k\leqslant p(E)/2$
步骤 4: 随机选择两条存在的链路 $e=(u,v)$ 和 $e=(w,h)$
步骤 5: 如果 (u,h) 和 (w,v) 在 A 中不存在
步骤 6: 设置 $(u,v)=0$，$(w,h)=0$，$(w,v)=1$，$(u,h)=1$
步骤 7: $k=k+1$
步骤 8: end while
步骤 9: 返回修改后的邻接矩阵

4. 随机行走扰动方法

对图 $G=(V,E)$，随机行走（random walk，RW）扰动方法对每个节点 u 进行扰动。具体地，设 t 为随机行走步长，假设节点 v 是节点 u 的一个邻居节点，RW 方法从节点 v 开始进行长度为 $t-1$ 步的随机行走。假设从节点 v 随机行走 $t-1$ 步的终点是节点 z，则用链路 (u,z) 替换链路 (u,v)，从而对图进行匿名化。为了避免自循环和重复链路，该方法从节点 v 进行再一次随机行走，直到找到合适的末端节点，或者设置一个阈值，使其达到最大阈值时退出。完整的 RW 算法如算法 4.4 所示。

算法 4.4 随机行走扰动算法 RW

输入: 图 $G=(V,E)$，随机行走步长 t，最大循环次数 N
输出: 匿名图 $\hat{G}=(V,\hat{E})$
步骤 1: 初始化。定义 z 为随机行走的终止节点
步骤 2: for node u in V
步骤 3: 设置 count = 1

步骤 4:　for neighbor v of node u
步骤 5:　　设置 loop = 1
步骤 6:　　　while $(u == z \vee (u,z) \in E) \wedge (\text{loop} < N)$
步骤 7:　　　　从节点 v 开始随机行走 $t-1$ 步，找到节点 z
步骤 8:　　　　设置 loop = loop + 1
步骤 9:　　　end while
步骤 10:　　　if loop $\leqslant N$
步骤 11:　　　　if count == 1
步骤 12:　　　　　把链路 $e=(u,z)$ 添加到网络 G 中
步骤 13:　　　　else
步骤 14:　　　　　获得网络 G 中节点 u 的度数 $\deg(u)$
步骤 15:　　　　　将 $e=(u,z)$ 以概率 $\frac{0.5\times\deg(u)-1}{\deg(u)-1}$ 加入网络
步骤 16:　　　　end if
步骤 17:　　　end if
步骤 18:　　　count = count + 1
步骤 19:　end for
步骤 20: end for
步骤 21: 返回匿名图

5. dK-*序列差分隐私算法*（dK-series differential privacy algorithm，dK-PA）

dK-PA 算法[5]将不同层次的图结构转换为统计数据，即 dK 序列。dK 序列为目标图内连通节点的度分布。K 值越大，生成的扰动图越难被攻击，但需要更高的计算代价。因此，dK-PA 方法通常采用 dK-2 序列差分隐私。为了进行隐私保护，采用ε-差分隐私（ε-differential privacy）对 dK-2 序列进行扰动，ε 决定加入图中的噪声量。具体地，先将 dK-2 序列捕获的图分布划分为簇，在每一个簇中产生噪声并注入到 dK-2 序列中，其中 dK-2 序列的每个元素都由于拉普拉斯函数 $\text{Lap}(S_{\text{dK-2}}/\varepsilon)$ 产生的值而改变。$S_{\text{dK-2}}$ 表示 dK-2 函数的敏感性，其上界为 $4\times d_{\max}+1$，$d_{\max}$ 为图中的最大节点度。完整的 dK-PA 算法如算法 4.5 所示。

算法 4.5　dK-序列差分隐私算法 dK-PA

输入: 图 $G=(V,E)$，簇大小 S，噪声量 ε
输出: 匿名图 $\hat{G}=(V,\hat{E})$
步骤 1: 定义 $d(G)$ 为图 G 的节点度分布函数
步骤 2: for i in $d(G)$
步骤 3:　　for j in $d(G)$
步骤 4:　　　if($i \neq j$)
步骤 5:　　　　计算端节点度为 i 和 j 的链路数量，保存为 dK-2 序列
步骤 6:　　　　对 dK-2 序列进行排序，保存为 dK-sorted(G)
步骤 7:　　　end if
步骤 8:　end for
步骤 9:　计算聚类个数 $N=\text{size}(\text{dK-sorted}(G)/S)$，count = 0
步骤 10: while（count≤N）
步骤 11:　　对每一个聚类，采用拉普拉斯函数 $\text{Lap}(S_{\text{dK-2}}/\varepsilon)$ 添加随机噪声

步骤 12：　　count ++
步骤 13：　end while
步骤 14： 根据扰动后的 dk-2 序列增加或删除链接
步骤 15： 返回匿名网络

4.2.3 多层结构学习的推理攻击模型

本节介绍结合低秩稀疏和深度学习架构的图数据建模方法[6]。其中，低秩稀疏约束可以建模图数据的内在规律性，深度结构可以获得图数据的多层次结构特征。对于链路推理预测，采用深度结构可以逐步提高潜在链路的似然性分数，从而实现图中扰动链路的识别。

1. 基于低秩稀疏建模的链路预测

由于图结构可以基于主要的结构模式进行表征建模，因此可以利用子图之间存在的一致性结构模式对扰动链路进行修正。具体地，给定图 G 和对应的扰动图 $\hat{G}$，令 $A\in\mathcal{R}^{m\times m}$ 为扰动图 $\hat{G}$ 的邻接矩阵，矩阵 A 的每一列 $A_{:,i}$ 表示图的局部子结构，从而矩阵 A 包含 m 个局部子结构，即 $[A_{:,1},A_{:,2},\cdots,A_{:,m}]$。给定基矩阵 $D=[D_{:,1},D_{:,2},\cdots,D_{:,m}]\in\mathcal{R}^{m\times m}$，每个局部子结构 $A_{:,i}$ 可以基于 D 表示为

$$A_{:,i}=[D_{1,:}Z_{:,i},D_{2,:}Z_{:,i},\cdots,D_{m,:}Z_{:,i}]^{\mathrm{T}}=\sum_{k=1}^{m}D_{:,k}Z_{k,i} \tag{4.6}$$

式中，$Z_{k,i}$ 表示对应结构基 $D_{:,k}$ 的表示系数。因此，图 $\hat{G}$ 可以表示为 $A=DZ$，Z 为表示矩阵，从而可以建模为

$$\min_{D,Z}\|A-DZ\|+\|Z\| \tag{4.7}$$

式中，$\|\cdot\|$ 表示矩阵范数。

为了对目标图进行建模、识别图的结构组织模式，以上模型中基矩阵 D 的最佳候选矩阵为图的邻接矩阵 A，式（4.7）可以转换为以下自表示模型：

$$\min_{Z}\|A-AZ\|+\|Z\| \tag{4.8}$$

根据以上模型，图中的每个子图 $A_{:,i}$ 都可以表示为其他子图的线性组合。为了使模型直接可解，采用 Frobenius 范数来对表示矩阵进行约束，即

$$\min_{Z}\lambda\|A-AZ\|_F^2+\|Z\|_F^2 \tag{4.9}$$

式中，λ 表示自由参数。令 $L=\lambda\|A-AZ\|_F^2+\|Z\|_F^2$ 对表示矩阵 Z 进行偏微分可得

$$\frac{\partial L}{\partial Z}=\lambda(-2A^{\mathrm{T}}A+2A^{\mathrm{T}}AZ)+2Z \tag{4.10}$$

令 $\partial L/\partial Z=0$，可得表示矩阵 Z 的最优解为

$$Z^{*}=\lambda(\lambda A^{\mathrm{T}}A+I)^{-1}A^{\mathrm{T}}A \tag{4.11}$$

式中，I 表示单位矩阵；A^{T} 表示矩阵 A 的转置，最终推理出图的相似性矩阵为

$$A^* = AZ^* \tag{4.12}$$

然后，根据相似性矩阵 A^* 中的取值对图中观测不到的链路进行降序排序，得分较高的链路则被推断为图中的缺失链路。类似地，根据相似性矩阵 A^* 中的相似性分数对图中可观测到的链路进行升序排序，得分较低的链路则被推断为图中的虚假链路。对隐私保护问题而言，推断出的缺失链路和虚假链路被认为是匿名化过程中对图添加的扰动链路。完整的图链路推理预测算法如算法 4.6 所示。

算法 4.6　图链路推理预测算法

输入： 扰动图 $\hat{G}$ 的邻接 A 矩阵
输出： 被检测出的扰动链路集合 M
步骤 1： 获得扰动图 $\hat{G}$ 的相似性矩阵 $A^* = AZ^*$
步骤 2： 对未观测到的边进行降序排序，对观测到的边进行升序排序
步骤 3： 将前 k 个链路存入扰动链路集合 M 中

2. 多层线性编码链路预测方法

大量的实证研究表明图数据的结构模式具有层次性，因此提出了基于深度学习架构的多层线性编码链路预测方法[7]，过程如算法 4.7 所示。具体地，多层线性编码（multi-layer linear coding，MLLC）算法将前一层学习到的相似性矩阵 A^* 视为下一层的输入，从而学习到新的相似度矩阵。假设第 $\ell+1$ 层学习到的系数矩阵为 $Z^*_{\ell+1}$、最优相似性矩阵为 $A^*_{\ell+1}$，则第 $\ell+1$ 层学习到的最优表示矩阵 $Z^*_{\ell+1}$ 为

$$Z^*_{\ell+1} = \lambda(\lambda A^{*\mathrm{T}}_{\ell} A^*_{\ell} + I)^{-1} A^{*\mathrm{T}}_{\ell} A^*_{\ell} \tag{4.13}$$

算法 4.7　链路推理的 MLLC 算法

输入： 扰动图 $\hat{G}$，参数 λ，层数 n
输出： 相似矩阵 S
步骤 1： 获得扰动图 $\hat{G}$ 的邻接矩阵 A，$\ell = 1$，$S = 0$
步骤 2： while $\ell \leqslant n$
步骤 3： 　得到 ℓ 层系数矩阵 Z^*_{ℓ}
步骤 4： 　计算 ℓ 层相似矩阵 A^*_{ℓ}
步骤 5： 　　$S = S + A^*_{\ell}$
步骤 6： 　　$\ell = \ell + 1$
步骤 7： end while

因此，第 $\ell+1$ 层学习到的最优相似性矩阵 $A^*_{\ell+1}$ 为

$$A^*_{\ell+1} = A^*_{\ell} Z^*_{\ell+1} \tag{4.14}$$

假设预测模型有 n 层结构，则第 n 层的最优表示矩阵为 $Z^*_n = \lambda(\lambda A^{*\mathrm{T}}_{n-1} A^*_{n-1} + I)^{-1} A^{*\mathrm{T}}_{n-1} A^*_{n-1}$，第 n 层的最优相似性矩阵为 $A^*_n = A^*_{n-1} Z^*_n$。通过多层次的结构特征提取，模型基于每一层相似性矩阵之和 S 进行链路预测，即

$$S = A\left(\prod_{\ell=1}^{n} Z^*_{\ell} + \prod_{\ell=1}^{n-1} Z^*_{\ell} + \cdots + Z^*_1\right) \tag{4.15}$$

4.2.4　实验结果与分析

1. 实验设置

本实验采用 10 个图数据集，分别为 Jazz[8]、Worldtrade[9]、Metabolic[10]、Mangwet[11]、Macaque、Email-Eron[12]、Email-EuAll、Twitter[13]、Political Blog[14]、Soc-hamster[15]。对于每个图数据集，都以在原有图中被添加或删除的链路作为链路推理预测的目标，以此评价重构图的准确性。各个图的统计特征如表 4.1 所示。结构扰动算法和链路预测算法的相关参数设置如表 4.2 所示。表 4.2 中 p 表示 SP、RP 和 RS 方法的匿名化水平，t 和 N 分别表示 RW 的随机行走长度和最大循环次数，λ 为基于鲁棒性主成分分析的链路预测方法（robust principal component analysis，RPCA）、线性优化方法（linear optimization，LO）和 MLLC 算法的自由参数，n 为 MLLC 的深度结构层数。实验结果中的数值为进行 10 次独立实验的平均值。

表 4.1　图的统计特征

网络	N	M	AD	APL	ACC	ME
Worldtrade	80	875	21.875	1.724	0.752	30.130
Mangwet	97	14465	29.814	1.693	0.468	36.983
Jazz	198	2742	27.355	2.180	0.617	40.030
Metabolic	453	2040	9.002	2.664	0.647	26.584
Macaque	94	1515	32.230	1.718	0.773	39.376
Email-Eron	1000（36692）	12353	24.706	2.410	0.454	72.029
Email-EuAll	1000（265214）	5058	10.120	2.604	0.275	44.272
Twitter	1000（81306）	4256	8.512	2.016	0.275	37.070
Soc-hamster	1000（2423）	10637	21.274	2.772	0.275	48.780
Political Blog	1222	16714	27.355	2.728	0.275	74.082

注：N 和 M 分别表示节点数、边数；平均路径长度（average path length，APL），最大特征值（maximum eigenvalue，ME）。

表 4.2　结构扰动和链路预测算法的参数设置

算法	参数设置
SP	$p = 10\%$
RP	$p = 10\%$
RS	$p = 10\%$
RW	$t = 3$，$N = 10$
dK-PA	$\varepsilon = 50$
RPCA	$\lambda = 0.13$
LO	$\lambda = 0.13$
MLLC	$\lambda = 0.13$，$n = 5$

2. 模型性能评价

为了测评图数据面临的隐私风险，本节对图数据采用具有代表性的结构扰动匿名方法进行隐私保护，然后使用多种链路预测方法进行隐私推理攻击。根据推理攻击的准确性，度量图数据中敏感链路被推理攻击的可能性。具体地，本节采用 SP 算法、RP 算法、dK-PA 对图数据进行匿名化。实验结果如图 4.2 所示。实验结果表明，在多数情况下，基于 MLLC 的链路推理方法性能优于其他方法。采用 RW 扰动方法时，LP 算法在扰动链路推理攻击方面的精确度优于其他算法。总体上，各个方法的推理精度都在 0.60 以上，说明所提出的基于链路预测的推理攻击能有效识别出扰动图的虚假链路和缺失链路，敏感链路具有较高的隐私泄露风险。

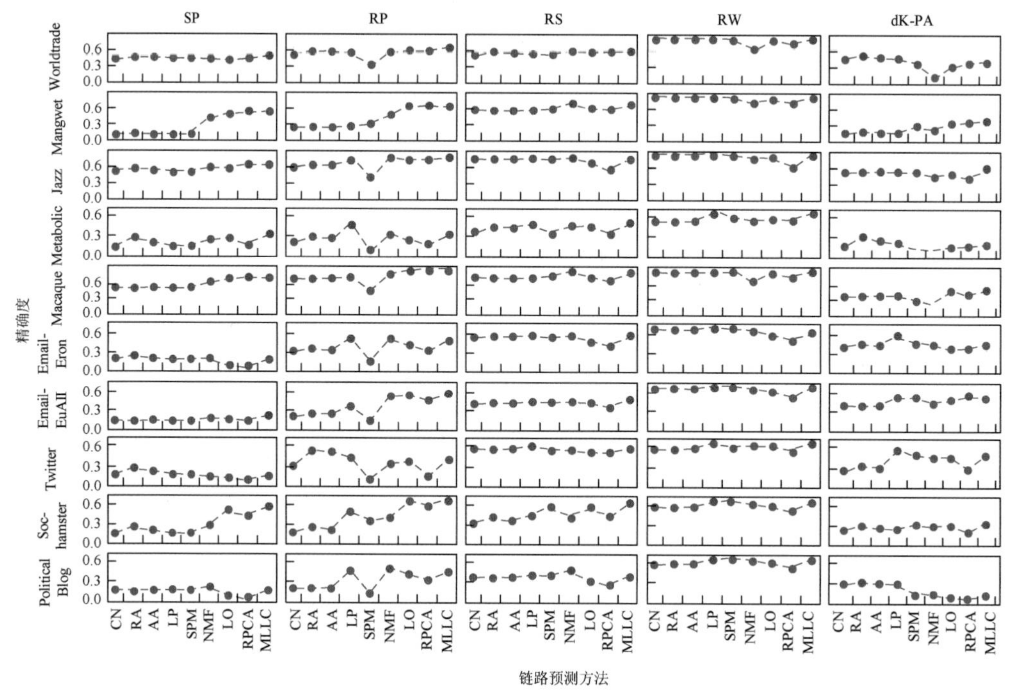

图 4.2　真实图上不同扰动方法下的链路推理的精确度

以上的实验表明：①基于图结构建模的链路预测方法可用于链路推理攻击，从而重构图的原始拓扑结构；②针对各个扰动方法产生的扰动图基于 MLLC 的链路预测方法具有良好的链路推理攻击性能；③现有的图结构扰动方法不足以有效地保护图中的敏感链路。因此，需要设计更加高效的图结构扰动方法以保护图中的敏感链路。

3. 效用评价

图结构扰动算法旨在通过改变图结构来保护敏感链路。然而，为了使匿名后的数据仍然能被用于数据分析，扰动算法在保护链路隐私的同时还需要最大程度地保留原始图的结构特征。因此，除了探讨扰动算法对链路隐私保护的有效性外，还需分析算法对图结构特征的影响程度。

1）平均节点度

对于每个图，将原始图的平均节点度（average node degree，AD）与基于不同结构扰动算法生成的扰动图的平均节点度进行比较，结果如图 4.3 所示。实验结果表明，RP、RS 和 RW 扰动方法对图平均节点度没有显著影响，能很好地保持图结构。而对于 SP 和 dK-PA 扰动方法，扰动图的平均节点度与原始图的平均节点度相比变化比较大。

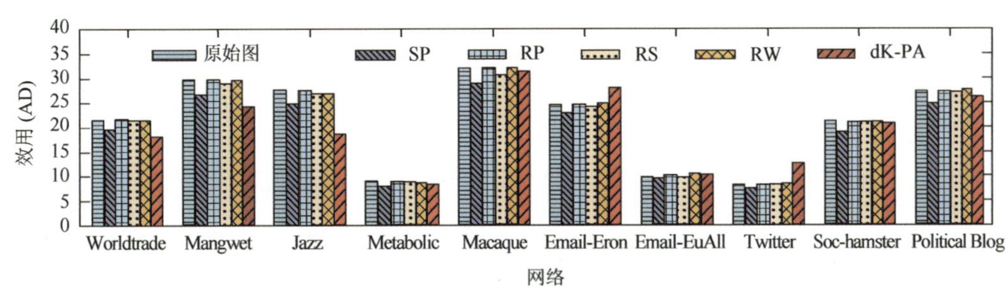

图 4.3　图结构扰动对平均节点度的影响

2）平均路径长度

图 4.4 为原始图及其对应的扰动图的平均路径长度（APL）。实验结果表明，SP 和 dK-PA 扰动方法增加了图的平均路径长度。RP、RS 和 RW 扰动方法生成的扰动图与原始图相比，平均路径长度未发生显著变化，仅在 Twitter 图中 RW 扰动方法对应的平均路径长度变化较大。

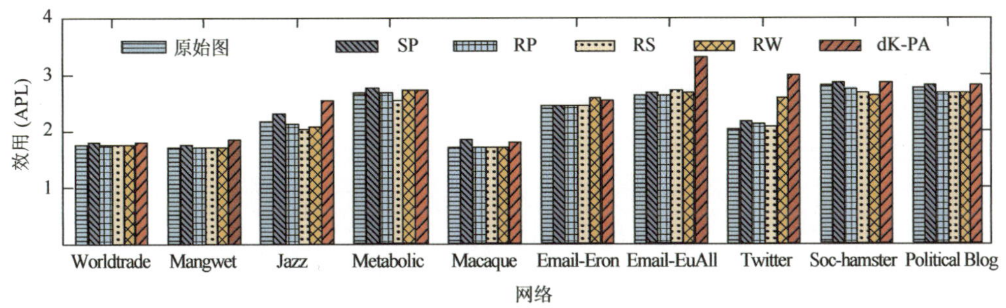

图 4.4　图结构扰动对平均路径长度的影响

3）平均聚类系数

图 4.5 展示了原始图和扰动图的平均聚类系数。从整体结果可以看出，每一个结构扰动方法对图的平均聚类系数都有一定的影响。其中，与 RS、RW 和 dK-PA 扰动方法相比，基于 SP 和 RP 的扰动方法能更好地保持原始图的平均聚类系数。

4）最大特征值

在对原始图采用不同扰动方法时，最大特征值的变化情况如图 4.6 所示。根据实验结果可知，扰动图的最大特征值会有所下降，尤其是基于 SP 和 dK-PA 的扰动方法对应的特征值变化最大。

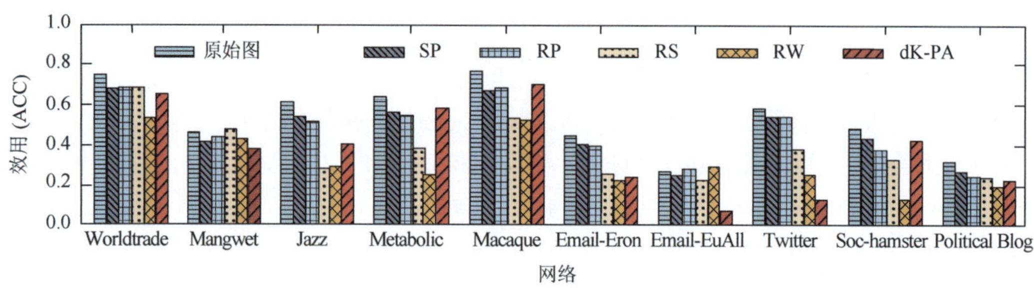

图 4.5　图结构扰动对图平均聚类系数的影响

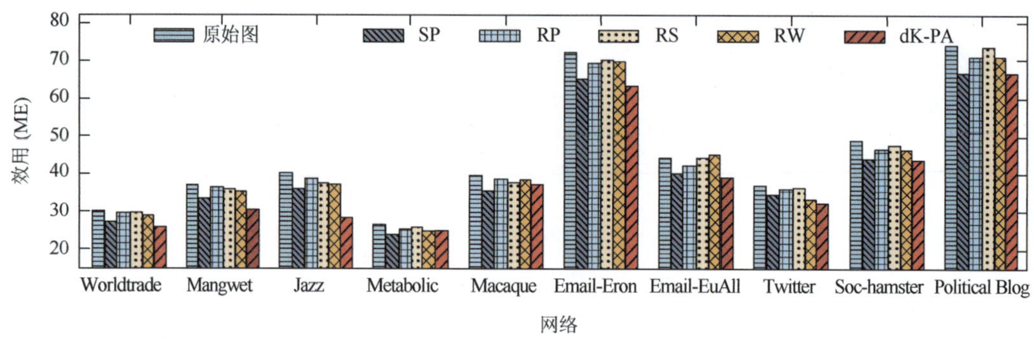

图 4.6　图结构扰动对图最大特征值的影响

4.3　基于多视图推理重构的图数据隐私风险评估

为了防止数据隐私泄露，在发布图数据之前，数据拥有者应对敏感信息进行匿名化处理。为了量化隐私保护机制的保障水平，减轻用户对隐私的担忧，人们开展了大量关于图数据去匿名化的研究。然而，现有的研究大多集中在单一视图数据上。大数据时代丰富的数据资源往往导致存在多个与目标系统相关的图数据，这些图数据从不同的视角对目标系统进行刻画，攻击者综合利用这些相关信息会增加目标图数据中敏感信息的隐私泄露风险。然而，对大数据时代无处不在的多视图数据的隐私保护还没有进行广泛的探索。本节从多视图学习（multi-view learning）的角度探讨图数据的去匿名化问题，提出一种基于多视图低秩编码（multi-view low-rank coding，MVLRC）的图数据去匿名化框架[16]，通过多视图学习模型建模目标图和辅助图，从而推理目标图中存在的匿名链路。

4.3.1　问题定义与描述

通常，为了实现图数据的匿名发表，数据拥有者首先去除原始图中包含的敏感关系，然后采用稀疏化、交换等匿名化策略来扰动图中链路。为了量化和评估多视图场景下图数据匿名策略的隐私泄露风险，核心任务是将敏感链路的推理识别转换为对原始图的恢复重构问题，并通过重构后的链路的分数值分析识别图中的匿名链路（扰动链路）。基于恢复的图，攻击者很容易通过子图匹配、相似性度量等方法准确地推断其中的敏感链路。

为简单起见，本节假设图结构去匿名只有一个辅助图可用，所提出的模型可以扩展到具有更多视图的场景。

1. 基本定义

原始图：原始图可以建模为$\mathrm{SG}=\{U,R\}$，其中U代表图中的用户集合，$R\subseteq U\times U$代表用户之间的关系集合，同时SG中含有敏感信息，则SG可以被看作需要进行隐私保护的原始图。

目标图：如果原始图$\mathrm{SG}=\{U,R\}$包含敏感关系，在数据发布之前会基于某种匿名化策略$F(\cdot)$修改图结构以保护隐私。将发布的数据定义为目标图$\mathrm{SG}^T=\{U^T,R^T\}$，其中$U^T$为用户集，$R^T$为关系集，$R^T\neq R$。

匿名链接集合：给定图SG，SG与SG^T之间链路集的差集被定义为匿名链路集合R^*，$R^*=(R\cup R^T)\setminus(R\cap R^T)$，$(R\cup R^T)\setminus(R\cap R^T)$表示属于集合$R\cup R^T$的并集但不属于集合$R\cap R^T$的交集的链路集合。

辅助图：对于目标图$\mathrm{SG}^T=\{U^T,R^T\}$，如果存在其他公开发布的图$\mathrm{SG}^H=\{U^H,R^H\}$从不同角度描述了相同用户的交互关系，即$U^T=U^H$，$R^H=\{R_{i,j}^H\mid i\in U^H, j\in U^H\}$且$R^H\neq R^T$，则称$\mathrm{SG}^H$为$\mathrm{SG}^T$的辅助图。

2. 问题描述

对于原始图SG，已知目标图SG^T及其相关的辅助图SG^H，图结构去匿名化的目标是开发一个算法$\Gamma(\cdot)$以生成一个去匿名化图$\mathrm{SG}^D=\Gamma(\mathrm{SG}^T,\mathrm{SG}^H)$，从而尽可能地逼近原始图SG。

4.3.2　图结构去匿名

本小节将介绍图表示模型，然后将该模型扩展到多视图场景中，从而利用辅助图中的互补信息对目标图进行推理重构[17]。

1. 图结构建模

通过数据的表示学习可以使原始数据中的有用信息能够被机器学习模型更容易地提取。特别地，稀疏与冗余表示模型假设数据可以被从字典中找到具有最佳线性组合的少数原子来表示。由于字典往往是完备的或者过完备的，因此此模型可以利用字典的冗余特性捕捉数据内在的本质特征。稀疏与冗余表示模型可以被形式化地定义为

$$\min_{D,X} L(A-DZ)+\Re(D)+\Re(Z) \tag{4.16}$$

式中，$D\in\Re^{n\times c}$表示字典矩阵；$Z\in\Re^{c\times m}$表示输入数据$A\in\Re^{n\times m}$的线性表示；$\Re(D)$和$\Re(Z)$分别表示关于字典D和表示系数矩阵Z的先验约束；$L(\cdot)$表示误差函数，其中一个典型的误差实例为$L(A-DZ)=\|A-DZ\|_F$。为了揭示数据自身的结构模式，字典矩阵常常被设置为数据矩阵A，因此模型要求解的最优化函数为

$$\min_{X} L(A - AZ) + \Re(Z) \tag{4.17}$$

对于图数据建模，令 $A \in \Re^{n\times m}$ 表示匿名图的邻接矩阵，则式（4.17）为图数据的稀疏冗余表示。由于真实图数据通常包含具有相同结构模式的子图，表示矩阵 Z 的列与列之间具有相关性，因此假设表示矩阵 Z 为低秩的。同时，实际上 AZ 是无法准确等于邻接矩阵 A 的，因此定义矩阵 E 为误差矩阵，表示它们之间的差异。在现实中，每个人可能有不同的互动模式，所以真实图的建模应该是面向节点的。由于邻接矩阵 A 的每一列都表示一个节点和其他节点之间的交互作用，因此采用 $L21$ 范数约束矩阵 A 与 AZ 的误差矩阵 E 。基于以上描述，图可以建模为

$$\min_{Z,E} \operatorname{rank}(Z)+\lambda\|E\|_{2,1}, \quad \text{s.t. } A = AZ + E \tag{4.18}$$

式中，$\lambda \geqslant 0$ 表示用来平衡低秩矩阵和误差矩阵的自由参数。

假设匿名化过程不会显著改变图结构。那么，可以根据从匿名图中学习到的结构模式推断出原始图SG，图 4.7 直观地展示了基于低秩表示的图结构去匿名化方法。对于指定的图，通过求解结构化低秩表示模型，获得的表示矩阵的秩越低，表明图中具有相似结构模式的子图比例越高，图的冗余度越大，能够基于越少的结构基进行表示。如图 4.7（a）所示，红色箭头为结构基，蓝色箭头为可以基于结构基进行表示的冗余数据。具体地，对于相同维度的数据，左图中的数据基于结构基 a_1、a_2、a_3 和 a_4 就可以进行表示，冗余度较大。右图中的数据基于 a_1、a_2、a_3、a_4、a_5 和 a_6 才能够进行表示，冗余度较小。因此，可以基于学习到的结构基推理重构原始图。如图 4.7（b）所示，左图中原始图数据 a_4 和 a_5 可以基于 a_1、a_2 和 a_3 进行表示。在右图中，经过匿名化处理，对应于原始 a_4 和 a_5 的是扰动数据 a_4' 和 a_5' 。基于 a_1、a_2 和 a_3 可以对扰动数据 a_4' 和 a_5' 进行推理重构，获得原始数据 a_4 和 a_5 的近似表示 a_4^* 和 a_5^*，从而实现图数据的去匿名。

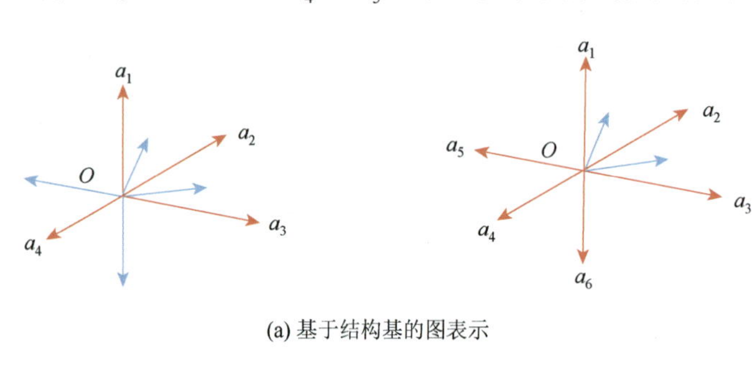

(a) 基于结构基的图表示

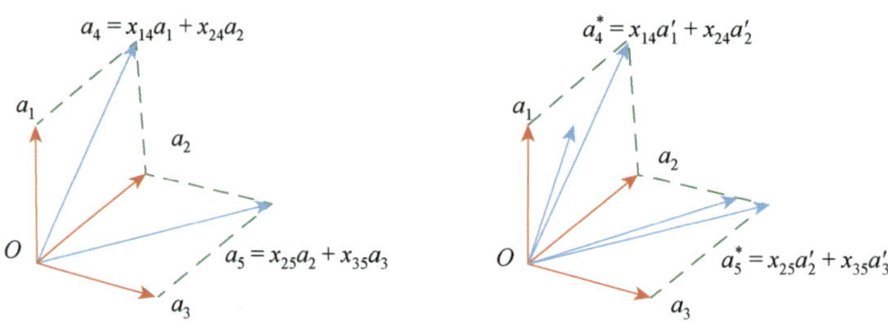

(b) 图的推理重构

图 4.7　图建模与推理说明

2. 多视图低秩稀疏表示模型

大多数现有的图结构匿名化策略都没有考虑到图的潜在结构特征。因此，原始图SG与目标图SG^T之间的差异，即匿名链路集合，与原始图SG的结构模式不同。因此，认为匿名链接集合可以通过以结构模式为中心的表示模型来识别。

在现实中，从不同角度形成的相关图包含与目标图互补的结构信息，可以作为学习结构模式的辅助图，从而通过多视图学习提高图结构去匿名的性能。令$A^{(i)}$，$i=1$和$i=2$分别表示目标图SG^T和辅助图SG^H的邻接矩阵，表示如下：

$$A^{(1)} = A^{(1)}Z^{(1)} + E^{(1)} \tag{4.19}$$

$$A^{(2)} = A^{(2)}Z^{(2)} + E^{(2)} \tag{4.20}$$

式中，$Z^{(1)}$和$Z^{(2)}$表示矩阵；$E^{(1)}$和$E^{(2)}$表示误差项。由于目标图SG^T和辅助图SG^H从不同的角度捕获同一组用户之间的交互，因此假设多视图框架中各个图会呈现一致的结构模式，从而可用于任何一个图的去匿名化。因此，通过将表示矩阵推得更近以确保一致性来定义正则化器，定义关于$Z^{(1)}$和$Z^{(2)}$的约束项为

$$\Omega(Z) = \left\| Z^{(1)} - Z^{(2)} \right\|_{2,1} \tag{4.21}$$

基于正则化项$\Omega(Z)$，可以很好地缓解已发布的匿名图之间的观点分歧。因此，基于式（4.18）中的结构化低秩表示，正则化多视图低秩表示问题可表示为

$$\begin{aligned} &\min_{Z^{(i)},E^{(i)}} \sum_{i=1}^{2}\left(\operatorname{rank}(Z) + \lambda \left\| E^{(i)} \right\|_{2,1}\right) + \alpha\Omega(Z) \\ &\text{s.t.} \quad A^{(i)} = A^{(i)}Z^{(i)} + E^{(i)}, \quad i=1,2 \end{aligned} \tag{4.22}$$

式中，$\| E^{(i)} \|_{2,1}$表示视图的$L21$；λ和α表示自由可变参数。目标式（4.22）中的低秩约束导致此最小化问题很难求解，因此本节用核范数替代低秩约束，式（4.22）的最优化问题可重写为

$$\begin{aligned} &\min_{Z^{(i)},E^{(i)}} \sum_{i=1}^{2}\left(\left\| Z^{(i)} \right\|_{*} + \lambda \left\| E^{(i)} \right\|_{2,1}\right) + \alpha\Omega(Z) \\ &\text{s.t.} \quad A^{(i)} = A^{(i)}Z^{(i)} + E^{(i)}, \quad i=1,2 \end{aligned} \tag{4.23}$$

为了求解以上优化问题，此模型采用了非精确增广拉格朗日乘子（inexact augmented Lagrange multiplier，IALM）算法。

3. 基于共同表示的多视图低秩编码模型

在上文使用正则项$\Omega(Z) = \| Z^{(1)} - Z^{(2)} \|_{2,1}$迫使模型学习相似的结构模式，然而不够准确。为了能够对多视图网络的共同结构模式进行直接建模，本小节定义共同表示矩阵$\hat{Z}$并提出新的多视图低秩编码模型 MVLRC。为了有效地描述图的结构模式，引入正则项$\Omega(Z)$来约束目标匿名图和辅助图之间的差异，促进多视图图结构信息的一致性。因此，学习到的表示矩阵$Z^{(1)}$和$Z^{(2)}$的最优值对匿名化操作带来的结构破坏具有较强的鲁棒性。然而，它们仍然不能准确反映多视图网络的共同结构模式。为了解决此问题，定义矩阵$\hat{Z}$表示图的共同结构模式，并对正则化的多视图低秩表示模型进行重写，结果如下：

$$\min_{\hat{Z},E^{(i)}} \sum_{i=1}^{2} \left(\left\| \hat{Z} \right\|_* + \lambda \left\| E^{(i)} \right\|_{2,1} \right)$$
$$\text{s.t.} \quad A^{(i)} = A^{(i)} Z^{(i)} + E^{(i)}, \quad i = 1,2 \tag{4.24}$$

式（4.24）定义的网络表示模型能使用共同表示矩阵 $\hat{Z}$ 准确刻画多视图网络中蕴含的一致性结构模式。为了求解 MVLRC 模型，引入辅助变量 $\hat{Q}$ 使目标式（4.24）可分解，引入辅助变量后，目标式（4.24）可重写为

$$\begin{aligned} &\min_{\hat{X},\hat{Q},E^{(i)}} \sum_{i=1}^{2} \left(\left\| \hat{Q} \right\|_* + \lambda \left\| E^{(i)} \right\|_{2,1} \right) \\ &\text{s.t.} \quad A^{(i)} = A^{(i)} Z^{(i)} + E^{(i)}, \quad i = 1,2 \\ &\qquad \hat{Z} = \hat{Q} \end{aligned} \tag{4.25}$$

根据式（4.25）可得其增广拉格朗日表达式为

$$\begin{aligned} L(\hat{Z},\hat{Q},E^{(i)}) = &\sum_{i=1}^{2} \left(\left\| \hat{Q} \right\|_* + \lambda \left\| E^{(i)} \right\|_{2,1} \right) + < K, \hat{Z} - \hat{Q} > + \frac{\mu}{2} \left\| \hat{Z} - \hat{Q} \right\|_F^2 \\ &+ \sum_{i=1}^{2} \left(< Y^{(i)}, A^{(i)} - A^{(i)}\hat{Z} - E^{(i)} > + \frac{\mu}{2} \left\| A^{(i)} - A^{(i)}\hat{Z} - E^{(i)} \right\|_F^2 \right) \end{aligned} \tag{4.26}$$

式中，$Y^{(i)}$ 和 K 表示拉格朗日算子；$\mu > 0$ 表示惩罚参数。

4. *去匿名算法*

根据图表示模型，基于学习到的捕获了多视图匿名图结构模式的表示矩阵，可以进行原始图的推理重构，从而实现图结构去匿名化。算法 4.8 描述了图结构去匿名化的整个过程。具体地，首先获得多视图网络的共同表示矩阵 $\hat{Z}$，然后通过学习到的表示矩阵 $\hat{Z}$ 和目标图估计原始图。

算法 4.8　图结构去匿名化

输入：目标图和辅助图的邻接矩阵 $A^{(1)}$ 和 $A^{(2)}$
输出：去匿名化目标图
步骤 1：基于式（4.26）学习多视图匿名图的共同结构模式 X'
步骤 2：用 $O = A^{(1)}X'$ 获得去匿名化的目标图
步骤 3：返回去匿名化目标图 O

4.3.3　实验结果与分析

本小节对 MVLRC 算法在人工图和真实数据集 Email-EuAll 上进行性能评估，采用可靠性作为评价指标以验证 MVLRC 算法在各种匿名技术下的性能。此外，还评估不同参数下 MVLRC 算法的鲁棒性，并对真实的匿名化链路和识别出的匿名化链路进行可视化比较，验证 MVLRC 算法的有效性。

1. 实验设置

本小节采用以下方法进行性能比较。

（1）基于 RPCA 的结构去匿名方法。本实验将该方法简称为 RPCA。

（2）基于 LRR 的结构去匿名方法。LRR 模型[18]是一种典型的从一组被破坏的观测数据中恢复原始结构的方法，利用 LRR 识别匿名链路，本实验将该方法简称为 LRR。

（3）MVLRR 方法。该方法通过正则化将匿名化的辅助网络融入其中，最后对目标网络进行恢复。

（4）MVLRC 方法。该方法通过特定的矩阵来表征共同结构模式，以实现目标网络的结构恢复。

为了衡量 MVLRC 方法在图结构去匿名和匿名链路识别中的准确性，定义可靠性评价指标如下：

$$\text{Reliability} = \frac{\text{AN} + \text{DN}}{\text{TAN} + \text{TDN}} \tag{4.27}$$

式中，AN 表示目标匿名图中准确检测出的添加链路的数量；DN 表示目标匿名图中准确检测出的删除链路的数量；TAN 和 TDN 分别表示图结构扰动方法中添加和删除链路的总数。通过去匿名算法识别的匿名链路数量越多，可靠性度量的值越大。

2. 基于人工图的实验验证

本小节在人工图上验证 MVLRC 的优越性。使用 LFR（Lancichinetti-Fortunato-Radicchi）模型[19]生成一个具有 1000 个节点、平均节点度为 5、混合比例为 0.2 的社团图。表 4.3 为 LFR 生成图中不同匿名化系数下通过 RPCA、LRR、MVLRR 和 MVLRC 进行匿名链路推理得出的可靠性的结果。从结果可知，MVLRC 方法在匿名链路推理方面优于其他方法，其主要原因是 MVLRC 方法能够更好地学习图的结构模式。因此，可以说明本节提出的 MVLRC 方法对人工图的去匿名是有效的。

表 4.3　LFR 生成图中不同匿名化系数 *k* 下结构去匿名算法的可靠性

（a）对于稠密化方法、稀疏化方法的有效性

匿名化系数	稠密化				稀疏化			
	RPCA	LRR	MVLRR	MVLRC	RPCA	LRR	MVLRR	MVLRC
$k=0.10$	0.219	0.344	0.391	**0.509**	0.072	0.222	0.297	**0.401**
$k=0.15$	0.247	0.472	0.508	**0.578**	0.045	0.227	0.297	**0.440**
$k=0.20$	0.275	0.538	0.577	**0.635**	0.041	0.248	0.303	**0.456**
$k=0.25$	0.268	0.590	0.623	**0.671**	0.036	0.231	0.287	**0.412**
$k=0.30$	0.406	0.616	0.656	**0.695**	0.041	0.274	0.328	**0.434**

（b）对于随机扰动方法、随机交换方法的有效性

匿名化系数	随机扰动				随机交换			
	RPCA	LRR	MVLRR	MVLRC	RPCA	LRR	MVLRR	MVLRC
k =0.10	0.179	0.354	0.389	**0.525**	0.193	0.365	0.406	**0.558**
k =0.15	0.234	0.450	0.498	**0.660**	0.228	0.411	0.463	**0.551**
k =0.20	0.217	0.491	0.536	**0.663**	0.245	0.446	0.501	**0.573**
k =0.25	0.246	0.530	0.586	**0.701**	0.294	0.466	0.515	**0.594**
k =0.30	0.299	0.559	0.605	**0.707**	0.314	0.482	0.527	**0.609**

3. 基于 Email-EuAll 数据集的实验验证

本小节在 Email-EuAll 数据集上验证 MVLRC 的优越性。选用的采样规模为 1000。利用前文提到的去匿名技术对采样图进行匿名处理生成目标图和辅助图，并对每个采样图重复进行 10 次实验，最后对实验结果取平均值。

表 4.4 为不同匿名化系数下通过 RPCA、LRR、MVLRR 和 MVLRC 进行匿名链路推理得出的可靠性的结果。从实验结果可知，多视图去匿名方法 MVLRC 和 MVLRR 的可靠性优于单视图去匿名方法 RPCA 和 LRR，这说明引入辅助图对图结构去匿名具有良好的效果，且提出的多视图框架在结构建模方面是有效的。

表 4.4　Email-EuAll 生成图中不同匿名化系数 *k* 下结构去匿名算法的可靠性

（a）对于稠密化方法、稀疏化方法的有效性

匿名化系数	稠密化				稀疏化			
	RPCA	LRR	MVLRR	MVLRC	RPCA	LRR	MVLRR	MVLRC
k =0.10	0.733	0.769	0.791	**0.809**	0.095	0.236	0.315	**0.468**
k =0.15	0.748	0.806	0.827	**0.867**	0.090	0.259	0.327	**0.457**
k =0.20	0.774	0.817	0.848	**0.882**	0.072	0.276	0.328	**0.427**
k =0.25	0.782	0.826	0.850	**0.889**	0.067	0.290	0.340	**0.409**
k =0.30	0.802	0.843	0.861	**0.897**	0.047	0.287	0.345	**0.388**

（b）对于随机扰动方法、随机交换方法的有效性

匿名化系数	随机扰动				随机交换			
	RPCA	LRR	MVLRR	MVLRC	RPCA	LRR	MVLRR	MVLRC
k =0.10	0.458	0.553	0.634	**0.757**	0.219	0.348	0.395	**0.500**
k =0.15	0.489	0.604	0.658	**0.746**	0.219	0.397	0.451	**0.477**
k =0.20	0.488	0.617	0.668	**0.763**	0.286	0.452	0.493	**0.517**
k =0.25	0.488	0.634	0.691	**0.757**	0.321	0.459	0.500	**0.529**
k =0.30	0.491	0.646	0.682	**0.756**	0.350	0.497	0.524	**0.535**

为了进一步测试 MVLRC 方法进行图结构去匿名的性能，分析采用不同参数、不同规模设置时去匿名方法的可靠性，实验结果如图 4.8 所示。实验中匿名技术采用 Perturbation 方法，匿名系数 $k=0.1$，其中图 4.8（a）的图节点规模设置为 1000，图 4.8（b）的自由参数 λ 设置为 0.13。从图 4.8（a）可知，当参数 λ 取值为 0.1～0.18 时，MVLRC 方法的可靠性优于其他算法，且 MVLRC 方法的可靠性受 λ 取值影响不大。随着采样节点规模从 500 增长到 1500，MVLRC 方法的可靠性仍优于其他方法，如图 4.8（b）所示。

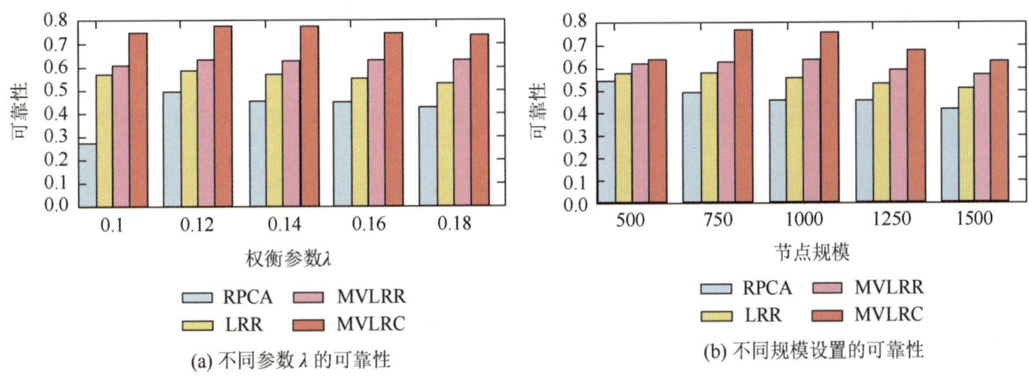

(a) 不同参数 λ 的可靠性 (b) 不同规模设置的可靠性

图 4.8 Email-EuAll 网络中不同参数、不同规模设置下去匿名方法的可靠性

为了直观地验证 MVLRC 方法对图结构去匿名的有效性，将真实的匿名化链路集与识别出的匿名化链路集进行可视化比较，如图 4.9 所示。可以看出，大部分的匿名链路都能够被正确识别。

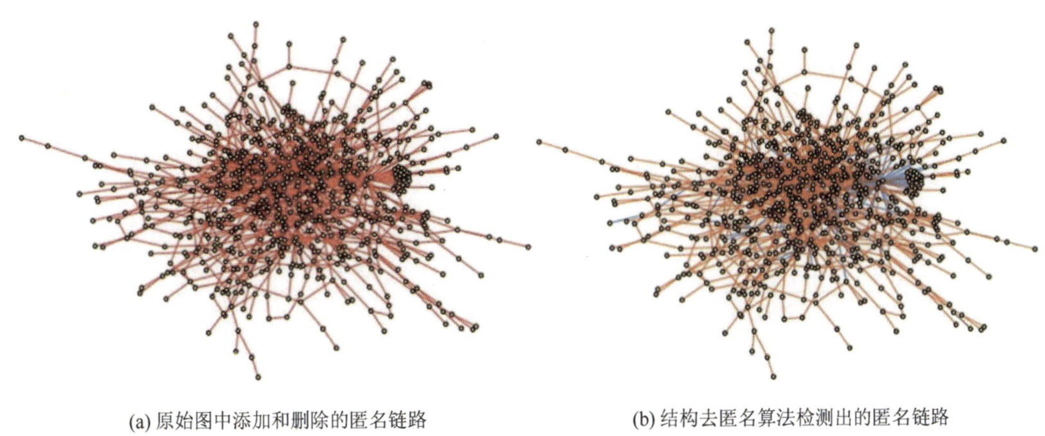
(a) 原始图中添加和删除的匿名链路 (b) 结构去匿名算法检测出的匿名链路

图 4.9 Email-EuAll 网络中匿名链路的可视化

4.4 面向隐私保护的图数据挖掘与调控方法

通过对图推理重构的研究发现，传统的匿名方法不能很好地保护图中的敏感链路，

其主要原因是传统的隐私保护方法通常采用随机添加、删除链路的方式实现，未考虑图的结构模式。本节介绍一种用于度量和调控链路可预测性的网络结构规律性探索（network structural regularity exploring，NetSRE）方法[20]，通过结构扰动调控链路可预测性，从而实现抗推理的隐私保护。

4.4.1 问题定义与描述

1. 链路可预测性

链路可预测性指图中链路预测在与算法无关的情况下实现准确预测的固有困难程度。它可以通过图中规律性结构的比例来量化。如果图结构是趋于随机的，则它的链路可预测性小；如果图结构是高度规律的，则它的链路可预测性就大。

2. 链路重要性

链路重要性主要度量因删除或添加指定链路而引起的网络规律性程度的变化情况。对于特定的网络链路，包含该链路的子图用于网络表示的次数越多，表明网络中具有类似结构模式的链路的数量越多，该链路在网络结构中的作用越大。

3. 链路可预测性调控

对图 G 进行建模，在此基础上学习重要链路集 E^R，然后根据图中链路的重要性，选择尽可能少的链路进行扰动以尽可能改变图的结构规律性水平，从而达到影响链路预测任务的效果。由于图的规律性直接影响链路预测的准确性，可以通过对图中重要链路的扰动调节图的链路可预测性。

4.4.2 图结构建模与链路预测

1. 图表示模型

处理复杂图数据的根本任务在于找到这些高维数据的低维表示。最常用的恢复低秩表示的方法为主成分分析（PCA）和鲁棒性主成分分析方法（RPCA）[21]。PCA 方法和 RPCA 方法假设数据分布在同一个空间中，但是真实世界中的数据常常来源于多个子空间。为了正确地将数据划分到不同的子空间，本节采用低秩表示模型进行数据建模。

2. 低秩稀疏建模与预测

本节将图表示模型应用于链路预测问题，以证明其对图结构建模的合理性。虽然采用邻接矩阵 A 作为图表示模型的基矩阵，但基矩阵 A 与表示矩阵 Z 的乘积无法完全准确地表示图结构。因此，定义矩阵 E 表示邻接矩阵 A 与 AZ 之间的误差，即 $A = AZ + E$。同时，由于各个节点可能具有不同的交互模式，真实图的建模应该是面向节点的，因此本模型采用 $L21$ 范数来约束误差矩阵 E。链路预测的目的是通过发现所观察图的结构模式来推断“真实的”拓扑，将提出的图表示模型应用于观测图 G^{O}，通过学习得到的表示矩阵 Z^* 可以揭露图的结构组织模式，以此推断出未知的链路。为了避免过拟合，本节采用 Frobenius 范数对表示矩阵 Z 进行约束，链路预测的目标函数可表示为

$$\min_{Z,E}\|Z\|_* + \alpha\|Z\|_1 + \beta\|E\|_{2,1},\quad \text{s.t. } A = AZ + E \tag{4.28}$$

式中，$\|Z\|_F^2 = \sum_{i=1}^{n}\sum_{j=1}^{n} z_{ij}^2$；$\|E\|_{2,1} = \sum_{j=1}^{n}\sqrt{\sum_{i=1}^{n} e_{ij}^2}$；$\lambda$ 表示平衡 Z 和 E 的自由参数。

通过采用增广拉格朗日法（augmented Lagrange method，ALM）求解以上模型，最优表示矩阵 Z^* 从代表性子图的角度捕获了图的结构组织模式。基于此表示矩阵，以邻接矩阵 A 为基矩阵可以对原始图进行推理重构，形成基于链路预测的低 Frobenius 范式（low Frobenius norm-based link prediction，LFLP）算法，从而发现图中的隐含链路。具体地，图中链路存在的可能性可以通过矩阵 Z^* 和 A 进行推理，即

$$\text{SM} = AZ^* + (AZ^*)^{\mathrm{T}} \tag{4.29}$$

式中，相似度矩阵SM 表示图中节点之间存在链路的可能性。实际上，所提出的方法可行的前提是子图之间结构模式的一致性，可以根据代表性子图的特征对损坏的局部结构进行重构。同样地，对所有观测到的链路进行排序，得分较低的链路可能是虚假链路。完整的链路预测过程如算法 4.9 所示。

算法 4.9　链路预测算法 LFLP

输入： 观测图的邻接矩阵 A

输出： 推理出的缺失链路集矩阵 M^+ 和推理出的虚假链路集矩阵 M^-

步骤 1： 通过式（4.28）获得最优表示矩阵

步骤 2： 通过式（4.29）构建相似度矩阵 SM

步骤 3： 将 SM 划分为正的元素集 SM^+ 和负的元素集 SM^-

步骤 4： 删除 SM^+ 中已存在链路对应的元素，在剩余链路中分数越高的链路越可能是缺失链路，将其保存在 M^+ 中

步骤 5： 对 SM^- 进行排序，并与矩阵 A 进行比较，分数越低的链路越可能是虚假链路，将其保存在 M^- 中

步骤 6： 返回 M^+ 和 M^-

4.4.3　链路可预测性度量与调控

1. 模型构建

在真实图中，个体之间可能具有相似的交互关系，从而在图中产生了近似子结构。由于这些子结构对于图表示具有类似的作用，可以通过代表性的子图进行图的建模表示。因此，为了用尽可能少的子图来表示图，要求表示矩阵 Z 应该是低秩的。同样地，子结

构越规则，表示它们所需要的代表性子图就越少，即对应于表示矩阵的非零项的数量也越少。基于以上论述，可以通过低秩稀疏表示理论进行建模，如下所示：

$$\min_{Z,E} \operatorname{rank}(Z)+\alpha\|Z\|_0+\beta\|E\|_{2,1}, \quad \text{s.t. } A=AZ+E \tag{4.30}$$

在式（4.30）中引入变量 J 和 Q 将目标函数分离，可得

$$\min_{Z,E}\|J\|_*+\alpha\|Q\|_1+\beta\|E\|_{2,1}, \quad \text{s.t. } A=AZ+E, Z=J, Z=Q \tag{4.31}$$

该问题可通过增广拉格朗日法求解，即

$$\begin{aligned} L(J,Z,E)=&\|J\|_*+\alpha\|Q\|_1+\beta\|E\|_{2,1}+\operatorname{tr}[Y_1^{\mathrm{T}}(A-AZ-E)] \\ &+\operatorname{tr}[Y_2^{\mathrm{T}}(Z-J)]+tr[Y_3^{\mathrm{T}}(Z-Q)]+\frac{\mu}{2}(\|A-AZ-E\|_F^2 \\ &+\|Z-J\|_F^2+\|Z-Q\|_F^2) \end{aligned} \tag{4.32}$$

式中，Y_1、Y_2 和 Y_3 表示拉格朗日算子；$\mu>0$ 表示惩罚参数。

2. 链路可预测性度量

链路可预测性度量的目的是量化图可以被建模和预测的程度，这取决于图结构的规律性。通过求解以上图表示模型，最优表示矩阵 Z^* 能够捕获图的结构组织模式，从而可以通过分析最优表示矩阵 Z^* 的特征来量化图的结构规律性。具体地，根据图数据建模的思想，图中包含的相似子图越多，最优表示矩阵 Z^* 的秩会越低。同时，图数据整体结构规律性越强，对图进行表示需要的代表性子图就越少。因此，本节从最优表示矩阵 Z^* 的低秩性和稀疏性两个角度进行图数据结构规律性的度量。

根据最优表示矩阵 Z^* 的元素取值，当 $\|Z_{i_1,:}\|_1 \geqslant \|Z_{i_2,:}\|_1 \geqslant \cdots \geqslant \|Z_{i_k,:}\|_1$ 时，可以对相应图前 k 个子图 $A_{:,i_1}$，$A_{:,i_2}$，…，$A_{:,i_k}$ 进行排序，从而有 $A_{:,i_1} \geqslant A_{:,i_2} \geqslant \cdots \geqslant A_{:,i_k}$。这意味着子图 $A_{:,i1}$ 为图中最具有代表性的子图，$A_{:,i_k}$ 表示代表性最差的子图。因此，最优表示矩阵 Z^* 的非零行的行数可以表示代表性子图的数量。另外，表示越规则的子图需要的子图数量越少，这可以通过 Z^* 中的非零元素的数量来表示。基于以上分析讨论，本节定义用于链路可预测性度量的结构规律性指标如下：

$$\text{Regularity}=\frac{1}{\sqrt{(n-r)/n}\sqrt{\tau/(n\cdot r)}} \tag{4.33}$$

式中，r 表示最优表示矩阵 Z^* 的秩；τ 表示最优表示矩阵 Z^* 中非零元素的个数；$(n-r)/n$ 表示相似子图的占比；$\tau/(n\cdot r)$ 表示行列变换后的矩阵中非零元素的密度。

3. 链路可预测性调控

根据学习到的最优表示矩阵 Z^* 可以看出，在图的自表示模型中，有部分链路是经常参与表示的，也有部分链路是很少参与的。也就是说，不同链路在图结构组织中扮演不

同的角色，对图的规律性具有不同的影响。因此，链路可预测性可以根据对重要链路的结构扰动来进行调控。

对于一个具有代表性的子图，在规律性强的图中比在规律性弱的图中能表示更多其他子图。因此，可以基于以节点为中心的代表性子图的使用次数测量相关链路的重要程度，因此链路重要性可以定义为

$$U_{ij}=\frac{\left\|Z_{i,:}\right\|_1\cdot\left\|Z_{j,:}\right\|_1}{n^2} \tag{4.34}$$

该指标量化了链路 (i,j) 在两个方向上的潜在影响，链路 (i,j) 的 U_{ij} 值越大，其对图表示的参与度越高。通过构建链路的重要性，链路可预测性就可基于其中的重要链路的扰动来进行调控。

4.4.4　实验结果与分析

1. 实验设置

该实验使用 Contact[22]、USAir[23]、Router[24]、Yeast[25]、NFacebook、Jazz、Worldtrade、Metabolic、Mangwet 和 Macaque 数据集进行实验验证。

2. 链路预测实验验证

为了检验链路预测算法对缺失链路识别的有效性，首先选取 10%的链路作为缺失链路集 E^M，将剩余 90%的链路作为训练集 E^T，通过 AUC 对缺失链路的预测结果进行评价。在实验中，对目标图进行多次独立随机划分形成训练集和测试集，并进行 20 次实验得到预测准确率的平均值，实验结果如表 4.5 所示。实验结果表明，在所有链路预测算法中，本节所提出的 LFLP 链路预测方法的性能整体表现最好，优于基于相似性的链路预测方法和其他基于模型的链路预测方法。

表 4.5　链路预测算法对缺失链路预测的 AUC

Network	CN	RA	NMF	SPM	RPCA	LO	LFLP
Jazz	0.951	0.966	0.951	**0.970**	0.861	0.945	0.964
Worldtrade	0.875	0.887	0.902	0.915	0.858	0.903	**0.941**
Contact	0.937	0.927	0.938	0.923	0.877	0.930	**0.949**
Metabolic	0.913	0.904	**0.944**	0.864	0.586	0.787	0.845
Mangwet	0.712	0.714	0.863	0.908	0.881	0.914	**0.948**
Macaque	0.945	0.932	0.958	0.980	0.959	0.980	**0.987**
USAir	0.952	0.895	0.968	0.968	0.860	0.926	**0.973**
NFacebook	0.932	**0.943**	0.899	0.902	0.723	0.905	0.908
Router	0.582	0.590	0.700	0.619	0.591	0.721	**0.740**
Yeast	0.895	0.893	0.920	0.929	0.800	0.944	**0.946**

3. 链路可预测性调控评价

为了探讨图中链路对可预测性的影响，根据所提出的链路重要性指标来识别规律链路和不规律链路。通常规律链路在自表示模型中具有较高的可替代性，而不规律链路在自表示模型中具有较少的等价链路。为了评价所提出的链路调控方法，对基于不规律链路选择机制和基于随机链路选择机制的调控方法进行对比。

为了深入理解图中链路的结构角色，本节将两种链路选择机制应用到 Jazz 数据集中，并深入分析它们的影响。图 4.10（a）展示了用于结构调控的百分比分别为 1%、6%和 12%的不规律链路，其中的绿色实线为根据本章提出的链路重要性指标选择的不规律链路，黑色的实线表示图中未被选择的链路。从图中可以看出，绿色的不规律链路的选择是比较合理的。图 4.10（b）为通过随机方法选择的百分比分别为 1%、6%和 12%的随机链路，如其中的蓝色实线所示。通过比较图 4.10（a）与图 4.10（b）可知，图 4.10（a）选择的不规律链路更可能是外围节点之间的弱链路，其不规律的主要原因可能是外围节点的邻居结构过于稀疏，使得相关链路无法形成规律性的结构模式。从图中可以看出，删除不同比例的规律链路对图进行调控比采用随机方法删除链路进行调控的链路预测精度低，采用随机方法删除不同比例的链路比删除不规律链路的链路预测精度低。同时发现，在一定比例范围内删除不规律链路反而可以提高链路预测的精度。以上研究表明可以通过扰动不同类型的链路实现链路可预测性的按需调控。

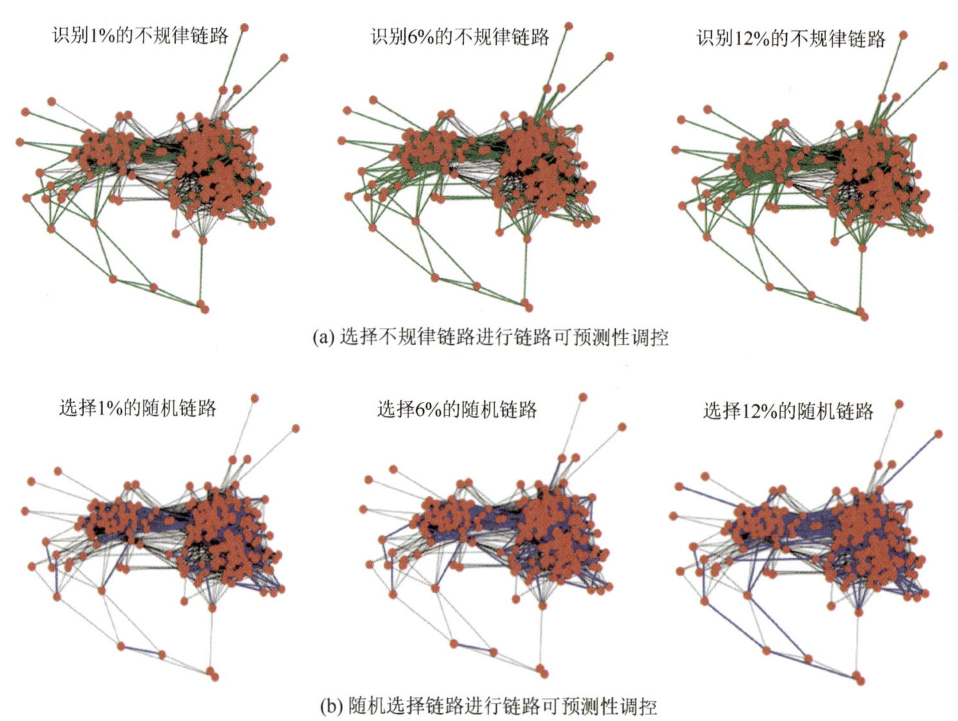

图 4.10　Jazz 网络的链路可预测性调控

为了探讨链路预测可调控性问题，对以上几种真实网络采用不同链路选择方法和删除不同比例的链路进行调控。在每个网络中，均采用 NMF、SPM、RPCA 和 LFLP 方法在扰动比例为 1%～12%的条件下进行链路预测，得出的平均链路预测精确度如图 4.11 所示，图中的误差条代表预测精确度的标准差。实验结果表明删除不规律链路可以提高链路预测精确度，说明图的结构规律性可通过删除不规律链路得到增强。随着被删除链路数量的进一步增加，图的稀疏性会增强，导致链路预测精确度降低。如果基于规律链路进行结构扰动，链路预测的精确度会随着删除规律链路百分比的增加而快速下降。随着删除链路的数量不断增加，图的链路预测精确度会显著下降。同样地，采用随机链路选择机制时，结构扰动也会导致链路预测精确度的下降。

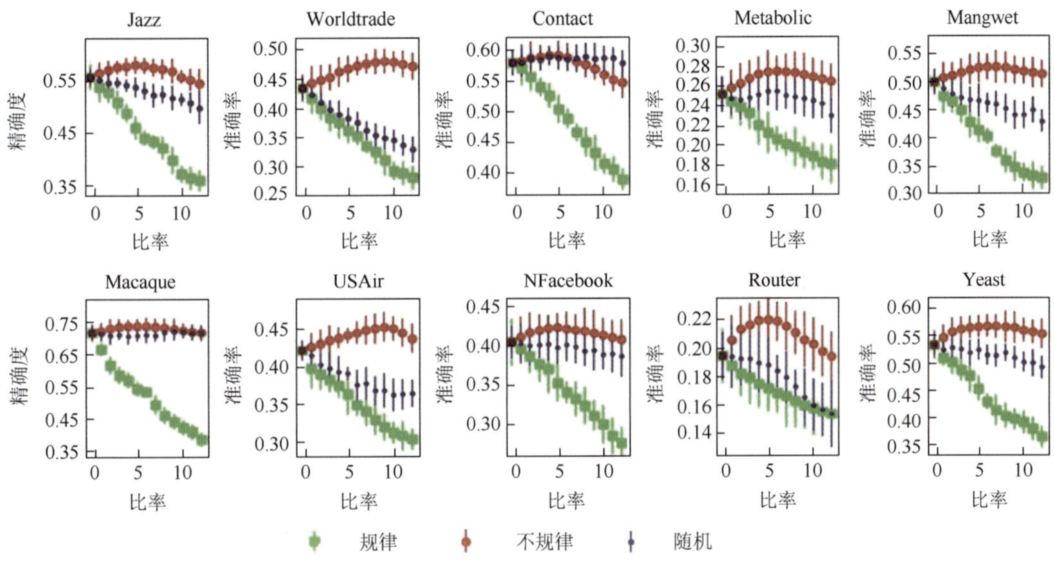

图 4.11　基于结构扰动的链路可预测性调控

根据以上讨论可知，不同角色的链路对图的链路可预测性具有不同的影响。与基于随机链路结构扰动相比，基于规律链路的结构扰动可以更有效地降低链路的可预测性。同时，可以将规律链路的识别和扰动有效地应用于敏感链路隐私保护中，通过对相应规律链路的调控，降低对敏感链路推理攻击的精确度。此外，真实网络通常具有不同程度的规律性，在结构规律性不强的情况下，基于不规律链路的结构扰动可以提高链路的可预测性。

4.5　本 章 小 结

本章对基于链路预测的匿名图推理重构问题进行了深入研究，提出了一种新的基于多层编码的链路预测方法，从而对图隐私保护过程中添加的扰动链路进行有效推理。同时，针对多视图下图数据的隐私问题，提出了图结构去匿名算法 MVLRC，从而识别目标图中的匿名链路。此外，还提出了链路可预测性度量方法，并通过扰动重要链路进行图的链路可预测性调控。

参 考 文 献

[1] Nilizadeh S, Kapadia A, Ahn Y Y. Community-enhanced de-anonymization of online social networks[C]//Proceedings of the 2014 ACM SIGSAC Conference on Computer and Communications Security. Scottsdale Arizona USA: ACM, 2014: 537-548.

[2] Ji S L, Li W Q, Gong N Z, et al. Seed-based de-anonymizability quantification of social networks[J]. IEEE Transactions on Information Forensics and Security, 2016, 11(7): 1398-1411.

[3] Gong N Z, Liu B. You are who you know and how you behave: Attribute inference attacks via users' social friends and behaviors[C]//25 th USENIX Security Symposium(USENIX Security 16). Austin, TX, USA, 2016: 979-995.

[4] McPherson M, Smith-Lovin L, Cook J M. Birds of a feather: Homophily in social networks[J]. Annual Review of Sociology, 2001, 27(1): 415-444.

[5] Sala A, Zhao X H, Wilson C, et al. Sharing graphs using differentially private graph models[C]//Proceedings of the 2011 ACM SIGCOMM Conference on Internet Measurement Conference. Berlin Germany: ACM, 2011: 81-98.

[6] Xian X P, Wu T, Liu Y B, et al. Towards link inference attack against network structure perturbation[J]. Knowledge-Based Systems, 2021, 218: 106674.

[7] Xian X, Wu T, Liu Y, et al. Towards link inference attack against network structure perturbation[J]. Knowledge-Based Systems, 2021, 218: 106674.

[8] Gleiser P M, Danon L. Community structure in Jazz[J]. Advances in Complex Systems, 2003, 6(4): 565-573.

[9] Smith D A, White D R. Structure and dynamics of the global economy: Network analysis of international trade 1965-1980[J]. Social Forces, 1992, 70(4): 857-893.

[10] Duch J, Arenas A. Community detection in complex networks using extremal optimization[J]. Physical Review E, 2005, 72(2): 027104.

[11] Baird D, Luczkovich J, Christian R R. Assessment of spatial and temporal variability in ecosystem attributes of the st marks national wildlife refuge, apalachee bay, florida[J]. Estuarine, Coastal and Shelf Science, 1998, 47(3): 329-349.

[12] Leskovec J, Lang K J, Dasgupta A, et al. Community structure in large networks: Natural cluster sizes and the absence of large well-defined clusters[J]. Internet Mathematics, 2009, 6(1): 29-123.

[13] McAuley J, Leskovec J. Learning to discover social circles in ego networks[J]. Advances in Neural Information Processing Systems, 2012, 1: 539-547.

[14] Adamic L A, Glance N. The political blogosphere and the 2004 U.S. election: divided they blog[C]//Proceedings of the 3 rd International Workshop on Link Discovery. Chicago Illinois: ACM, 2005: 36-43.

[15] Rossi R, Ahmed N. The network data repository with interactive graph analytics and visualization[J]. Proceedings of the AAAI Conference on Artificial Intelligence, 2015, 29(1): 4292-4293.

[16] Xian X P, Wu T, Qiao S J, et al. Multi-view low-rank coding-based network data de-anonymization[J]. IEEE Access, 2020, 8: 94575-94593.

[17] Xian X, Wu T, Qiao S, et al. Multi-view low-rank coding-based network data de-anonymization[J]. IEEE Access, 2020, 8: 94575-94593.

[18] Liu G C, Lin Z C, Yu Y. Robust subspace segmentation by low-rank representation[C]//Proceedings of the 27th International Conference on International Conference on Machine Learning, 2010: 663-670.

[19] Lancichinetti A, Fortunato S, Radicchi F. Benchmark graphs for testing community detection algorithms[J]. Physical Review E, 2008, 78(4): 046110.

[20] Xian X, Wu T, Qiao S, et al. NetSRE: Link predictability measuring and regulating[J]. Knowledge-Based Systems, 2020, 196:

105800.

[21] Candès E J, Li X D, Ma Y, et al. Robust principal component analysis?[J]. Journal of the ACM, 2011, 58(3): 1-37.

[22] Kunegis J. Konect: The koblenz network collection[C]//The 22 nd International Conference on World Wide Web, New York, United States, 2013: 1343-1350.

[23] Spring N, Mahajan R, Wetherall D. Measuring ISP topologies with rocketfuel[J]. ACM Sigcomm Computer Communication Review, 2002, 32(4): 133-145.

[24] Bu D B, Zhao Y, Cai L, et al. Topological structure analysis of the protein-protein interaction network in budding yeast[J]. Nucleic Acids Research, 2003, 31(9): 2443-2450.

[25] Viswanath B, Mislove A, Cha M, et al. On the evolution of user interaction in facebook[C]//Proceedings of the 2nd ACM Workshop on Online Social Networks, Barcelona Spain, 2009: 37-42.

第 5 章　图模型对抗攻击方法

随着图机器学习的广泛应用，图模型对抗攻击成为一个重要的研究领域。现有的图模型对抗攻击方法根据不同的知识背景、不同的攻击策略和能力、不同的攻击目标和任务，可以分为黑盒/灰盒/白盒攻击、投毒/逃逸攻击、有/无目标攻击等[1, 2]。通过对图模型对抗攻击的研究，可以更好地了解对抗攻击的原理，以便做出相应的防御措施。本章首先介绍图神经网络对抗攻击的定义和类型，随后阐述图模型对抗攻击方法。

5.1　图模型对抗攻击概述

5.1.1　图神经网络对抗攻击定义

定义 5.1（图数据）给定图$G=(V,E,X)$，其中$V=\{v_1,v_2,\cdots,v_N\}$表示节点集合，$E\subseteq V\times V$为边的集合，$A\in\Re^{N\times N}$为图G对应的邻接矩阵，$A_{i,j}=1$表示在节点v_i和v_j之间有边相连，否则$A_{i,j}=0$，$X=\{x_1,\cdots,x_N\}$为图中节点的特征属性。

定义 5.2（图神经网络对抗攻击）对于图$G=(V,E,X)$，攻击者试图通过修改图结构或者节点特征以得到扰动图$\hat{G}=(V,\hat{E},\hat{X})$，从而影响图神经网络$M(\cdot)$的预测结果。随着扰动程度的增加，模型$M(\cdot)$准确率不断下降。原始图和扰动图之间的差异即为攻击代价，其形式化地表示为

$$\Delta(M):=\min_{\delta}\|\delta\| \quad \text{s.t. } M(\hat{G})\neq M(G) \tag{5.1}$$

式中，δ表示扰动代价；$M(G)$和$M(\hat{G})$分别表示在原始图G与扰动图$\hat{G}$上的预测结果。

5.1.2　图神经网络对抗攻击类型

根据恶意攻击者能够获取的目标 GNN 背景信息程度的不同，对抗攻击方法可以分为白盒攻击、灰盒攻击和黑盒攻击。

（1）白盒攻击（white-box attacks）。攻击者能够获得目标模型的参数、训练数据、节点标签、节点特征等全部信息，在此基础上生成对抗扰动。

（2）灰盒攻击（grey-box attacks）。攻击者无法完全获取目标模型的相关信息，对模型参数、训练数据等只有部分了解。攻击者利用已知信息构建代理模型，在此基础上生成对抗样本。

（3）黑盒攻击（black-box attacks）。攻击者对目标模型的参数、训练数据和预测输出等均不了解，仅通过目标模型输入和输出实施对抗攻击。

根据对抗攻击发生阶段的不同，对抗攻击可以分为投毒攻击和逃逸攻击。

（1）投毒攻击（poisoning attacks）。在模型的训练阶段，攻击者试图在模型的训练集中加入对抗样本，使模型在训练过程中学习到错误的模式或产生不正确的参数取值，从而导致训练形成的目标模型在实际应用中输出错误预测结果。

（2）逃逸攻击（evasion attacks）。在模型的测试阶段，攻击者试图构造对抗样本，以欺骗已经部署应用的目标模型，使其对包含对抗样本的输入做出错误预测。这种攻击方式尝试绕过模型的检测和分类机制，并根据目标模型产生微小的扰动。

这两种攻击方式都对 GNN 构成了潜在威胁。投毒攻击主要关注模型的训练过程，试图使模型在学习过程中变得不可信。逃逸攻击则专注于模型在实际应用中的输出，试图绕过模型的正常功能。此外，后门攻击（backdoor attacks）近年来也受到广泛关注。后门攻击旨在在模型中嵌入后门，使其对输入中的特定触发条件产生不正常的响应。虽然投毒攻击和后门攻击都依赖于对训练数据的修改，但投毒攻击通过污染训练数据影响模型的整体性能，后门攻击通过嵌入后门只影响特定条件下的模型输出。

根据是否追求特定结果，可以将对抗攻击分为有目标攻击和无目标攻击。

（1）有目标攻击（targeted attacks）。攻击者通过对目标模型进行对抗扰动使模型输出特定结果，例如使分类模型将节点分类为某一特定类别。

（2）无目标攻击（untargeted attacks）。攻击者通过对目标模型进行对抗扰动使模型产生与正确结果不同的任意输出，而不关心具体的结果类别。

无论是有目标攻击还是无目标攻击，它们都旨在通过修改输入来欺骗目标模型，以使其做出错误的预测。有目标攻击通常需要攻击者对模型的工作原理和类别有充分了解，并需要设法欺骗目标模型使其误认为当前输入属于该特定类别，与逃逸攻击和后门攻击更相关。然而，由于攻击者的目标明确，有目标攻击更容易被检测发现。相对地，无目标攻击中攻击者旨在使模型犯错，而不关心具体的结果类别，与投毒攻击更相关。由于通常不需要对目标模型有充分了解、目标不明确，因此无目标攻击可以用于更广泛的场景，并且相对来说更难以防御。总体而言，有目标攻击的实现更具有挑战性，无目标攻击比较容易实施。

5.1.3　图神经网络对抗扰动类型

在 GNN 对抗攻击问题中，攻击者通过向训练数据或者输入数据中添加特定的对抗扰动从而误导模型做出错误的预测。因为图数据的特殊性，GNN 面临的对抗扰动和传统神经网络有所不同。GNN 的对抗扰动可分为以下两种。

（1）节点级扰动（node-level attacks）。在这种类型的扰动中，扰动操作主要集中在图中的节点上，这包括注入新节点、删除原有节点和修改原有节点的属性特征，使得模型对该节点或与其相连节点的表示发生变化。此类攻击的目标是改变某个特定节点在图神经网络中的状态和作用。

（2）连边级扰动（edge-level attacks）。这类攻击通过添加、删除或修改节点之间的连边来改变图的拓扑结构。相对而言，连边级扰动比节点级扰动更加有效，因为连边级扰动影响了 GNN 聚合机制中相关节点全部维度的特征属性，而节点级扰动中修改特征属性只影响节点特征向量中的一个维度，并且这种扰动很容易被节点的其他邻居所掩盖。

总体而言，图神经网络对抗扰动操作一般包括增加或删除原始图中的边、修改节点的特征属性以及添加虚假节点，如图 5.1 所示。

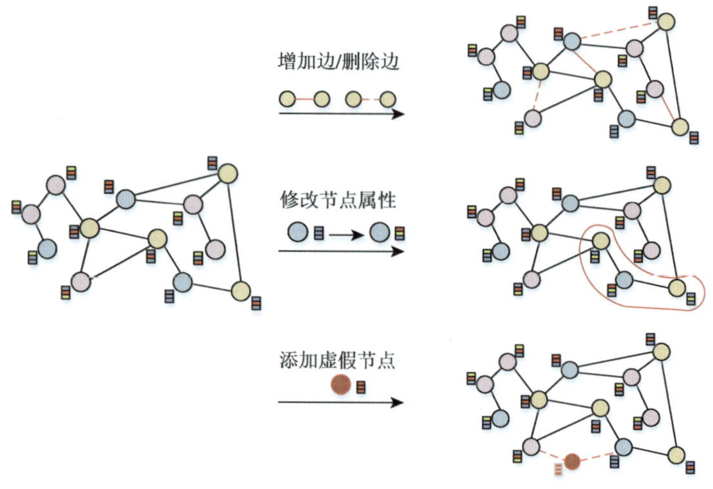

图 5.1　图神经网络对抗扰动类型

5.2　基于链路重要性的图模型对抗攻击方法

本节介绍一种针对链路预测的、基于链路重要性的启发式图模型对抗攻击方法[3]，并提出深度级联结构用于图模型结构表示，以提升对抗攻击性能。

5.2.1　问题定义及框架

链路预测算法对抗攻击的关键取决于如何根据算法特征和求解过程发现算法依赖的主要结构模式，然后通过产生与预测算法相关的对抗样本致使其无法准确地进行建模和求解，从而输出错误的或者不精确的结果。

给定无向图 $G=(V,E)$， E 中所有的链路被分为被观测到的链路集 E^O 和未知链路集 E^T 两部分，且 $E^O\cup E^T=E$， $E^O\cap E^T=\varnothing$。在无向图 G 中，链路 (i,j) 与链路 (j,i) 指同一链路。假设观测图 $G^O=(V,E^O)$ 的邻接矩阵为 A，链路预测对抗攻击根据链路预测算法的特征在 G^O 中增加微小扰动产生对抗图 $\hat{G}$，对应邻接矩阵为 $\hat{A}$，从而使链路预测算法性能下降，进而无法准确预测潜在的链路 E^T。为了降低链路预测对抗攻击的成本 Δ，令链路扰动的限制条件为 $\left\|\hat{A}-A\right\|_0\leqslant 2m$，其中 m 为允许扰动的链路数量。

链路预测对抗攻击的基本框架如图 5.2 所示，对抗攻击过程主要包括对抗网络生成、链路预测对抗攻击和迁移性对抗攻击三个部分，每部分的详细描述如下。

对抗网络生成。对抗网络生成的目的是在原始网络中进行少量不可察觉的链路修改，从而影响链路预测算法的性能。攻击者如果知道目标链路预测算法的模型、参数、求解过程等信息，就可以根据该算法的特点构造对抗性扰动，扰动之后的网络即为对抗网络。除此之外，传统的链路中心性度量方法也可以作为生成对抗网络的启发式方法。

链路预测对抗攻击。链路预测对抗攻击是基于生成的对抗网络欺骗链路预测算法从而产生不正确预测结果的过程。在生成对抗网络的过程中，扰动链路的数量越多，对抗攻击产生的预测精度的损失会越大。因此，对抗攻击的目的是在尽可能减少结构扰动的条件下最大限度地破坏链路预测算法的性能。

迁移性对抗攻击。在对抗攻击中，如果攻击者可以获得关于目标链路预测算法的任意信息，根据该算法的特性生成对抗网络，则称该攻击为白盒攻击，否则称其为黑盒攻击。如果针对特定链路预测算法生成的对抗网络不仅对该链路预测算法有效，也能欺骗其他的链路预测算法（尽管后者的内部信息未暴露给攻击者），则称此过程为迁移性对抗攻击。

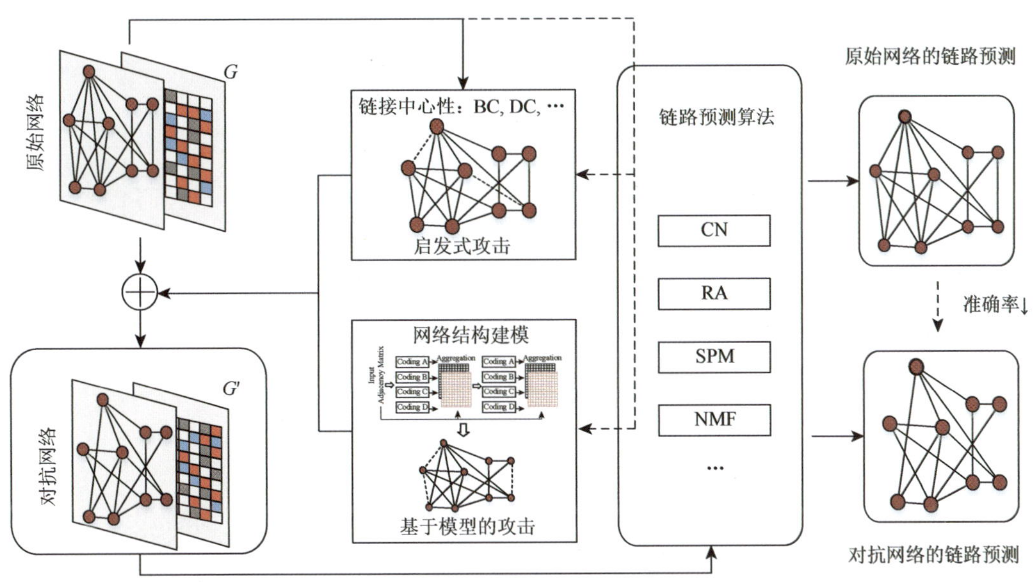

图 5.2　链路预测对抗攻击的基本框架

5.2.2　基于深度结构的链路预测对抗攻击模型

本节首先介绍一种用于链路预测模型对抗攻击的网络结构模式强化框架，即深度集成编码（deep ensemble coding，DEC）。在此基础上，提出面向链路预测的对抗网络生成方法[3]。其中，DEC 方法根据链路预测算法的建模特征，通过多次迭代强化与链路预测算法相关的结构模式，使链路预测算法依赖的结构的权重得到增强，从而发现特定链路预测算法的建模基础，进而通过对增强的图结构的扰动修改，破坏链路预测算法的学习能力。

1. 深度集成编码模型

针对基于稀疏矩阵分解模型的链路预测方法，图数据中越符合模型特点的链路越可能在目标链路预测算法的学习过程中发挥重要作用，DEC 方法的主要难点是如何学习并找到具有代表性的与模型特征相一致的链路。DEC 方法利用深度层次结构进行图的表示学习，并能自适应地确定深度结构的层数，从而可以自动控制模型的复杂度。为了增强 DEC 方法的表征学习能力，采用 3 阶、2 阶和 1 阶邻接矩阵作为输入来更精确地表征网络的结构模式，如图 5.3（a）所示。DEC 方法将原始图作为输入，输出一个节点相同但链接权重变化的图。权重体现了该链路对链接预测的重要性，为链路预测对抗样本的生成提供基础，如图 5.3（b）所示。其主要的假设是具有高预测精度的链路更有可能在链接预测过程中发挥重要作用。根据大多数现实图数据的统计特征，图数据的平均路径长度小于三跳。同时，最近的研究表明，基于 3 阶邻域提取的结构特征包含的信息对链路预测建模是最有用的[4]，因此 DEC 方法中考虑 3 阶范围内邻接矩阵作为模型输入。

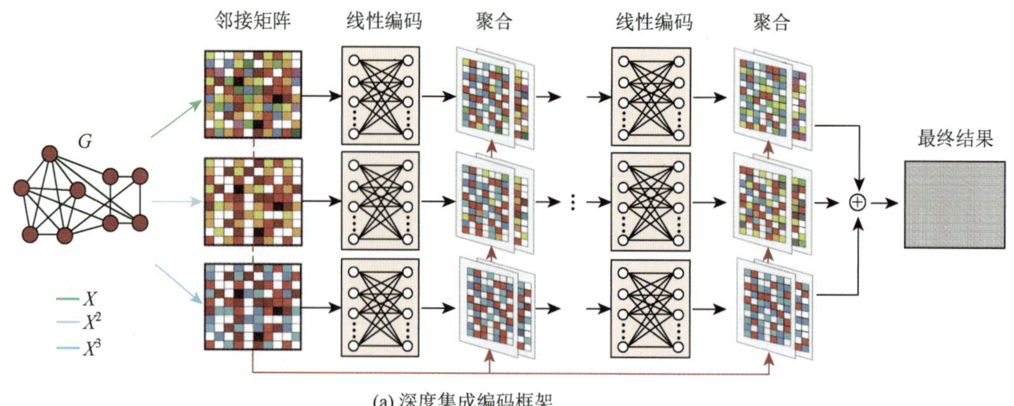

(a) 深度集成编码框架

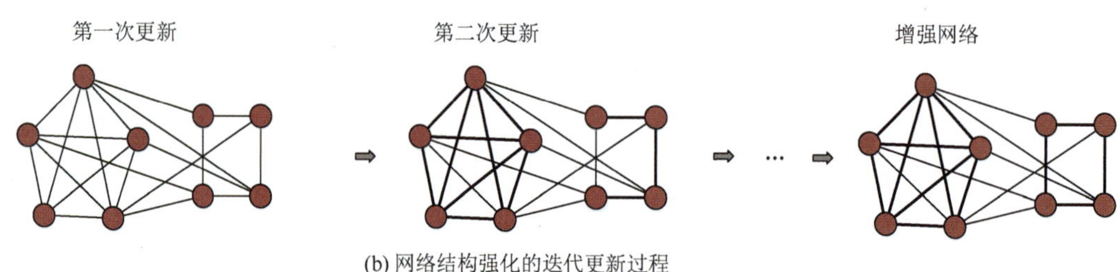

(b) 网络结构强化的迭代更新过程

图 5.3　基于链路重要性的对抗攻击

DEC 方法利用多层次模型进行图的表示学习，可以由粗到细逐步提取图数据中的结构特征。在数学领域，对于模型 $\min\limits_{Z} \lambda\|A-AZ\|_F^2+\|Z\|_F^2$，计算 $L=\lambda\|A-AZ\|_F^2+\|Z\|_F^2$ 对表示矩阵 Z 的偏导数：

$$\frac{\partial L}{\partial Z}=\lambda(-2A^{\mathrm{T}}A+2A^{\mathrm{T}}AZ)+2Z \tag{5.2}$$

设$\partial L / \partial Z = 0$，得到$Z$的最优解为

$$Z^* = \lambda(\lambda A^{\mathrm{T}} A + I)^{-1} A^{\mathrm{T}} A \tag{5.3}$$

式中，A^{T}表示矩阵A的转置；I表示单位矩阵。由Z^*可得邻接矩阵为$A^* = AZ^*$，因此，DEC 方法的更新过程如下：

$$Z^*_{\ell+1} = \lambda[\lambda(A^*_\ell + A)^{\mathrm{T}}(A^*_\ell + A) + I]^{-1}(A^*_\ell + A)^{\mathrm{T}}(A^*_\ell + A) \tag{5.4}$$

式中，$Z^*_{\ell+1}$表示第$\ell+1$层学习的最优表示矩阵；A^*_ℓ表示第ℓ层得到的最优相似矩阵；$A^*_\ell + A$表示第$\ell+1$层线性编码的输入。由此可得第$\ell+1$层的最优相似矩阵为

$$A^*_{\ell+1} = A^*_\ell Z^*_{\ell+1} \tag{5.5}$$

然后，将第$\ell+1$层学习到的邻接矩阵$A^*_{\ell+1}$与原始矩阵A进行叠加作为第$\ell+2$层的线性编码输入，得到更精细化的最优相似矩阵。假设 DEC 方法中有n层编码，则第n层的最优表示矩阵可表示为

$$Z^*_n = \lambda[\lambda(A^*_{n-1} + A)^{\mathrm{T}}(A^*_{n-1} + A) + I]^{-1}(A^*_{n-1} + A)^{\mathrm{T}}(A^*_{n-1} + A) \tag{5.6}$$

由上式可得第n层的最优相似矩阵为$A^*_n = A^*_{n-1} Z^*_n$。对上述过程进行抽象化处理，并定义其函数为

$$A^* = \varPhi(A, n, \lambda) \tag{5.7}$$

为了更为全面地获取网络的结构模式，DEC 方法考虑最多 3 阶邻接矩阵进行网络建模，则 DEC 方法的最终输出可定义为

$$O^* = \varPhi(A, n, \lambda_1) + \alpha\varPhi(A^2, n, \lambda_2) + \beta\varPhi(A^3, n, \lambda_3) \tag{5.8}$$

式中，n表示 DEC 方法的学习层数；A表示线性编码的输入；λ_1、λ_2和λ_3表示自由参数；α和β表示权重参数；A^2表示连接节点的长度为 2 的不同路径数；A^3表示连接节点的长度为 3 的不同路径数。对于最优相似矩阵O^*，其中的每个元素都可以通过一个非零数值表示节点对之间存在链路的可能性。与深度神经网络相比，DEC 方法具有更少的超参数，同时对参数取值不敏感，从而可以在不同领域的网络上获得良好的性能。由于线性编码具有解析解，DEC 方法比神经网络更容易求解，且复杂度更低。深度集成编码完整算法过程如算法 5.1 所示。

算法 5.1　深度集成编码算法

输入： 原始网络的邻接矩阵A，自由参数λ_1、λ_2和λ_3，权重参数α和β，学习层数n

输出： 最优相似矩阵O^*

步骤 1： 分别获取二阶和三阶邻接矩阵A^2和A^3

步骤 2： 以A、A^2和A^3作为输入，基于式（5.7）学习第n层最优相似矩阵

步骤 3： 基于式（5.8）计算最终的输出O^*

步骤 4： 返回O^*

2. 对抗样本生成方法

基于 DEC 方法产生链路权重信息，从链路集 E^O 中产生需要添加的链路 $E_{\text{attack}+}$ 和需要删除的链路 $E_{\text{attack}-}$ 进行对抗扰动，产生对抗网络 $\hat{G}=(V,\hat{E})$，其中 $\hat{E}=E^O\bigcup E_{\text{attack}+}\setminus E_{\text{attack}-}$。为了进行面向链路预测的对抗攻击，该方法从全局扰动和局部扰动两方面来改变图数据的底层结构模式。

1）全局扰动（global perturbation）

基于 DEC 方法生成最优相似矩阵 O^*，对 E^O 中存在的链路进行降序排序，再对 U 中不存在的链路进行升序排序，$U=\Omega\setminus E^O$。然后，根据扰动成本 Δ，删除图数据中权重最高的真实链路，并添加权重最小的虚假链路。

2）局部扰动（local perturbation）

首先，针对目标链路集 TSL，对其中的每条链路 $l_{i,j}$ 计算其局部邻居链路集 $\text{LNL}_{i,j}$ 和未观测到的局部邻居链路集 $\text{LNL}'_{i,j}$。其次，获取完整的邻居链路集 UNL 和完整的不存在的邻居链路集 UNL′。再次，对 UNL 中的链路按权重值进行降序排序，对 UNL′ 中的链路按权重值进行升序排序。最后，根据扰动成本 Δ，删除 UNL 中权值分数最高的链路，并添加 UNL′ 中权值分数最低的链路。

链路预测对抗样本的生成过程在算法 5.2、算法 5.3 和算法 5.4 中进行了详述。

算法 5.2　对抗样本生成算法

输入： 原始图 $G^0=\left(V,E^0\right)$；目标链路 TSL；扰动成本 Δ

输出： 对抗图 $\widehat{G}=\left(V,\widehat{E}\right)$

步骤 1： 使用算法 5.1 得到最优相似矩阵 O^*

步骤 2： 获取与链路集 E^O 对应的所有未知链路 $U=\Omega\setminus E^O$ 的集合

步骤 3： $G'=\text{Global Perturbation}\left(O^*,G^0,E^0,U,\Delta\right)$

步骤 4： 计算 TSL 中完整局部已知邻居链路集 UNL 和未知链路集 UNL′

步骤 5： $\widehat{G}=\text{Local Perturbation}\left(O^*,G',\text{UNL},\text{UNL}',\Delta\right)$

步骤 6： 返回对抗图 $\widehat{G}$ 用于链路预测

算法 5.3　全局扰动算法

输入： 原始图 $G^0=\left(V,E^0\right)$、最优相似矩阵 O^*、所有未知链路 U、扰动成本 Δ

输出： 全局扰动对抗图 G'

步骤 1： 基于矩阵 O^* 对 E^O 和 U 中的链路分别进行降序和升序排序，得到 E_R 和 U_R

步骤 2： 设 $k=0$，根据成本 Δ 得到扰动链路数量 n

步骤 3： while　$k\leqslant n$

步骤 4： 　　删除网络 G^0 中存在的链路 $E_R[k]$

步骤 5： 　　添加未知链路 $U_R[k]$ 到图 G^0 中

步骤 6： 　　$k=k+1$

步骤 7： end while

步骤 8： 返回最终的对抗图 G' 用于链路预测

算法 5.4　局部扰动算法

输入： 对抗图 G'、最优相似度矩阵 O^*、完整已知邻居链路集 UNL 、完整未知邻居链路集 UNL′、扰动成本 Δ

输出： 局部扰动对抗图 $\widehat{G}$

步骤 1： 获取完整的已知链路 UNL 和未知链路 UNL′

步骤 2： 使用矩阵 O^* 对 UNL 和 UNL′ 中的链路分别进行降序和升序排序，得到 UNL_R 和 UNL'_R

步骤 3： 设 $k=0$ ，根据成本 Δ 得到扰动链路数量 n

步骤 4： while　$k \leqslant n$

步骤 5： 　　删除 G' 中存在的链路 $\mathrm{UNL}_R[k]$

步骤 6： 　　添加未知链路 $\mathrm{UNL}'_R[k]$ 到图 G' 中

步骤 7： 　　$k=k+1$

步骤 8： end while

步骤 9： 返回最终的对抗图 $\widehat{G}$ 用于链路预测

为了直观地解释对抗网络的生成过程，图 5.4 给出了举例说明。具体地，在图 5.4（a）中，真实链路用实线表示，其中的目标链路 TSL 用红色实线表示，线条越粗表示权重越高，反之权重越低。图 5.4（b）为通过全局扰动算法进行对抗样本选择，该算法将网络中存在的链路按权重值进行降序排序，并删除权重最高的链路，如图中的黑色虚线所示。同时，将不存在的链路按权重值进行升序排序，并将分数最低的链路添加到网络中，如图中的绿色实线所示。另外，图 5.4（c）和图 5.4（d）说明了局部结构扰动过程。首先，获取完整的邻居链路集合 UNL，如图 5.4（c）中的蓝色实线所示，同时获得与目标链路 TSL 对应的不存在的邻居链路集 UNL'。然后，对 UNL 中的链路进行降序排序，删除权重较高的链路，如图 5.4（d）中的黑色虚线所示。同时，对 UNL' 中的链路进行升序排序，并将权重较小的链路添加到网络中，如图 5.4（d）的绿色实线所示。

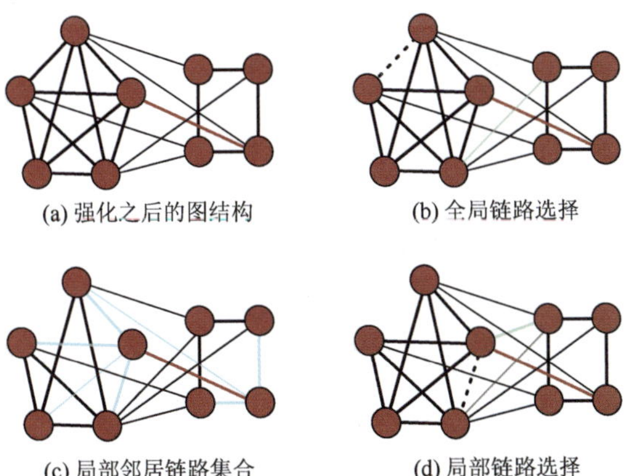

图 5.4　基于结构强化的链路预测对抗样本生成过程

5.2.3　实验结果与分析

1. 实验设置

本节在公开数据集上进行实验分析以验证所提出的链路预测对抗攻击方法的性能，选用精确度（Precision）作为评估指标来量化对抗攻击的影响。采用随机删除（random deleting，RD）、随机添加删除（randomly adding and deleting，RAD）、随机交换（random switching，RS）、链路介质中心性（betweenness centrality，BC）、链路度中心性（degree centrality，DC）[5] 进行链路的选择和扰动以生成对抗网络。采用的链路预测方法分别为 CN（common neighbors）、RA（resource allocation）、LP（local path）、SPM（structure perturbation method）[6]、NMF（non-negative matrix factorization）[7] 和 LO（linear optimization），所有结果均为 10 次实验的平均值。

本节将链路集 E 随机划分为均匀且不相交的目标链路集 E^T 和普通链路集 E^O 用于实验。其中 E^T 包含 10%的链路，其余链接划分为 E^O。为了保证结构扰动的稀疏性，E^O 上的最大扰动链接数不能超过 E^T 的大小，即链路扰动的百分比 p 定义为目标链路与所有链路的比例。在 DEC 中，将自由参数 λ_1、λ_2、λ_3 设置为 0.13，正则化参数 α、β 分别设置为 0.1 和 0.0001，级联层数 n 设置为 4。

2. 性能对比

图 5.5 体现了在不同数据集上不同对抗攻击下的链路预测方法的性能表现。一般来说，链接预测方法的精确度随着对抗扰动百分比的增加而降低，这暴露了链接预测方法易遭受恶意攻击的弱点。实验结果显示，本节所提出的 DEC 对抗攻击方法在大多数情况下优于其他方法。

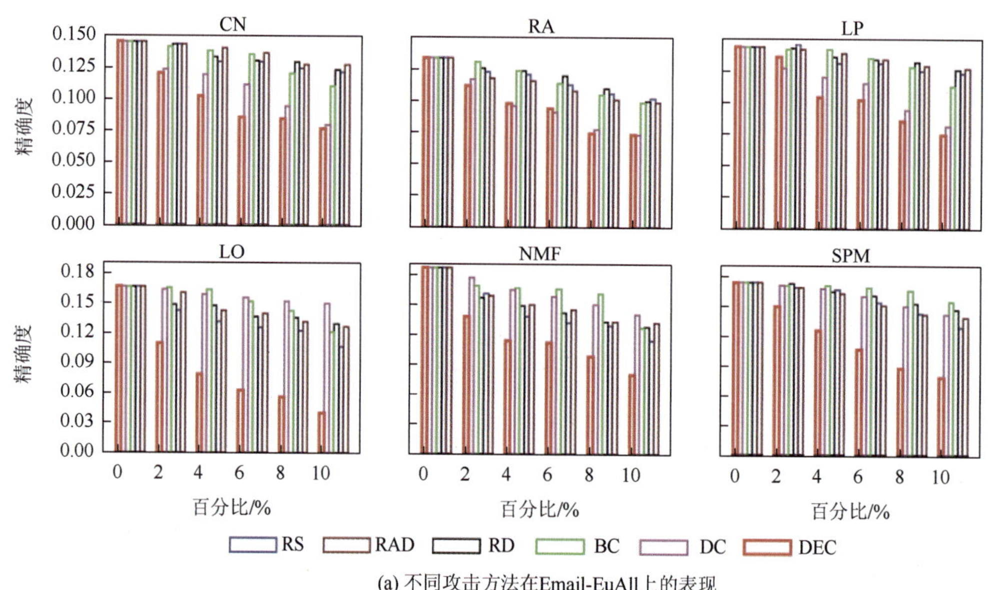

(a) 不同攻击方法在Email-EuAll上的表现

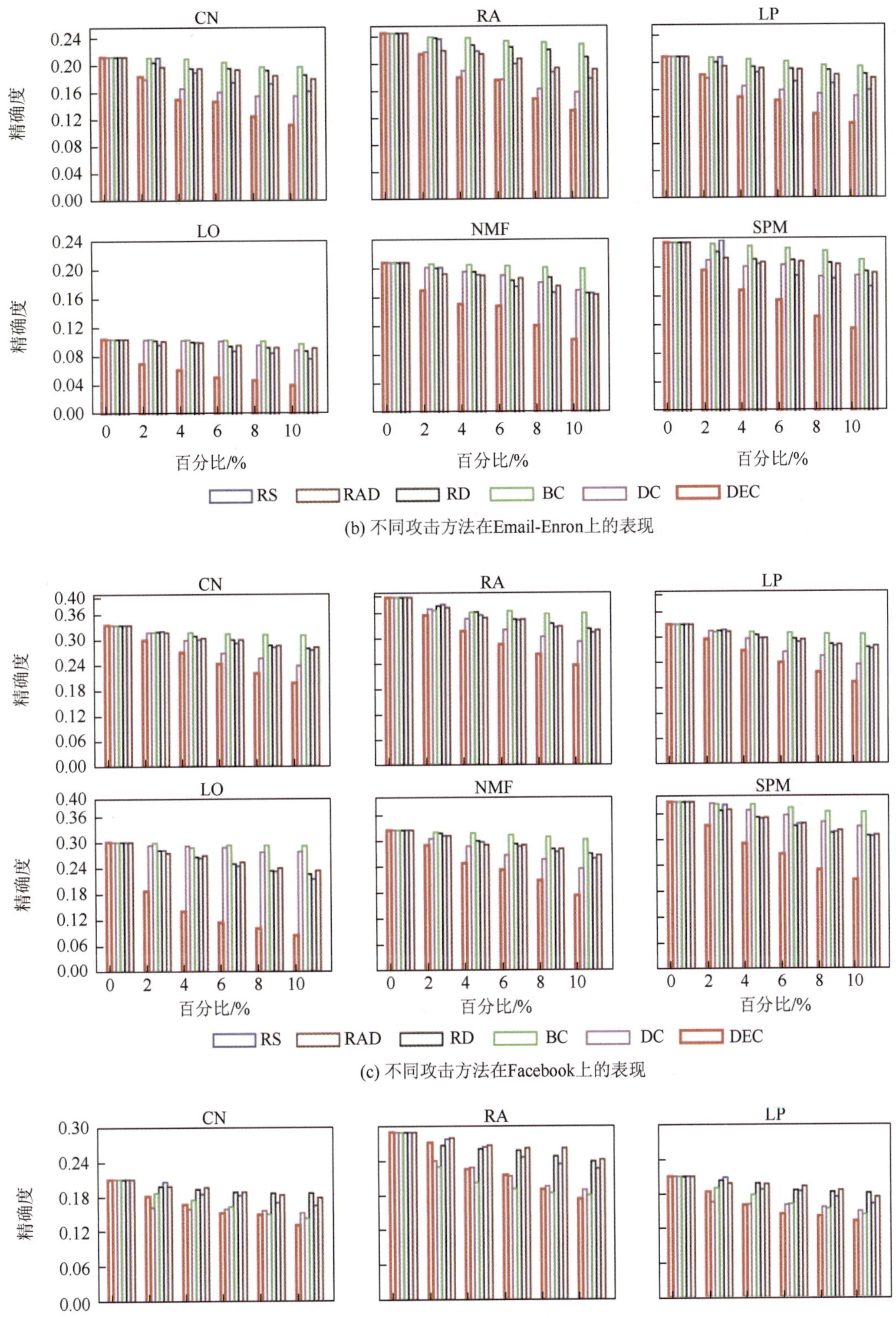

(b) 不同攻击方法在Email-Enron上的表现

(c) 不同攻击方法在Facebook上的表现

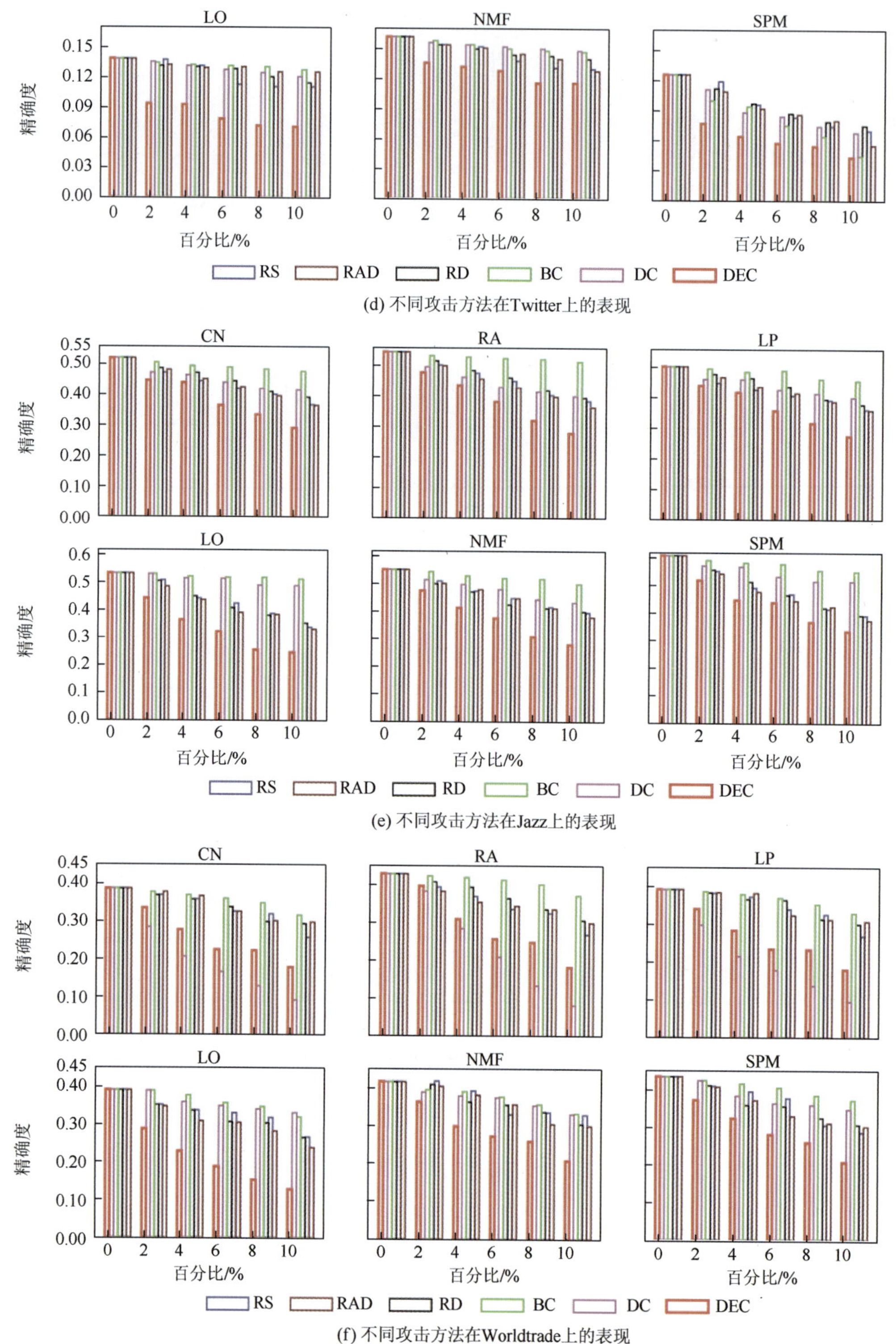

图 5.5　不同攻击方法在不同数据集上的性能对比

具体地，给定一个对抗扰动百分比，链路预测方法在 DEC 对抗攻击方法生成的对抗图上的预测精确度低于其他对抗攻击方法所生成的对抗图上的预测精确度。此外，与其他方法相比，本节所提出的 DEC 方法会使预测精确度下降速度明显更快。最显著的性能下降发生在对由 DEC 生成的对抗网络进行线性优化过程中。这是因为 DEC 对抗攻击方法的设计考虑了线性优化方法上的信息，即白盒攻击。由于所提出的 DEC 攻击方法对其他链路预测方法一无所知，因此该方法导致的精确度降低属于黑盒攻击过程。结果表明，DEC 攻击方法不仅对线性优化方法有效，同时可以欺骗其他链路预测模型，DEC 对抗攻击方法具有良好的可移植性。

3. 参数敏感度

为了验证本节所提出 DEC 方法的鲁棒性，使用各种权衡参数值进行对抗攻击。在此基础上，生成的对抗图上链路预测方法的精确度如图 5.6 所示。结果表明，DEC 对抗攻击方法在不同数据集上，攻击不同的链路预测方法的性能都没有太大变化，对参数 λ 不敏感。此外，与先前结果相比可以发现，当 λ 在 0.10 到 0.20 之间变化时，本节所提出的 DEC 方法仍然具有最好的攻击效果。

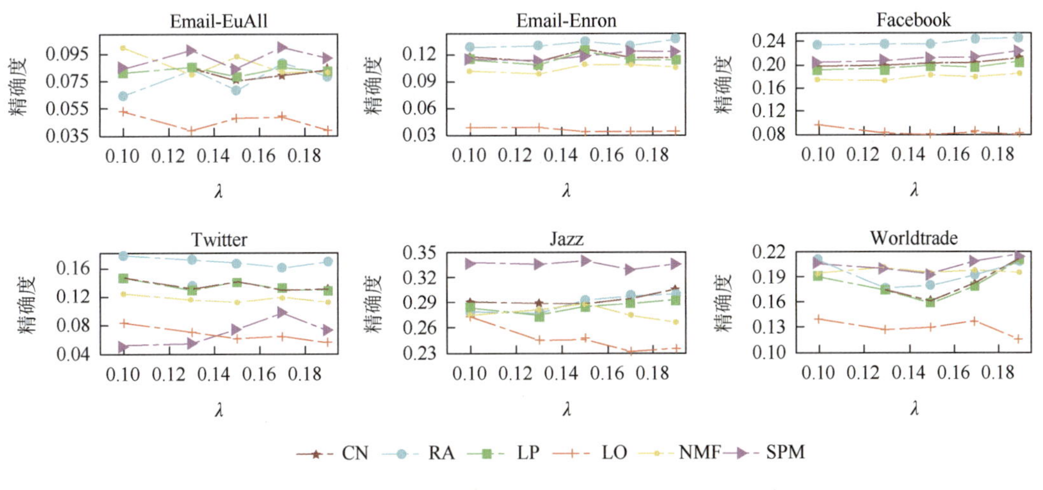

图 5.6　不同参数下攻击性能对比

4. 攻击预算

为了确保对抗攻击扰动在图数据中不明显以及实例化扰动成本 Δ，本节分析了图数据固有统计属性，如表 5.1 所示，其中，D 表示平均节点度（average node degree），PL 表示平均路径长度（average path length），C 表示平均聚类系数（average cluster coefficient），ME 表示最大特征值（maximum eigenvalue）。将 5%扰动的对抗图与原始图进行比较，可发现 5%的结构扰动并没有引起固有属性的显著变化。结合各种对抗图上的链路预测方法的平均精确度得知，在不明显的结构扰动下，DEC 对抗攻击方法仍可以使链路预测的准确率显著下降。

表 5.1　原始图与扰动图结构特征对比

数据集	原始图数据的统计特征				扰动图数据的统计特征			
	D	PL	C	ME	D	PL	C	ME
Email-EuAll	10.120	2.604	0.275	44.272	9.923	2.615	0.163	40.348
Email-Enron	24.706	2.410	0.454	72.029	24.221	2.461	0.371	64.692
Facebook	38.336	2.282	0.559	73.274	37.588	2.385	0.517	69.857
Twitter	8.512	2.016	0.589	37.070	8.348	2.151	0.495	33.861
Jazz	27.690	2.180	0.617	40.030	27.172	2.216	0.549	37.617
Worldtrade	21.875	1.724	0.752	30.130	21.485	1.729	0.632	28.162

5. 耗时对比

为了说明 DEC 对抗攻击方法的时间复杂度，本节探索了在各种扰动百分比下的执行时间，结果如图 5.7 所示。结果表明，在大多数图数据集上，本节所提出的 DEC 方法耗时不到 150 s，且随着扰动百分比的增加，其执行时间保持稳定。由于对抗攻击总是离线执行，因此该方法具有较好的时间效率。

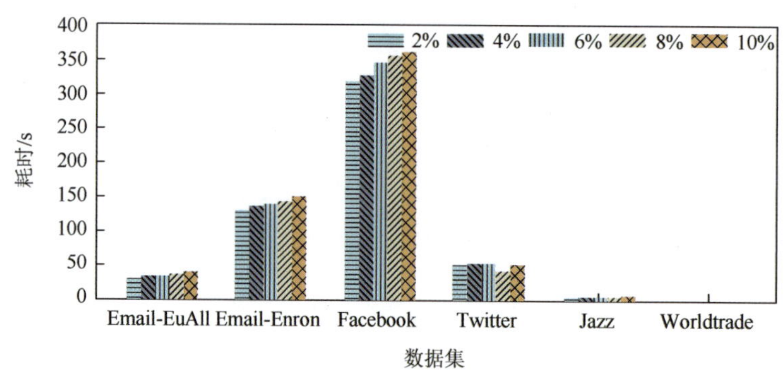

图 5.7　耗时对比

5.3　图模型数据窃取攻击方法

本节介绍一种图模型数据窃取攻击方法，旨在通过模型反转重构获取模型训练数据的相关信息，以达到攻击目的。

5.3.1　问题定义及框架

模型反转攻击是一种通过模型的输出还原原始输入信息的攻击方式[6, 7]。在图模型领域，攻击者可以利用网络结构和部分节点信息成功恢复大量敏感节点特征，如地理位置和社会身份。对于图神经网络而言，模型反转攻击的目的是通过分析模型的输出结果，推断出原始图数据的拓扑结构和节点特征。尽管在传统的机器学习领域已经存在关于反转攻击的研究，但对图神经网络的模型反转攻击问题的研究相对较为有限。由于图数据的复杂性和拓扑结构的特殊性，传统的模型反转攻击方法并不适用于图神经网络。因此，深入研究如何从图神经网络的输出结果中重构原始图数据的拓扑结构和节点特征，对维护图数据隐私和提升图神经网络的鲁棒性具有重要意义。

为了解决这些问题，本节提出一种基于转置卷积的图模型节点特征反转攻击方法（TransMIF）。TransMIF 将转置卷积应用于图数据节点特征的重构过程，从而实现对图数据节点特征的重建，在不依赖具体任务和复杂训练过程的情况下，有效地将目标模型输出的节点表示重构回原始节点特征。本节所提出的 TransMIF 方法不仅有助于理解模型决策、进一步的数据分析和信息获取，而且可以实现对图数据中节点敏感特征的潜在风险评估和隐私保护，在模型反转攻击和节点隐私保护方面具有重要意义，为解决这些问题提供了新的视角和可能性。

如图 5.8 所示，GNN 通过逐层更新节点表示进行节点分类任务，TransMIF 模型将 GNN 的输出通过转置操作实现节点特征的重构。TransMIF 模型将每一层设置为转置卷积层，利用 GNN 的输出作为 TransMIF 模型的输入。本章设计针对图数据特点的转置卷积网络结构，以捕捉节点之间的空间邻近关系。这种结构能够将特征图映射回原始数据的空间表示，有效地重构原始图数据的节点特征。具体地，在每一层中，首先使用特征重构权重矩阵对 GNN 输出的节点表示进行线性变换，将特征表示映射回原始特征空间，并使用转置邻接矩阵对线性变换后的节点表示进行反向信息传递聚合操作，从而尽可能地从新的节点表示中恢复出原始的节点特征。

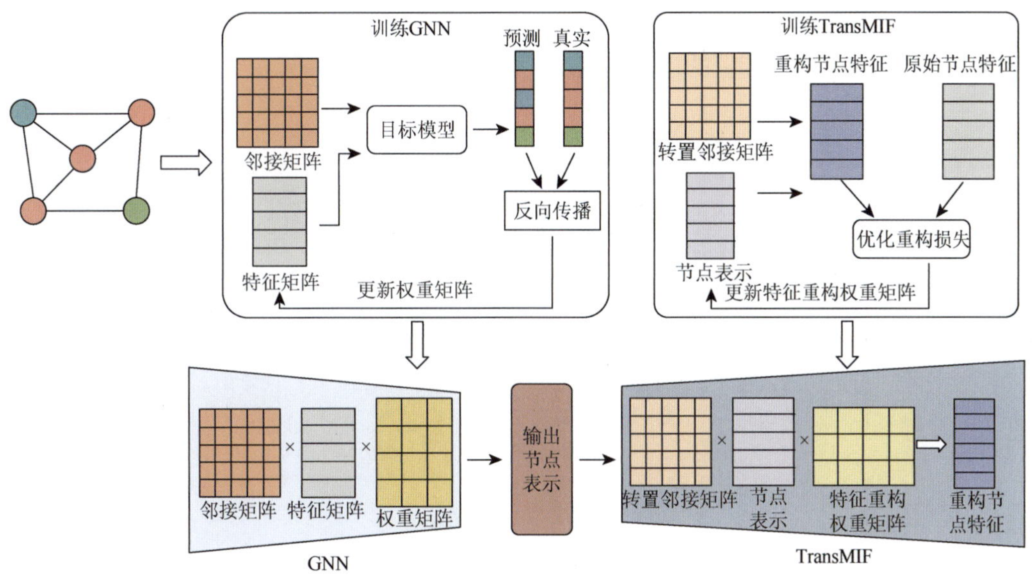

图 5.8　TransMIF 节点特征重构框架图

5.3.2 基于转置卷积的图模型数据窃取攻击方法

在模型反转攻击中，攻击者尝试直接从模型的输出结果出发，通过反向推理的方式恢复模型对应的输入数据。其中转置卷积是一种针对卷积操作定义的反向操作，通过应用转置卷积将经过卷积后的数据恢复成接近其原始状态的数据。在模型反转攻击中，转置卷积被用作逆向推理的工具，将模型的输出结果转换为对应的输入数据。

TransMIF 是一种逆操作，它通过将特征图映射回原始数据的空间表示，进行反向信息传递聚合实现原始图数据节点特征重构。首先，存储模型每一层卷积的输出结果，这些结果将作为转置卷积的输入进行重构。在获取了所有层的输出结果后，逐层进行转置卷积的计算，直到恢复出原始输入数据的节点特征。图节点特征重构是通过转置卷积网络和特征传播的组合来实现的。转置卷积网络通过转置操作将特征图映射回原始数据的空间表示，恢复原始数据的细节和结构。特征传播利用图数据和节点之间的连接关系，在网络的层级结构中逐步重构节点的特征表示。通过这种组合，TransMIF 模型能从低阶的特征逐步恢复并重构节点的高阶特征表示，完成节点特征的重构过程。

TransMIF 实质上是通过特征重构权重矩阵将节点特征从新的特征空间映射回原始特征空间，然后利用转置邻接矩阵完成信息的反向传递和聚合。在 TransMIF 中，信息从后续层传递到前一层，并通过类似的步骤进行聚合和处理。该方法主要包括两个核心部分：线性变换和反向信息传递聚合，TransMIF 模型整体架构如图 5.9 所示。在特征重构过程中，由于 GNN 中每一层的节点表示是由前一层的节点特征和邻居节点的特征聚合得到，因此使用特征重构权重矩阵来将高层次表示反向传播到低层次的特征，并使用转置邻接矩阵实现反向信息传递聚合。在 TransMIF 中，进行线性变换和反向信息传递聚合操作的目的是通过当前层的节点特征表示来重构原始图数据节点特征，这两个操作对应的是信息从当前节点反向传递给它的邻居节点。

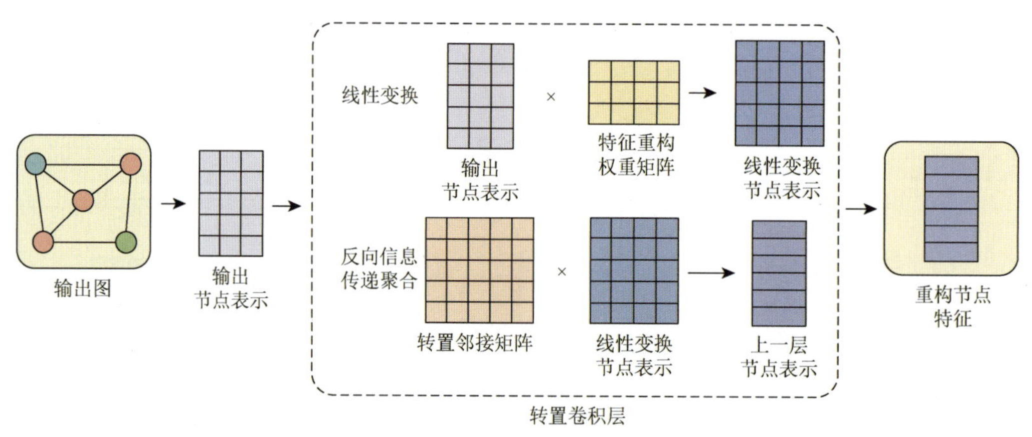

图 5.9 TransMIF 模型整体架构

在 GCN 中，已知当前层的节点特征表示 H^l 和权重矩阵 W^l，通过卷积层的传播规则，

得到 $l+1$ 层的节点表示 H^{l+1}：

$$H^{l+1} = \sigma\left(\tilde{D}^{-\frac{1}{2}}\tilde{A}\tilde{D}^{-\frac{1}{2}}H^l W^l\right) \tag{5.9}$$

式中，$\tilde{A} = A + I_N$ 表示添加单位矩阵后的邻接矩阵；$\tilde{D}$ 表示 $\tilde{A}$ 的度矩阵；$\tilde{D}^{-\frac{1}{2}}\tilde{A}\tilde{D}^{-\frac{1}{2}}$ 表示对邻接矩阵 $\tilde{A}$ 进行归一化操作。

TransMIF 模型将转置卷积网络和 GNN 的优势相结合，将 GNN 模型的输出作为 TransMIF 模型的输入，并将每一层设置为转置卷积层，通过模型的输出表示，恢复原始图数据的节点特征，如算法 5.5 所示。

算法 5.5　图模型节点特征重构算法

输入：图数据集 $G=(V,E)$，转置邻接矩阵 A^{T}，度矩阵 $\tilde{D}$，重构层数 L，第 $l+1$ 层的特征重构权重矩阵 W_r^{l+1}，第 $l+1$ 层的节点特征表示 H^{l+1}

输出：重构后的节点特征矩阵 $H_{\text{reconstructed}}$

步骤 1：初始化 H_reconstructed，W_r^{l+1}

步骤 2：for l from $L-1$ down to 1 do

步骤 3：计算线性变换后第 $l+1$ 层的节点表示

$H_{rl}^l = H_r^{l+1} W_r^{l+1}$

步骤 4：计算信息聚合后第 l 层的节点表示

$H_{ra}^l = \tilde{D}^{-\frac{1}{2}}\tilde{A}^{\mathrm{T}}\tilde{D}^{-\frac{1}{2}}H_{rl}^l$

步骤 5：非线性处理，得到前一层节点表示

$H_r^l = \sigma\left(H_{ra}^l\right)$

步骤 6：end for

步骤 7：获取重构节点特征 $H_{\text{reconstructed}} = H_r^1$

步骤 8：return　$H_{\text{reconstructed}}$

具体地，TransMIF 首先将特征重构权重矩阵与模型的输出节点表示 H_r^{l+1} 进行线性变换得到 H_{rl}^l，将特征表示映射回原始特征空间，使模型在训练过程中能够学到更有意义的节点表示：

$$H_{rl}^l = H_r^{l+1} W_r^{l+1} \tag{5.10}$$

式中，W_r^{l+1} 表示第 $l+1$ 层的特征重构权重矩阵。

然后，使用归一化转置邻接矩阵对线性变换后的节点表示 H_{rl}^l 进行反向信息传递聚合操作，得到上一层的节点表示 H_{ra}^l：

$$H_{ra}^l = \tilde{D}^{-\frac{1}{2}}\tilde{A}^{\mathrm{T}}\tilde{D}^{-\frac{1}{2}}H_{rl}^l \tag{5.11}$$

值得注意的是，邻接矩阵的转置操作在本工作中表示为信息传播的方向。转置邻接矩阵和节点表示的运算表示从目标节点向源节点传播信息的过程，可以将其理解为 GNN 信息传递聚合操作的逆过程。图 5.10 为信息传递的流向示意图，图中箭头代表了信息的方向。图 5.10（a）为 GNN 模型信息传递聚合操作的过程，该过程考虑了邻居节点对节点表示的贡献，使目标节点从它的邻居节点收集信息，因此信息从源节点流向目标节点，

实现了正向信息传递聚合。图 5.10（b）为 TransMIF 模型信息传递聚合的过程，在该过程中，转置邻接矩阵对节点表示进行了反向信息传递聚合操作，邻居节点从目标节点收集信息使信息从目标节点流向源节点，从而实现反向信息传递聚合。

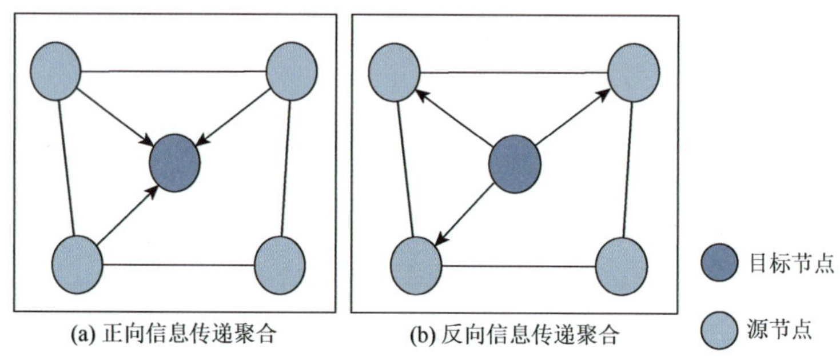

图 5.10　信息传递的流向

最后，使用激活函数对反向信息传递聚合后得到的节点表示 H_{ra}^{l} 进行非线性处理，得到前一层（第 l 层）的节点表示 H_{r}^{l}：

$$H_{r}^{l}=\sigma\left(H_{ra}^{l}\right) \tag{5.12}$$

TransMIF 模型在每个转置卷积层中执行上述操作，逐步重构出原始图数据的节点特征。使用特征重构权重矩阵对节点表示进行线性变换，实现把新的节点表示通过一个线性映射投影回到原始特征的空间。然后用转置邻接矩阵乘以经过线性变换的节点表示进行信息聚合，得到原始节点特征。综上所述，TransMIF 的计算过程可归纳为

$$H_{r}^{l}=\sigma\left(\tilde{D}^{-\frac{1}{2}}\tilde{A}^{\mathrm{T}}\tilde{D}^{-\frac{1}{2}}H^{l+1}W_{r}^{l+1}\right) \tag{5.13}$$

5.3.3　实验结果与分析

为了证明本节提出的基于转置卷积的图模型节点特征重构方法的有效性，选取 Cora、Citeseer 和 PubMed 数据集作为测试样本。首先获取目标模型在测试集中的分类准确率，这将作为本节评估模型反转攻击效果前的原始性能指标。然后，用目标模型（GCN 和 GAT）的输出结果作为 TransMIF 模型的输入，逐层进行基于转置卷积的图模型节点特征反转攻击实现重构节点特征。然后将这些经过重构的节点特征重新输入到训练好的 GNN 模型中，从而得到一组新的预测结果。接着，将这组预测结果与通过早前得到的原始预测准确率进行对比和分析。如图 5.11 所示，本节提出的 TransMIF 模型在执行图节点特征重构过程中，其在节点分类任务的准确率与使用原始图数据的节点特征进行节点分类的准确率之间只存在微小的差距。详细地说，以 GCN 为例，在 Cora、Citeseer 和 PubMed 数据集中，重构节点特征与原始节点特征在分类准确率上的偏差分别只有 0.03、0.04 和 0.03。首先，这充分证明了本节所提出的节点特征重构方法能够有效地保留并重构原始节点特征中的有用信息。然后，这也证实了基于重构的节点特征在执行下游任务时有着出色的表现。

最后这进一步证明了本节提出的 TransMIF 方法的有效性和可行性，即通过 TransMIF 模型对图节点特征进行重构，能够有效地利用 GNN 模型的输出结果，准确地还原节点特征。

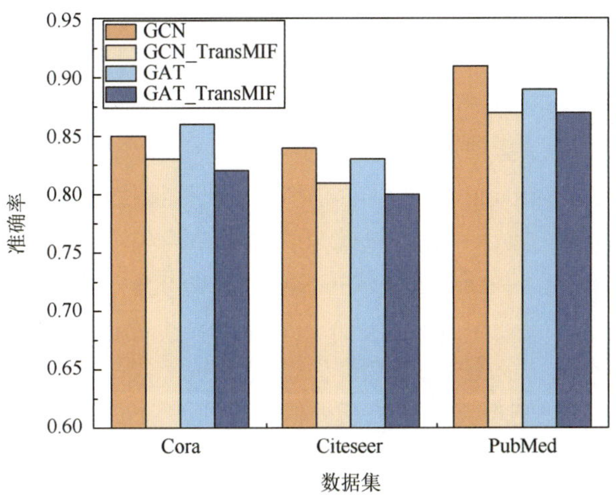

图 5.11　真实数据集下的实验结果

为了更全面地评估和验证 TransMIF 模型对于不同数据规模的性能，在实验设计上做出了进一步的拓展。具体来说，利用 BAGraph 生成器构建 5 个规模跨度广泛，节点数分别设为 1000、5000、10000、30000 和 50000 的生成数据集。这 5 个数据集相较常规的小规模数据集而言，其规模更大、复杂度更高，能够在更接近实际问题场景的基础上验证 TransMIF 模型的处理能力。实验结果如图 5.12 所示，TransMIF 的攻击效果在不同规模数据集下依然较强。在 GCN 模型中，重构差异平均为 0.018；在 GAT 模型中，重构差异平均为 0.032。

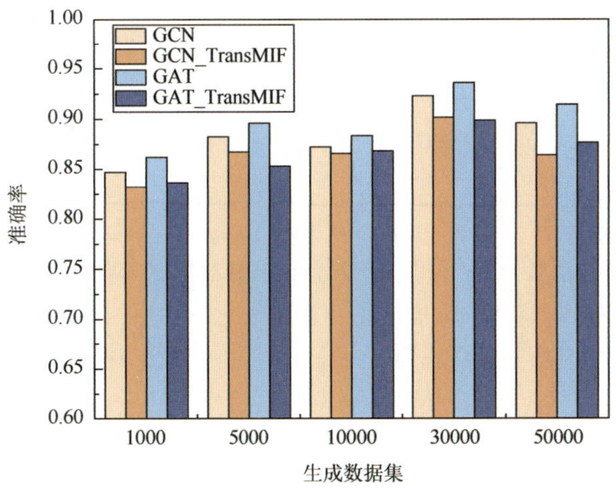

图 5.12　生成数据集下的实验结果

5.4　典型图模型对抗攻击方法比较分析

5.4.1　图神经网络对抗攻击方法

Nettack[8]是最早被提出的面向图神经网络的对抗攻击方法，同时也是最早提出的基于图数据分布的攻击方法。基于图数据分布的攻击主要是修改节点的属性以及添加连边，以扰动图数据的分布。Nettack 主要的攻击方式是在保证扰动不易被发现的情况下，使用线性化的方法进行一些增量计算，以此来扰动图结构和节点特征。自 Nettack 对抗攻击算法被提出以来，研究人员已提出许多 GNN 对抗攻击算法。其中，快速梯度攻击（fast gradient attack，FGA）[9]是最早被提出的基于梯度的对抗攻击方法，其通过提取 GCN 的梯度信息，生成对抗样本，以此来影响模型性能。和 FGA 类似，Mettack（meta attack）[10]也依赖模型的梯度信息，它将输入图数据视作可优化的超参数，主要原理是使用元梯度（meta-gradients）来解决投毒攻击下的双层优化问题。Opt-Attack[11]是最早被提出的针对图嵌入表示的攻击方法，它通过修改连边来改变图结构，进而影响节点的嵌入表示，能够有效地攻击许多节点嵌入方法。RL-S2V（reinforcement learning-structure2Vec）[12] 是第一个被提出基于强化学习的攻击方法，它通过学习修改图结构的方式，迭代地从目标分类器中获取预测反馈，以实施扰动图结构的攻击。同期被提出的 ReWatt[13] 也使用强化学习策略来扰动图结构。与 RL-S2V 不同的是，ReWatt 是将图的连边打乱了之后重新连接，这种操作会保留图的一些基本属性，如节点数、边数和图的总度数等。后续被提出的 NIPA（node injection poisoning attack）[14] 和 Greedy-GAN[15] 则开辟了一种新的图神经对抗攻击的视角，它们通过向原始图中注入恶意节点以达到对抗扰动的目的。这两个方法的不同之处在于，NIPA 是一种基于强化学习的攻击方法，它会使用强化学习来优化恶意节点的注入过程，从而对图神经网络的节点分类性能产生负面影响。Greedy-GAN 是一种基于贪婪策略的攻击方法，它主要利用一个代理模型作为攻击的辅助工具，帮助优化生成的恶意节点以增强对抗攻击效果。

在以上经典图模型对抗攻击方法的基础上，近年来研究人员提出了各种新的对抗攻击方法。例如，Bose 等[16] 提出了一种基于梯度的对抗攻击方法 SGA（simplified gradient-based attack），其攻击原理如图 5.13 所示。其核心思想是以目标节点为中心提取一个两跳邻域子图，并额外添加一些子图外的潜在节点，以扩大可能的扰动集。有研究者利用代理模型 SGC（simplified graph convolutional）[17] 计算各边的梯度信息，逐步翻转具有最大梯度幅度的边。这一模型通过较小子图精准地减弱了目标模型对目标节点的分类准确性。Zang 等[18] 提出了对抗攻击算法（graph universal attack through adversarial patching，GUAP），其根据原图的统计特征随机生成新节点特征，并使用梯度下降算法学习修补图的路径权重。当目标节点受到攻击时，目标节点与补丁节点的连边会被反转，使目标节点的预测发生改变。GUAP 每次只针对一个节点进行攻击，保证修补图与原始图的拓扑结构相似，扰动不易被察觉。Hu 等[19] 提出了针对超图神经网络（hyper graph neural network，HGNN）的白盒对抗攻击方法 Hyper Attack，旨在通过结构攻击来误导

HGNN 进行错误节点分类。Hyper Attack 在攻击节点所在的超图中干扰其超边的连接状态，并使用梯度和综合梯度作为评价指标来确定超边的扰动优先级，以提高攻击效率。

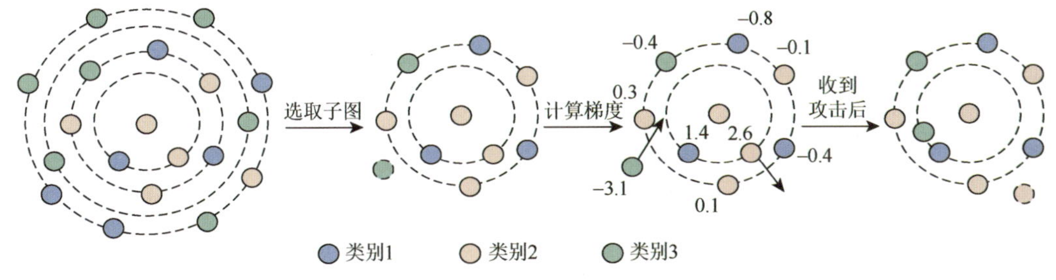

图 5.13　SGA 对抗攻击方法原理图

总体而言，现有图模型对抗攻击方法主要包括数据扰动和模型修改两大类。数据扰动攻击相关工作包括基于梯度的攻击、基于图数据分布的攻击、基于优化策略的攻击、基于强化学习的攻击、基于时间序列数据的攻击和基于协同操作的攻击；模型修改攻击相关工作包括基于更新机制的攻击和基于代理模型的攻击。虽然目前已存在众多图模型对抗攻击方法，但是大多数都是基于经验或直觉设计的。各种方法的目标任务、问题场景和攻击方式等互不相同，其具体的攻击思想和技术实现往往大相径庭，缺乏统一的理论框架和体系，无法严格分析各种方法的合理性和有效性。因此，如何去伪存真、去粗存精，对现有的攻击方法进行比较分析，探索其内在机理，具有重要的理论和现实意义。

5.4.2　实验结果与分析

GNN 对抗攻击方法对评估模型的鲁棒性以及指导鲁棒性模型设计具有重要意义。为了支持研究人员关于 GNN 对抗攻击的相关研究，现有相关 GNN 对抗攻击方法的有效性和易用性至关重要。为此，本节对具有代表性的 GNN 对抗攻击方法进行实验和分析讨论[20]。

1. 实验设置

（1）目标模型超参数设置。实验选择双层 GCN 为目标模型（Hyper Attack 用 HGNN 模型），评估其在节点分类任务上的对抗鲁棒性，超参数设置如表 5.2 所示。

表 5.2　超参数设置

超参数	设置
图卷积层的层数	2
隐藏单元数	64
初始学习率	0.05
迭代次数	200

续表

超参数	设置
正则化	L2 正则化
权重衰减系数	0.0005
Dropout 概率	0.5
邻居采样大小	每层随机采样 10 个邻居

（2）对抗攻击参数设置。将攻击方法的扰动率（perturbation rate）设置为 5%（节点扰动改变特征向量 5%的元素），扰动数（number of perturbation）设置为 2（节点的特征向量中扰动 2 个元素），对于图注入攻击，注入的节点数为整个图数据的节点数的 5%。

2. 实验结果分析

从代码的可获取性、环境配置信息的完整性、算法框架、复现难易程度 4 个角度对图神经网络对抗攻击算法进行分析，并对比它们在节点分类任务上的准确率，结果如表 5.3 所示。

表 5.3　图神经网络对抗攻击算法综合分析

攻击算法	代码	算法框架	准确率/%				运行时间			
			Cora	Citeseer	PubMed	Polblogs	Cora	Citeseer	PubMed	Polblogs
CLEAN	√	Py	84.4	76.1	85.4	89.4	2.42 s	2.39 s	3.71 s	2.69 s
Random	√	Py	79.2	72.6	78.2	86.9	5.77 s	5.63 s	9.47 s	5.63 s
Nettack[8]	√	Ten	81.6	70.8	72.0	**64.7**	6 min 10 s	8 min 56 s	14 min 23 s	29 min 43 s
PGD min max[21]	√	Py	74.0	65.3	68.8	66.7	39.16 s	33.93 s	44.14 s	16.72 s
AFGSM[22]	√	Py	78.6	82.5	71.5	87.4	6 min 34 s	7 min 6 s	16 min 17 s	13 min 46 s
Mettack[10]	√	Ten	77.3	68.8	72.3	73.6	3 min 52 s	3 min 46 s	5 min 10 s	4 min 1 s
FGA[9]	√	Py	77.5	71.6	81.2	78.6	1 min 8 s	52 s	1 min 34 s	2 min 14 s
NIPA[14]	√	Py	74.6	66.3	76.5	79.4	18 min 59 s	16 min 17 s	27 min 11 s	21 min 13 s
SGA[23]	√	Py	56.2	38.5	70.7	71.2	35.74 s	28.13 s	46.14 s	1 min 31 s
GANI[24]	×	Py	72.6	57.1	73.7	77.6	16 min 37 s	15 min 51 s	149 h 9 min	9 h 43 min
GraD[25]	×	×	×				×			
GUAP[18]	×	×	×				×			
Hyper Attack[19]	×	×	×				×			
RL-S2V[12]	√	Py	72.8	63.9	72.9	69.7	23 h 16 min	21 h 4 min	27 h 46 min	19 h 9 min
G-NIA[26]	√	Py	75.2	65.7	70.2	79.1	14 min 27 s	9 min 40 s	23 min 16 s	34 min 12 s
TDGIA[27]	√	Py	82.6	71.7	84.6	80.1	8 min 39 s	11 min 17 s	29 min 14 s	48 min 11 s
Cluster Attack[28]	√	Py	72.3	70.7	67.7	74.1	34 min 15 s	38 min 7 s	46 min 16 s	41 min 43 s
TD-PGD[29]	×	×	×				×			

续表

攻击算法	代码	算法框架	准确率/%				运行时间			
			Cora	Citeseer	PubMed	Polblogs	Cora	Citeseer	PubMed	Polblogs
SPAC[30]	×	×	×				×			
GA2C[31]	×	×	×				×			
MEGAN[32]	×	×	×				×			

注：运行环境：NVIDIA GeForce RTX 4090；Py：Pytorch；Ten：Tensorflow。

根据表 5.3 所示的实验结果，对抗攻击方法 SGA 总体上使得目标模型具有最低的准确率，特别是在 Citeseer 数据集上，SGA 成功地将 GCN 的节点分类准确率降低至 38.5%。与在该数据集性能表现同样良好的攻击方法 RL-S2V 相比，SGA 比 RL-S2V 的效果好 25.4%。在 Cora 数据集上，SGA 同样成功地将节点分类准确率降至 56.2%。另外，实验结果明确显示，与 Mettack、RL-S2V、PGD min max、Cluster Attack 等对抗攻击方法相比，SGA 在对抗攻击方面具有显著的优势。通过分析可知，SGA 对抗攻击方法具有明显优势的主要原因有以下 3 个：①SGA 根据梯度大小决定添加或移除图中的边，这使得其在有限的预算内对图模型产生的扰动更为集中有效；②与随机选择边进行修改的攻击方法相比，SGA 的策略更有针对性，能够更有效地攻击模型关键部分；③在计算梯度的过程中，SGA 引入了缩放因子来调整替代模型的输出，以解决模型对预测结果过于确定（或者说过于自信）导致的梯度消失问题。

从运行时间的角度来看，首先，由于 SGA 仅存储并操作目标节点的 k-hop 子图，所需的存储空间和计算量大大降低。在处理大型图数据时，与需要对整个图进行遍历运算的方法相比，SGA 由于数据存储和运算大幅度减少，从而更能有效地处理；其次，SGA 的梯度计算明确地聚焦于目标节点的 k-hop 子图，这样只需要计算一小部分对分类结果可能产生影响的节点和边的梯度，而不是在整个图上进行遍历计算，这增强了计算的针对性，避免了不必要的计算，因此 SGA 对抗攻击方法的运行时间也非常短。

根据表 5.3 所展示的 GCN 受到各种攻击后的准确率可以发现，连边级扰动的对抗攻击方法大致上都优于节点级扰动的对抗攻击方法，例如 RL-S2V 和 PGD min max 整体表现也不错，可能主要有以下几个原因。①结构敏感性。图神经网络在对节点进行分类时，通常会直接利用节点的连边信息。因此，修改图的连边可能会直接影响图神经网络的输出，从而更有效地降低模型的准确率。②社团结构的影响。图中的节点通常会形成不同的社团结构，这些结构对图神经网络的预测非常重要。修改连边可能会改变这些社团结构，从而混淆图神经网络并降低其准确率。③节点属性的局限性。与连边相比，节点属性的修改可能对模型的影响有限。例如，如果一个节点的属性被修改了，但与其他节点的连边并未改变，那么模型仍然能够通过节点间的连边来准确分类该节点。④连边数量通常远大于节点数量。在大多数图数据中，连边数量比节点数量多，这为连边修改提供了更大的攻击空间。总之，通过修改连边以攻击图神经网络可以更直接地影响网络结构和社区属性，从而更有效地降低网络的分类准确性。

虽然 Nettack 和 Mettack 对抗攻击方法一直以来被普遍作为 GNN 鲁棒性研究的基线来参考，但是表 5.3 中的实验结果表明，近年来多数新提出的对抗攻击方法在攻击效果上已经优于这两者。因此，继续只使用 Nettack 和 Mettack 作为基线方法进行 GNN 鲁棒性的性能评价已经不具备很强的说服力，建议未来的研究者考虑将最近提出的性能较好的攻击方法作为新的基准。需要指出的是，攻击方法 GraD[25]、GUAP[18]、Hyper Attack[19]、TD-PGD[29]、SPAC[30]、GA2C[31]、MEGAN[32]的代码难以获取或环境很难配置，导致其很难复现，其确切效果难以评估。

5.5 本 章 小 结

随着图模型对抗攻击研究的逐渐深入，相关对抗攻击方法越来越多，本章首先介绍了基于链路重要性的对抗攻击方法和基于图转置卷积的模型窃取攻击方法。随后对现有的图模型对抗攻击方法进行了总结和比较分析，探索其内在原理，以期建立统一的理论框架和体系。

参 考 文 献

[1] 先兴平, 吴涛, 乔少杰, 等. 图学习隐私与安全问题研究综述[J]. 计算机学报, 2023, 46(6): 1184-1212.

[2] 吴涛, 曹新汶, 先兴平, 等. 图神经网络对抗攻击与鲁棒性评测前沿进展[J]. 计算机科学与探索, 2024, 18(8): 1935-1959.

[3] Xian X, Wu T, Qiao S, et al. DeepEC: adversarial attacks against graph structure prediction models[J]. Neurocomputing, 2021, 437: 168-185.

[4] Wang B, Pourshafeie A, Zitnik M, et al. Network enhancement as ageneral method to denoise weighted biological networks[J]. Nature Communications, 2018, 9(1): 3108.

[5] Yu S Q, Zhao M H, Fu C B, et al. Target defense against link-prediction-based attacks via evolutionary perturbations[J]. IEEE Transactions on Knowledge and Data Engineering, 2021, 33(2): 754-767.

[6] Zhang Z, Liu Q, Huang Z, et al. Model inversion attacks against graph neural networks[J]. IEEE Transactions on Knowledge and Data Engineering, 2022, 35(9): 8729-8741.

[7] Liu R, Zhou W, Zhang J, et al. Model inversion attacks on homogeneous and heterogeneous graph neural networks[J]. arXiv: 2310.09800, 2023.

[8] Zügner D, Akbarnejad A, Günnemann S. Adversarial attacks on neural networks for graph data[C]//Proceedings of the 24th ACM SIGKDD International Conference on Knowledge Discovery & Data Mining. London United Kingdom: ACM, 2018: 2847-2856.

[9] Chen J Y, Wu Y Y, Xu X H, et al. Fast gradient attack on network embedding[J]. arXiv: 1809.02797, 2018.

[10] Zügner D, Borchert O, Akbarnejad A, et al. Adversarial attacks on graph neural networks[J]. ACM Transactions on Knowledge Discovery from Data, 2020, 14(5): 1-31.

[11] Sun M, Tang J, Li H, et al. Data poisoning attack against unsupervised node embedding methods[J]. arXiv: 1810.12881, 2018.

[12] Dai H, Li H, Tian T, et al. Adversarial attack on graph structured data[C]//International Conference on Machine Learning. PMLR, Stockholm, Sweden, 2018: 1115-1124.

[13] Ma Y, Wang S H, Derr T, et al. Attacking graph convolutional networks via rewiring[C]//Proceedings of the 27 th ACM SIGKDD Conference on Knowledge Discovery & Data Mining. Singapore, 2021: 1161-1169.

[14] Sun Y W, Wang S H, Tang X F, et al. Node injection attacks on graphs via reinforcement learning[J]. arXiv: 1909.06543, 2019.

[15] Wang X, Cheng M, Eaton J, et al. Attack graph convolutional networks by adding fake nodes[J]. arXiv: 1810.10751, 2018.

[16] Bose A J, Cianflone A, Hamilton W L. Generalizable adversarial attacks using generative models[J]. arXiv: 1905.10864, 2019.

[17] Wu F, Souza A, Zhang T, et al. Simplifying graph convolutional networks[C]//International Conference on Machine Learning. PMLR, Long Beach, California, USA, 2019: 6861-6871.

[18] Zang X, Chen J, Yuan B. GUAP: Graph universal attack through adversarial patching[J]. arXiv: 2301.01731, 2023.

[19] Hu C, Yu R, Zeng B, et al. HyperAttack: Multi-gradient-guided white-box adversarial structure attack of hypergraph neural networks[J]. arXiv: 2302.12407, 2023.

[20] 吴涛, 曹新汶, 先兴平, 等. 图神经网络对抗攻击与鲁棒性评测前沿进展[J]. 计算机科学与探索, 2024, 18(8): 1935-1959.

[21] Xu K, Chen H, Liu S, et al. Topology attack and defense for graph neural networks: An optimization perspective[C]//Proceedings of the 28 th International Joint Conference on Artificial Intelligence. Macao, China, 2019: 3961-3967.

[22] Wang J H, Luo M N, Suya F, et al. Scalable attack on graph data by injecting vicious nodes[J]. Data Mining and Knowledge Discovery, 2020, 34(5): 1363-1389.

[23] Li J T, Xie T, Chen L, et al. Adversarial attack on large scale graph[J]. IEEE Transactions on Knowledge and Data Engineering, 2023, 35(1): 82-95.

[24] Fang J Y, Wen H X, Wu J J, et al. GANI: Global attacks on graph neural networks via imperceptible node injections[J]. arXiv: 2210.12598, 2022.

[25] Liu Z, Luo Y, Wu L, et al. Towards reasonable budget allocation in untargeted graph structure attacks via gradient debias[J]. arXiv: 2304.00010, 2023.

[26] Tao S, Cao Q, Shen H, et al. Single node injection attack against graph neural networks[C]//Proceedings of the 30th ACM International Conference on Information & Knowledge Management. Shanghai, China, 2021: 1794-1803.

[27] Zou X, Zheng Q K, Dong Y X, et al. TDGIA: Effective injection attacks on graph neural networks[C]//Proceedings of the 27th ACM SIGKDD Conference on Knowledge Discovery & Data Mining. Singapore, 2021: 2461-2471.

[28] Wang Z, Zhong K H, Zhu J. Query-based Adversarial Attacks on Graph with Fake Nodes[C]//ICML 2021 Workshop on Adversarial Machine Learning. 2021: 1-7.

[29] Sharma K, Trivedi R, Sridhar R, et al. Temporal dynamics-aware adversarial attacks on discrete-time dynamic graph models [C]//Proceedings of the 29th ACM SIGKDD Conference on Knowledge Discovery and Data Mining. Long Beach, CA, USA, 2023: 2023-2035.

[30] Lin L, Blaser E, Wang H N. Graph structural attack by perturbing spectral distance[C]//Proceedings of the 28th ACM SIGKDD Conference on Knowledge Discovery and Data Mining. Washington, DC, USA, 2022: 989-998.

[31] Ju M X, Fan Y J, Ye Y F, et al. Black-box node injection attack for graph neural networks[J]. arXiv: 2202.09389, 2022.

[32] Sun Y, Wang S, Hsieh T Y, et al. Megan: A generative adversarial network for multi-view network embedding[C]//Proceedings of the 28th International Joint Conference on Artificial Intelligence. Macao, China, 2019: 3527-3533.

第 6 章　图模型对抗防御方法

针对图学习模型的对抗脆弱性以及近年来提出的大量对抗攻击方法，研究人员对图模型对抗防御问题进行了研究。本章首先对存在的图模型对抗防御方法进行概述，在此基础上，从自训练、球形决策边界等角度介绍三种图学习模型对抗防御方法，阐述它们的核心思想和具体方法。

6.1　图模型对抗防御概述

当前存在的图模型对抗防御方法主要分为预处理、对抗训练、鲁棒性模型设计以及攻击检测四大类，本节对各类对抗防御方法中的代表性方法进行介绍。

6.1.1　基于预处理的对抗防御方法

预处理是指在模型训练之前对图数据中潜藏的对抗扰动进行检测和清除。文献[1]使用相似度度量 Jaccard 相似度对图中节点之间存在链路的可能性进行判别，从而发现具有高度不同特征的节点对，通过移除这些可疑链路以达到防御对抗攻击的目的。文献[2]针对对抗攻击方法 Nettack 进行研究，发现其仅影响邻接矩阵奇异值分解中的高阶奇异值，从而提出利用主要奇异值的低秩近似消除图数据中对抗扰动的防御方法，其主要思想如图 6.1 所示。另外，为了抵御对抗扰动，文献[3]提出了基于图生成模型、链路预测和异常检测的预处理对抗防御方法。

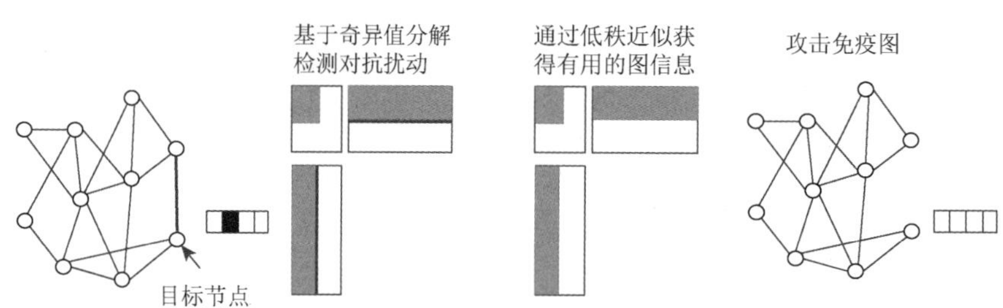

图 6.1　基于低秩近似的重构方法

6.1.2　基于对抗训练的对抗防御方法

对抗训练方法在模型的训练数据集中加入对抗样本，从而通过更加丰富的训练数据增加模型的鲁棒性。文献[4]给出了基于模型解释性的对抗训练方法，该方法基于误差平方和寻找在局部范围内近似目标模型的简单可解释模型，然后基于此可解释模型产生对抗样本进行对抗训练。此外，考虑图数据中结构关联性的影响，文献[5]面向半监督的节点分类模型提出了基于虚拟对抗训练(virtual adversarial training，VAT)的防御方法 GATV。该方法利用最大-最小框架，在每轮迭代中先生成对抗样本以尽可能地最大化关联节点之间的差异、破坏光滑性，然后最小化目标函数、鼓励关联节点之间的光滑性，进而完成模型的训练。类似地，文献[6]结合最大-最小框架和基于优化的对抗样本生成方法，给出了依次更新对抗扰动和模型参数的对抗训练算法。

6.1.3　基于鲁棒性模型设计的对抗防御方法

鲁棒性模型设计是指针对对抗扰动的特征构建能够消除其负面影响的学习机制。基于注意力机制，文献[7]利用惩罚性聚合提出了鲁棒性图模型 PA-GNN，其通过为对抗扰动分配较低的注意力系数限制对抗链路的负面影响。文献[8]提出基于注意力机制的图模型 RGCN，其在卷积层利用高斯分布进行节点表示，通过高方差刻画对抗扰动的不确定性，从而定义抑制扰动节点的聚合机制。文献[9]提出适用于任何 GNN 模型的防御方法 GNNGuard，其利用同质性理论进行可疑链路识别，并基于此设计权重计算和消息传递机制。

6.1.4　基于攻击检测的对抗防御方法

攻击检测方法是在模型测试阶段利用对抗扰动与正常数据的区别进行防御。文献[3]提出基于链路预测、图生成机制以及异常检测对输入数据进行攻击检测。文献[10]认为对抗扰动会增加目标模型关于正常节点和扰动节点概率分布的差异性，从而提出基于假设检测的最大平均偏差（maximum mean discrepancy，MMD）的攻击检测方法。文献[11]认为异常节点的属性具有较差的预测能力，从而提出基于图感知标准过滤包含异常节点的子集的攻击检测方法 GraphSAC。文献[12]提出通过 KL 散度度量节点及其邻居节点概率差异性的检测方法。

随着图模型安全风险的日益增加，对抗攻击防御方法得到越来越多的关注。除了以上方法，研究人员还提出了基于学习的数据恢复[13]以及鲁棒性认证（robustness certification）[14, 15]等防御方法。总体上，基于对特定图数据模式规律的认知的预处理方法简单易实现，但只有假设的结构模式与实际数据一致时才具有良好效果。同时，预处理方法独立于模型的训练过程，可能会错误地删除正常数据。对抗训练是当前应用得最广泛的对抗攻击防御方法，其关键在于如何高效地生成高质量对抗样本，不足之处在于无法防御训练数据中不存在的对抗样本。鲁棒性模型设计主要基于图数据的低秩、稀疏、特征光滑等特征以及符合对抗样本特性的数学机制进行模型构建。攻击检测方法在获得输入数据之后、目标模型运行之前执行，要求低复杂度，当前以统计方法为主。

6.2　基于局部光滑性与自训练的鲁棒性图模型

本节介绍一种融合图数据局部光滑性与自训练框架的基于增强的鲁棒性图卷积网络

（enhancement-based robust graph convolutional network，ERGCN）[16]模型，该模型旨在通过预处理机制以及优化模型训练方法，降低对抗样本的恶意影响。

6.2.1　图数据对抗攻击实证分析

对 GCN 在 Cora 数据集上的性能表现进行实证分析，以 Mettack 攻击[17]为例，比较不同扰动率下生成的对抗样本的特性，相邻节点之间的 Jaccard 相似度[1]得分如图 6.2 所示。结果表明，对抗攻击显著增加了连接低相似度节点的边数，其他类型的边数量保持稳定。此外，由于图数据节点通常具有同质性，即相似特征节点倾向于聚在一起组成结构，随着扰动程度的增加，攻击倾向于添加一些边来形成低相似度结构，以影响节点分类模型的性能。因此，GCN 迫切需要一种预处理机制来处理受到投毒攻击的数据集。

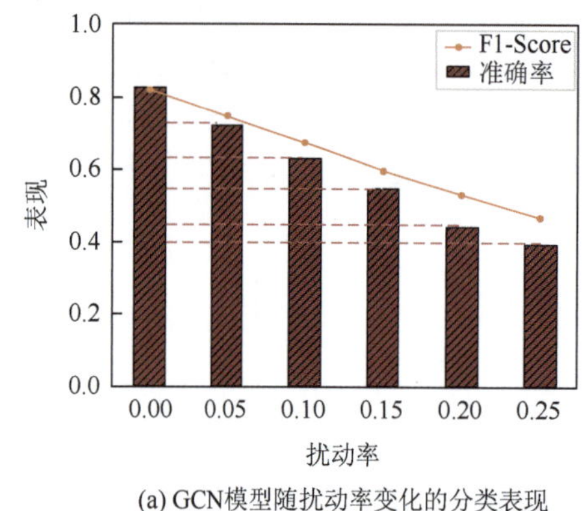

(a) GCN模型随扰动率变化的分类表现

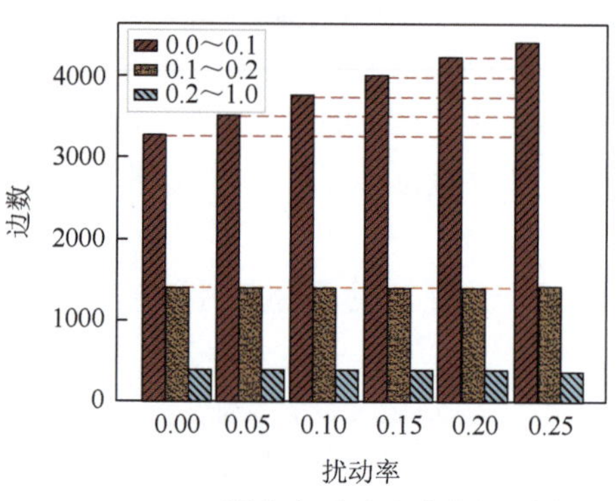

(b) 不同扰动下低相似度节点间边数

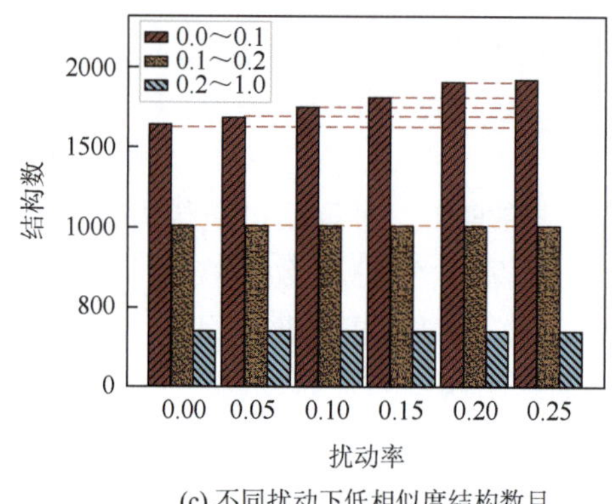

(c) 不同扰动下低相似度结构数目

图 6.2　对抗扰动特征分析

6.2.2　基于局部光滑性的图数据纯化

采用 Jaccard 相似度计算来识别可疑的链路，从而找到潜在的对抗扰动，以便实现图数据纯化。首先，定义图为 $G=(V,E)$，其中 V 是节点集，E 是边集；同时定义邻接矩阵和节点特征矩阵分别为 $A=\{0,1\}^{|V|\times|V|}$ 和 $X\in\{0,1\}^{|V|\times d}$，其中 d 是节点特征向量的长度。定义：

$$M_{00}=(X-I)(X-I)^{\mathrm{T}} \tag{6.1}$$

$$M_{11}=XX^{\mathrm{T}} \tag{6.2}$$

式中，X 表示特征矩阵；I 表示全一矩阵，因此，Jaccard 相似度的矩阵形式表达如下：

$$J=A\circ M_{11}\circ(nI-M_{00})^{\circ(-1)} \tag{6.3}$$

式中，$\circ$ 表示矩阵点乘，即同维度矩阵对应位置元素相乘；$\circ(-1)$ 表示矩阵元素取倒数，若元素为 0 则保持不变；A 表示邻接矩阵；M_{11} 表示节点特征值全为 1 组成的矩阵；M_{00} 表示节点特征值全为 0 组成的矩阵。具体地，如果两个节点有二元特征 U 和 V，u 和 v 代表 U 和 V 中的一位，则 M_{11} 表示 u 为 1、v 为 1 的特征对个数，M_{01} 表示 u 为 0、v 为 1 的特征对个数，M_{10} 表示 u 为 1、v 为 0 的特征对个数，M_{00} 表示 u 为 0、v 为 0 的特征对个数。

本方法采用阈值 θ 来进行数据纯化。在此定义新的邻接矩阵为 $A'=\{a'_{i,j}\}$，$a'_{i,j}$ 取值范围为

$$a'_{i,j}=\begin{cases}a_{i,j}, & s_{i,j}>\theta\\ s_{i,j}, & s_{i,j}\leqslant\theta\end{cases} \tag{6.4}$$

式中，θ 表示设置的阈值；$s_{i,j}$ 表示节点 i 和 j 之间的 Jaccard 相似度；$a_{i,j}$ 表示原邻接矩阵的权重；$a'_{i,j}$ 表示新邻接矩阵的权重。

在此基础上，对于图数据中两跳局部范围内的光滑性，以边 (p,k) 和 (k,q) 连接的两跳节点 p 和 q 之间的 Jaccard 相似度可以通过以下公式进行计算：

$$\mathrm{Max}_{11}^{p,q}=\min\left(M_{11}^{p,k},M_{11}^{k,q}\right)+\min\left(M_{10}^{p,k},M_{01}^{k,q}\right) \tag{6.5}$$

$$M_{10}^{p,q}+M_{01}^{p,q}=\left|M_{11}^{p,k}-M_{11}^{k,q}\right|+\left|M_{10}^{p,k}-M_{01}^{k,q}\right| \tag{6.6}$$

$$U(p,q)=\frac{\mathrm{Max}_{11}^{p,q}}{M_{10}^{p,q}+M_{01}^{p,q}+\mathrm{Max}_{11}^{p,q}} \tag{6.7}$$

式中，$\mathrm{Max}_{11}^{p,q}$ 表示节点 p 和节点 q 的特征值同时为 1 的节点对最大数目；$M_{11}^{p,q}$ 表示节点 p 与节点 q 的特征值同时为 1 的节点对数目；$M_{01}^{p,q}$ 表示节点 p 的特征值为 0 而节点 q 的特征值为 1 的节点对数目；$M_{10}^{p,q}$ 表示节点 p 的特征值为 1 而节点 q 的特征值为 0 的节点对数目。定义 $\omega_{p,q}=\theta*U(p,q)$ 作为两跳结构相似性的阈值，新邻接矩阵 A' 中元素定义如下：

$$a'_{p,k}=\begin{cases}a'_{p,k}, & s_{p,q}>\omega_{p,q}\\ s_{p,q}, & s_{p,q}\leqslant\omega_{p,q}\text{ 和 }s_{p,k}<s_{k,q}\text{ 和 }a'_{p,k}>\theta\end{cases} \tag{6.8}$$

式中，$\omega_{p,q}$ 表示计算出节点 p、q 间的阈值；θ 表示节点间设置的阈值；$s_{p,q}$ 表示节点 p、q 之间的 Jaccard 相似度。

6.2.3 基于决策边界距离的样本可信性度量

1. 自训练过程

自训练（self-training）[18]的主要思想是利用模型对数据集中未标注的数据的分类标

签来尝试扩展已具有标签的数据集，从而对模型进行重训练，进而提高节点分类模型的性能。主要过程简单描述如下。

（1）将数据集作为初始训练数据集，得到一个初始的模型分类器。

（2）使用初始模型分类器对未标记的数据进行分类，得到无标签样本的分类标签。因为初始模型分类器的准确率很难达到 100%，所以需要研究者选取一个度量（比如分类的置信度）作为标准来从中选择部分未标记的数据将其打上分类标签作为伪标签数据。

（3）将从上一步中得到的伪标签数据放入原始训练数据集中，重训练模型来得到一个新的模型分类器。

（4）重复上一步操作并迭代 n 轮或直到没有符合规定标准的伪标签数据存在的情况下结束迭代，使用该数据集对模型进行重训练，从而得到最终的分类器。

2. 决策边界距离

在分类任务中，决策边界是模型分类依据的直接体现，改变节点在决策空间中的位置使其越过决策边界以改变其分类标签成为一种攻击思路。同时，攻击者往往期望以较小代价来扰动数据分类标签，所以受到攻击的节点往往分布在决策边界附近。因此，此方法将决策边界距离引入自训练过程中，利用决策边界距离作为自训练过程中伪标签节点的选取标准，即通过同类节点不同的位置信息来选取具有高准确率的伪标签节点集并将其与开始的带标签节点融合形成更大的带标签数据集用于模型的重训练。

为了进行决策边界距离的计算，首先对从点到超平面的计算做相关的介绍。定义点为 x_0，超平面 S 解析式为 $wx+b=0$，设点 x_0 在超平面 S 的投影点为 x_1，x_1 满足 $wx_1+b=0$。由于向量 $\overline{x_0x_1}$ 与超平面 S 的法向量 w 平行，其距离 d 的计算过程为

$$|w\cdot\overline{x_0x_1}|=|w||\overline{x_0x_1}|=\sqrt{(w^1)^2+(w^2)^2+\cdots+(w^n)^2}\,d=\|w\|d \tag{6.9}$$

$$\begin{aligned} w\cdot\overline{x_0x_1}&=w^1(x_0^1-x_1^1)+w^2(x_0^2-x_1^2)+\cdots+w^n(x_0^n-x_1^n)\\ &=w^1x_0^1+w^2x_0^2+\cdots+w^nx_0^n-(w^1x_1^1+w^2x_1^2+\cdots+w^nx_1^n)\\ &=w^1x_0^1+w^2x_0^2+\cdots+w^nx_0^n-(-b) \end{aligned} \tag{6.10}$$

$$\|w\|d=|w^1x_0^1+w^2x_0^2+\cdots+w^nx_0^n+b|=|wx_0+b| \tag{6.11}$$

$$d=\frac{|wx_0+b|}{\|w\|} \tag{6.12}$$

式中，x_0 为节点在决策空间中的表示；x_1 为点 x_0 在超平面 S 的投影点；d 为节点 x_0 距线性决策边界的距离表示；w 为线性决策边界的斜率表示；b 为线性决策边界的常量表示。

在深度学习中，分类模型所形成的决策边界往往是非线性的，通过数学形式来表示非线性模型对应的决策边界难以实现，所以可以对非线性决策边界进行线性化处理以获得样本可靠性的一般定义[19]，如图 6.3（a）所示。

对于多分类模型而言，决策边界可表示为 $F_k=\{x:M_k(x)-M_i(x)=0\}$，其中 $M(x)=w^{\mathrm{T}}x+b$，k 为节点的分类标签，i 为除此类标签之外的分类标签。因此，对于任意节点到决策边界的计算要计算 $n-1$ 次，n 为节点分类标签的总数。从中选取节点到各个决策

边界的各个距离的最小值作为样本可信度，公式为

$$\delta_i^*(x_0) = \min \frac{|M_k(x_0) - M_i(x_0)|}{\|w_k - w_i\|_2} \tag{6.13}$$

通过以上公式可以得到所有节点在决策空间中的位置关系。图 6.3（b）说明了基于决策边界距离的可信样本的选择过程。

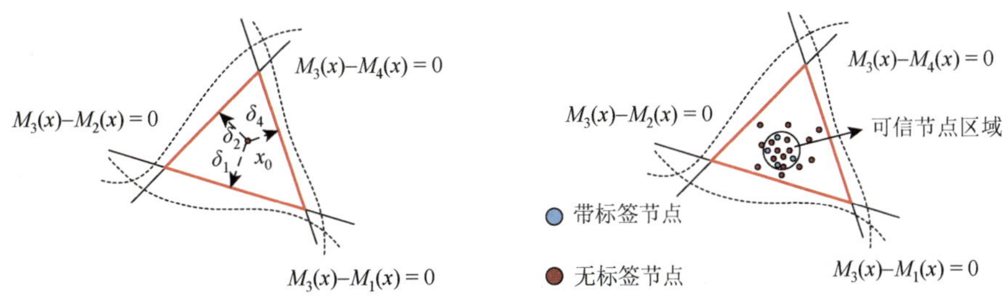

(a) 非线性多分类模型下节点可信度计算　(b) 非线性多分类模型下节点可信度分布

图 6.3　非线性多分类模型下可信节点区域表示

6.2.4　基于自训练框架的鲁棒性图模型

为了消除对抗性扰动的影响，ERGCN 采用纯化处理之后的图数据 A' 进行鲁棒性节点分类。具体来说，其 $k+1$ 层的图卷积操作为

$$H^{(k+1)} = \delta(\tilde{D}^{-1/2}(A' + I_N)\tilde{D}^{-1/2}H^{(k)}W^{(k)}) \tag{6.14}$$

为了避免过度平滑并生成有效的分类，本节创建了具有两个卷积层的 GCN。模型的输出预测概率 Z 为

$$Z = \operatorname{softmax}(\hat{A}\delta(\hat{A}XW^{(1)})W^{(2)}) \tag{6.15}$$

式中，$\hat{A} = \tilde{D}^{-1/2}(A' + I_N)\tilde{D}^{-1/2}$；$W^{(1)}$ 和 $W^{(2)}$ 表示权重矩阵。

对于半监督的节点分类任务，模型对未标记节点输出类别标签：

$$\hat{\ell}_j = M(A', X, j), \quad \forall j = 1, 2, \cdots, |v_u| \tag{6.16}$$

尽管分类模型的性能可能很好，但节点获得的伪标签可能是不准确的。如果将伪标签直接包含在标记训练集中，则有噪声的训练集可能会降低模型的分类性能。因此，基于样本的决策边界距离，ERGCN 选择具有高可信度的样本及其伪标签加入模型的训练数据集。以上模型训练、生成伪标签以及扩展模型训练集的操作迭代执行，直到模型性能没有进一步提高或达到最大迭代次数，ERGCN 模型训练的完整过程如算法 6.1 所示，其中 V_l 为标记节点集合，V_u 为未标记节点集合。整体框架如图 6.4 所示。

算法 6.1　ERGCN 模型训练

输入： 输入图 $G = (V_l \cup V_u, A, X)$，门限值 θ，类别数 $\mathbb{C}$，自训练迭代次数 T

输出： 鲁棒模型 $M^*(\cdot)$

步骤 1： 基于式（6.14）获得纯化后的图数据 A'

步骤 2： 基于式（6.15）基于 A' 和 X 训练教师模型 $M^{\text{tea}}(\cdot)$

步骤 3：while 迭代次数 $\leqslant T$ do

步骤 4：　使用模型 $M^{tea}(\cdot)$ 为 V_u 中的节点产生伪标签

步骤 5：　for 节点类别 $c \leqslant \mathbb{C}$ do

步骤 6：　　根据式（6.15）从 V_u 中选择类别为 c 的高可信伪标签节点 V_s

步骤 7：　　基于 V_s 扩展模型的训练集

步骤 8：　end for

步骤 9：　使用扩展后的训练集基于式（6.15）训练学生模型 $M^{stu}(\cdot)$，并将其作为新的 $M^{tea}(\cdot)$

步骤 10：end while

步骤 11：返回模型 $M^{tea}(\cdot)$，并将其作为鲁棒模型 $M^{*}(\cdot)$

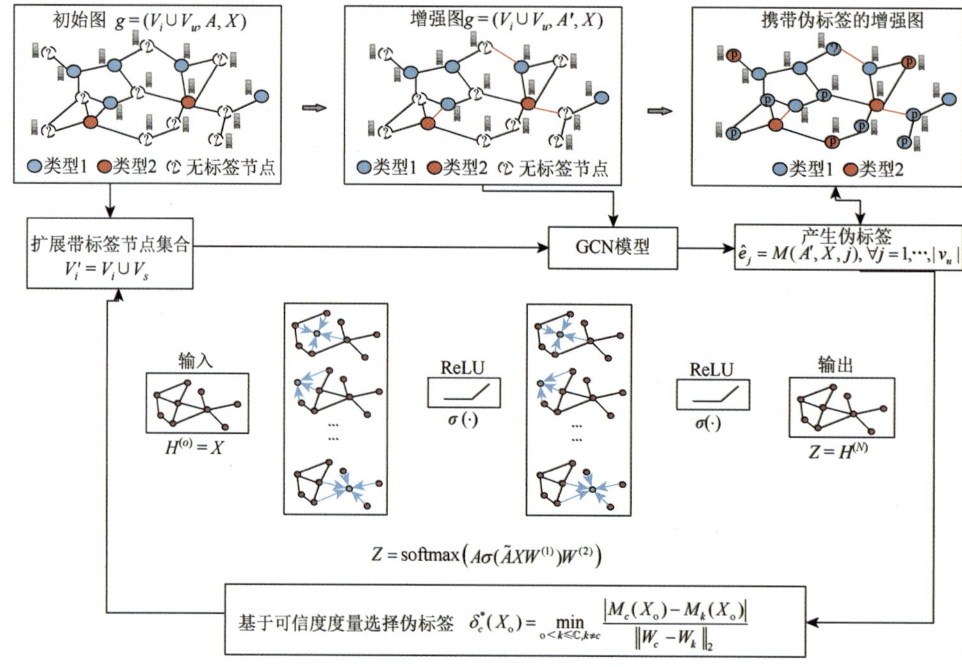

图 6.4　ERGCN 模型在投毒攻击下的训练流程

6.2.5　实验结果与分析

1. 实验设置

本实验采用 Cora[20]、Citeseer[21]和 PubMed[22]数据集，以准确率（Accuracy）、精确度（Precision）、召回率（Recall）和 F1-Score 作为评价指标，并采用以下模型作为对比方法。

（1）GCN[23]：图卷积网络，使用加权平均来聚合邻居节点信息以进行节点分类任务，用于表明对抗攻击对基本模型造成的负面影响。图卷积网络是节点分类任务中最具有代表性的模型方法。

（2）GCN-Jaccard[1]：通过在节点层面清除具有小于设定阈值的特征相似度的边来对图数据进行纯化操作，该模型是图数据纯化防御中的代表性方法。

（3）RGCN[8]：该模型将节点表示建模为高斯分布，并采用基于方差的注意力机制作为聚合函数，来提升节点分类模型的鲁棒性。该模型具有很好的理论研究意义。

（4）EGCN：该模型是将提出的图数据纯化方法与基础图卷积网络进行结合形成的鲁棒防御方法，作为 ERGCN 的前置标准，该模型用于说明基于决策边界的节点分类防御算法对于防御算法的提升作用。

2. 实验结果分析

为了测评 ERGCN 的鲁棒性，本节评估它与对比方法在非目标攻击和目标攻击下的节点分类性能。

（1）非目标攻击：非目标攻击的主要目标就是尽量降低图数据中节点整体在节点分类模型中的表现。对于非目标攻击，采用目前具有代表性的非目标攻击方法（Mettack）。首先对非目标攻击的节点分类精度进行评估，在 Mettack 攻击下，实验以步长 0.05 来使扰动率由 0 变化到 0.25，在该攻击中，扰动率代表反转的边占整体边数量的比例，实验结果如图 6.5 和表 6.1 所示。

表 6.1　不同模型在 Mettack 攻击下的节点分类准确率（%）

数据集	扰动率	GCN	GCN-Jaccard	RGCN	EGCN	ERGCN
Cora	0.00	83.52±0.40	81.98±0.54	83.37±0.29	79.55±0.50	**83.35±0.47**
	0.05	76.49±0.89	79.22±0.84	75.79±0.59	77.94±0.65	**83.90±0.30**
	0.10	70.51±1.67	74.47±1.35	67.96±0.56	76.08±0.98	**81.79±0.76**
	0.15	65.49±1.05	71.44±1.45	63.56±1.04	73.42±0.96	**82.31±0.27**
	0.20	54.41±2.62	64.30±1.37	53.72±1.30	72.83±1.02	**80.44±0.35**
	0.25	47.75±3.71	61.06±1.37	52.18±1.29	69.46±1.30	**80.92±0.56**
Citeseer	0.00	71.75±0.61	72.16±0.76	72.00±0.61	71.64±0.60	**73.54±0.35**
	0.05	70.85±0.76	70.95±1.14	70.66±0.96	70.18±1.07	**73.57±0.62**
	0.10	67.38±1.20	69.52±0.91	67.81±0.46	69.77±1.08	**72.24±0.43**
	0.15	63.85±0.95	65.99±1.23	63.61±1.35	66.42±1.45	**73.37±0.55**
	0.20	55.31±1.87	59.32±1.68	55.58±0.88	65.43±1.52	**72.93±0.34**
	0.25	56.64±1.20	60.82±1.42	57.42±1.48	63.67±1.86	**70.27±0.72**
PubMed	0.00	86.02±0.08	86.00±0.13	84.90±0.15	**86.10±0.07**	85.61±0.03
	0.05	81.05±0.25	85.13±0.11	80.41±0.21	**85.28±0.07**	82.93±0.23
	0.10	77.69±0.25	84.29±0.13	77.33±0.23	**84.54±0.11**	84.36±0.02
	0.15	73.65±0.22	83.26±0.09	73.47±0.19	83.47±0.12	**83.60±0.06**
	0.20	70.87±0.25	82.72±0.11	70.61±0.26	**83.15±0.17**	82.67±0.07
	0.25	68.02±0.27	81.67±0.13	67.01±0.23	82.04±0.11	**82.30±0.05**

根据实验结果可知，EGCN 和 ERGCN 在所有数据集上都优于其他对比方法。首先，尽管节点分类方法的准确率随着扰动率的增加而降低，但 ERGCN 通常比其他方法对对抗攻击更具防御性。例如，在 Cora 数据集上，从准确率的角度看，与 GCN 相比，ERGCN 在 0.25 的扰动率下分类性能提高了 31%左右。其次，通过比较 GCN、GCN-Jaccard、EGCN 和 ERGCN 的结果可以发现，EGCN 提出的图数据纯化机制在防御对抗攻击方面是可行的，并且提出的图数据纯化机制比 GCN-Jaccard 的图数据纯化方法更有效。最后，ERGCN 在各种对抗扰动下基本都达到了比 EGCN 更高的准确率，这证明了 ERGCN 比 EGCN 具有更强的鲁棒性。

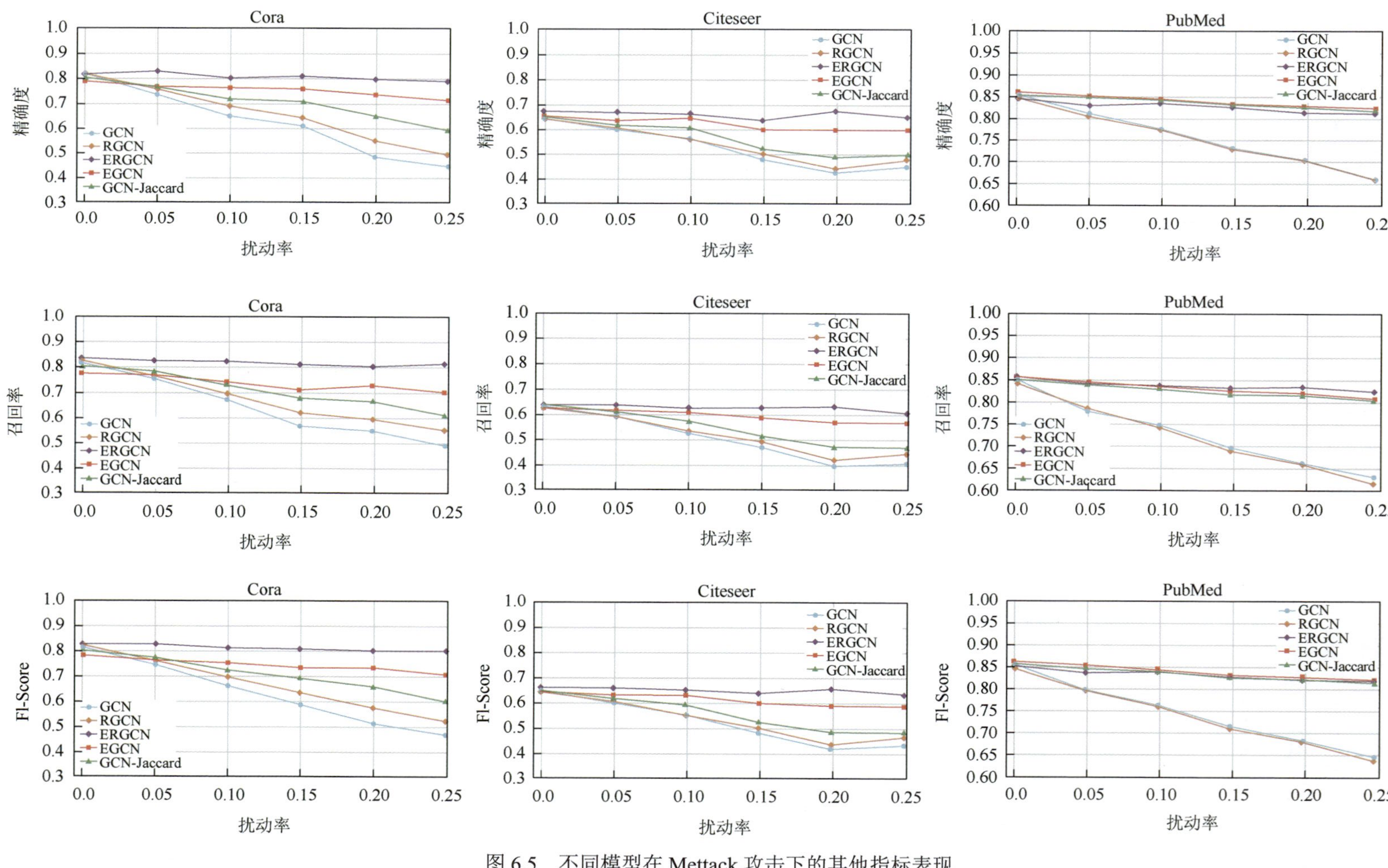

图 6.5　不同模型在 Mettack 攻击下的其他指标表现

（2）目标攻击：与非目标攻击不同，目标攻击的主要策略在于有针对性地对图中部分节点进行攻击，从而产生扰动，最终导致目标节点的分类结果出错，但其本身并不关注整体节点分类模型的最终结果。因此该攻击方法最终攻击的节点数目远远少于非目标攻击，其在实验验证时的效果方差表现也具有较大波动。对于目标攻击，本节采用目前具有代表性的目标攻击方法（Nettack）[24]。EGCN 和 ERGCN 的防御效果也在目标攻击的对抗攻击（Nettack）下得到验证。针对目标攻击的节点分类结果如图 6.6 和表 6.2 所示。

表 6.2　不同模型在 Nettack 攻击下的节点分类准确率（%）

数据集	扰动数	GCN	GCN-Jaccard	RGCN	EGCN	ERGCN
Cora	0.0	**81.45±2.27**	78.31±1.94	80.96±2.27	72.05±2.07	81.20±1.23
	1.0	75.30±2.65	75.54±2.29	77.59±1.72	72.41±1.14	**78.90±0.84**
	2.0	71.20±2.55	70.36±2.10	70.84±1.85	72.29±1.20	**78.79±1.66**
	3.0	65.66±1.45	64.58±1.34	66.02±1.60	69.64±1.05	**75.31±1.23**
	4.0	51.45±1.79	60.48±1.30	59.76±1.45	66.63±1.43	**75.30±1.23**
	5.0	56.27±1.87	59.88±2.41	56.51±2.05	65.06±1.70	**70.12±1.18**
Citeseer	0.0	**81.43±1.02**	79.37±1.42	80.48±0.73	80.32±0.78	79.37±0.48
	1.0	79.21±0.85	78.57±1.06	79.05±0.63	80.79±0.48	**80.95±0.85**
	2.0	78.41±1.62	67.62±2.18	76.83±3.49	79.37±1.74	**81.43±0.73**
	3.0	63.97±4.76	63.81±2.68	61.75±4.29	80.32±1.05	**81.27±0.63**
	4.0	58.41±1.98	67.46±3.97	56.35±3.19	76.98±1.06	**81.11±0.48**
	5.0	50.16±5.99	60.48±3.44	50.63±2.06	77.94±0.48	**79.86±0.63**
PubMed	0.0	**88.53±0.25**	86.92±0.51	86.02±0.21	87.46±0.51	84.95±0.12
	1.0	83.69±0.51	86.20±0.25	83.33±0.33	86.56±0.67	**86.74±0.32**
	2.0	80.65±1.66	85.48±0.88	81.18±0.44	**87.10±0.76**	86.56±0.15
	3.0	77.06±0.51	84.23±1.10	79.93±0.25	**85.13±1.10**	83.33±0.26
	4.0	70.43±1.58	83.15±0.25	76.70±0.25	**85.30±0.67**	83.15±0.35
	5.0	65.05±2.44	84.05±0.67	71.68±0.67	**85.30±0.25**	84.05±0.16

从各种评价指标的实验结果中可以发现，本节提出的 EGCN、ERGCN 均可以抵抗有目标性的对抗攻击，并且在大多数情况下都取得了优于其他对比方法的分类效果。目标攻击整体的效果提升和非目标攻击的防御效果类似。此外，值得注意的是，从好的一面来看，ERGCN 最大限度地恢复了节点分类模型在受到对抗攻击时的分类性能下降的情况。但从坏的一面来看，与 GCN 模型相比，ERGCN 在没有受到对抗攻击的情况下会稍微降低节点分类模型的分类准确率，但是其分类准确率下降幅度不大，并不会出现大幅降低节点分类模型准确率的情况。

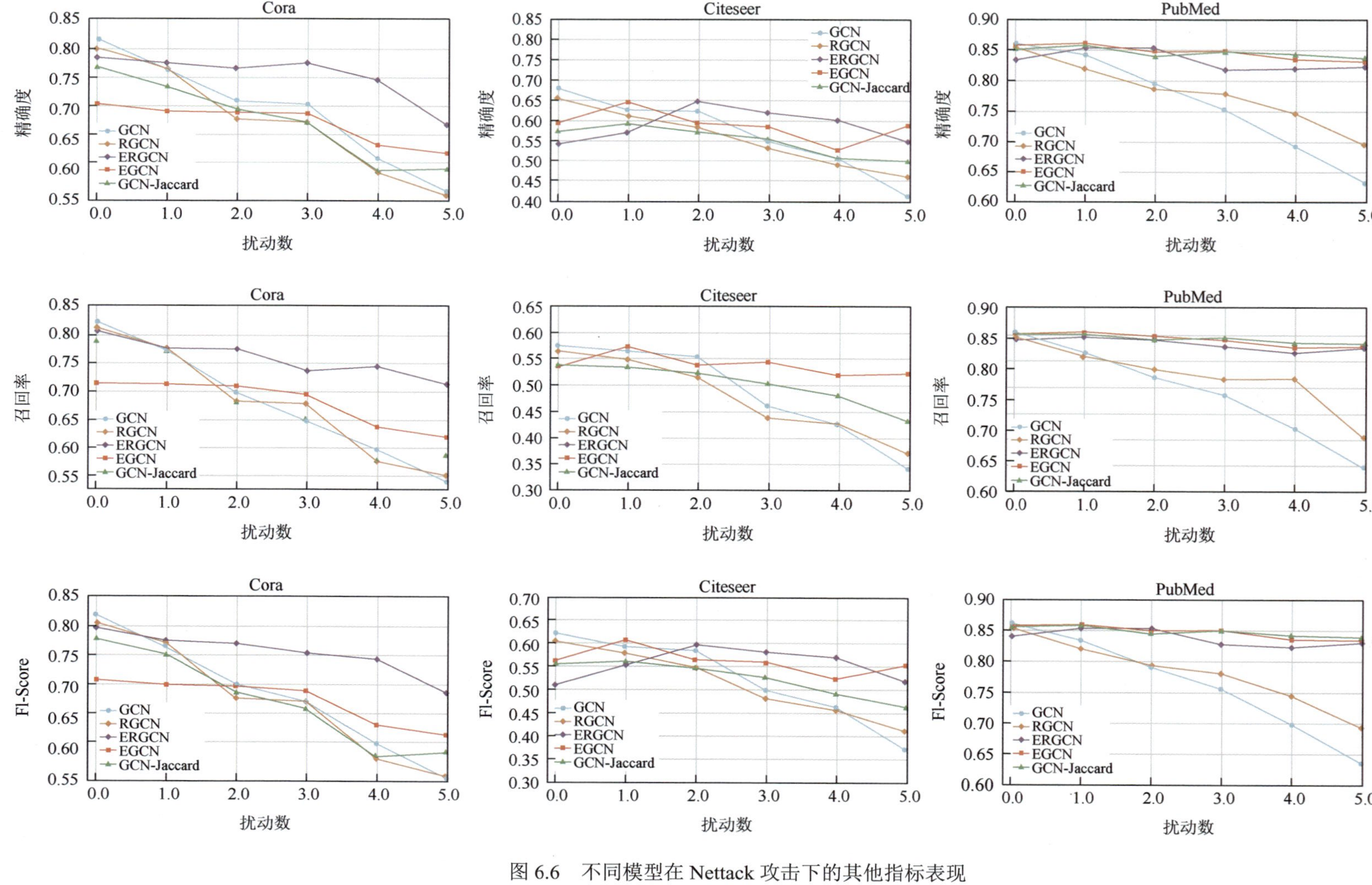

图 6.6　不同模型在 Nettack 攻击下的其他指标表现

6.3　基于集成学习的鲁棒性图模型

本节介绍一种基于多视图集成学习的鲁棒性图卷积网络（multi-view ensemble learning-based robust graph convolutional network，MV-RGCN）[25]，它将局部特征视图和全局结构视图进行高阶聚合，以抵抗对抗攻击的影响。

6.3.1　问题定义与描述

近年来，尽管各种 GNN 模型在节点分类、链接预测、图分类等下游任务中取得了显著成效，但它们易受到对抗攻击。攻击者向图数据中加入精心设计的扰动，使模型做出错误预测，从而导致基于图的智能系统面临重大安全风险。因此，如何进行图神经网络的对抗防御、构建鲁棒性图神经网络模型至关重要。

以 SimRank 相似性[26]度量节点之间的结构相似性，图 6.7 展示了 GNN 模型对抗攻击的统计特征。从图中可知，低 SimRank 相似性的链路的数量与对抗攻击的扰动率成正比，并且大多数的对抗扰动是具有低相似性的链路。基于以上结果，可以认为对抗扰动趋向

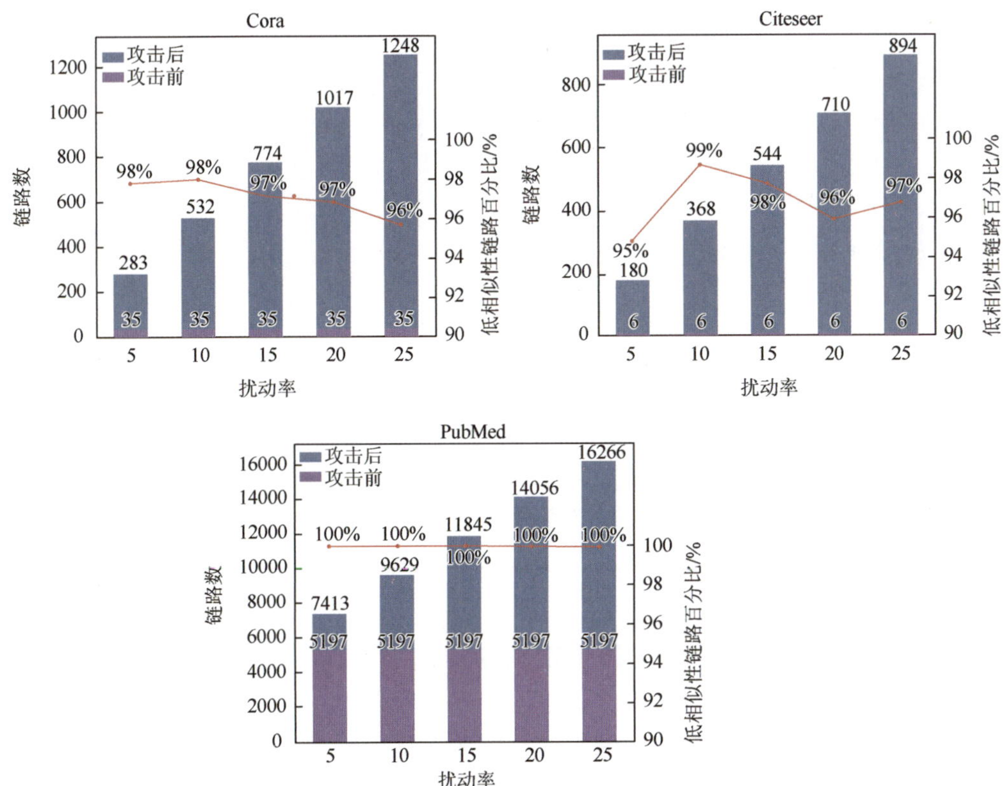

图 6.7　低 SimRank 分数（0～0.01）的链路数及其在不同扰动率下所占的百分比

百分比由 SimRank 得分（0～0.01）低的链路的数量除以受干扰链路总数来计算

于连接低结构相似性的节点对。同时，研究人员发现对抗攻击倾向于连接具有低特征相似性的节点对。因此，可以假设对抗攻击倾向于连接低阶图结构和节点特征，而高阶的结构信息和节点特征信息对对抗攻击而言是不易受影响的，可以被用于进行鲁棒性模型构建。

6.3.2 基于相似性的辅助图构建

根据上面的讨论可知，对抗攻击只影响局部的结构和特征平滑度，而不会影响整个图。因此，假设高阶信息具有鲁棒性，利用 k 近邻（k-nearest neighbor，KNN）方法基于高阶结构和特征相似度构建 KNN 视图，以它们作为集成模型中的辅助信息，从而实现基于高阶信息的鲁棒性图卷积网络的构建。

1. 结构视图的构建

首先，在对抗扰动图的基础上构建 n 跳邻居范围内的 KNN 结构图。具体来说，从每个节点的 n 跳邻域中选择候选节点，并测量它们之间的 SimRank 相似度得分。然后，递归地选择 k 个节点来构造一个新的图。这种机制的基本假设是高阶相似的节点对之间存在连接。该机制使用 n 跳范围内的高阶信息来推断节点之间已删除的低阶连接。因此，KNN 结构图包含了原始图的信息，可以用作模型训练的辅助信息。

在稀疏图数据中，局部范围内的节点数量有限，这使基于以上方法的 KNN 结构图无法有效地构建。因此，可以采用宏观的方法构造一个同质的 KNN 结构图。首先，关于当前节点 v_i，计算图中每个节点与它的 SimRank 相似度分数。其次，选择相似性得分最高的前 k 个节点构建一个关于节点 v_i 的局部子图。最后，将关于每个节点构建的各个子图对齐形成一个 KNN 结构图。

2. 特征视图的构建

为了构造一个 KNN 特征图，可以从介观和宏观角度选择与当前节点相似的 k 个节点。具体来说，为了在介观层面构建 KNN 特征图，可以从当前节点的 n 跳邻居中迭代地寻找候选节点，并选择 Cosine 相似度分数超过阈值的节点。此外，为了在宏观层面上构建齐次的 KNN 特征图，从图中所有节点中选择 k 个具有高余弦相似度得分的节点进行视图构建。

6.3.3 基于多视图集成学习的鲁棒性图卷积网络

基于多视图集成学习的鲁棒性图卷积网络 MV-RGCN 包括自适应结合层（adaptive combination layer，ACL）和自适应集成层（adaptive ensemble layer，AEL）。首先，从原始图数据构建 KNN 结构图 G_s 和 KNN 特征图 G_f，随后将扰动图 $\hat{G}$ 和 G_s 输入结构基模型 f_{stru} 中，将扰动图 $\hat{G}$ 和 G_f 输入特征基模型 f_{attr} 中。在每个基础模型中，来自不同视图的信息通过 ACL 进行融合。然后，将基模型的输出集成起来，通过 AEL 生成最终预测。

1. 结构基模型

结构基模型从扰动图和结构 KNN 图中聚合信息。为了实现这一点，利用自适应结合层 ACL 将扰动图和结构 KNN 图融合到组合图（combine graph）中。第 ℓ 层的具体操作可以定义为

$$P_{\mathrm{stru}}^{(\ell)} = s_{\mathrm{s}}^{(\ell)} * \tilde{D}_{\mathrm{p}}^{-1/2}\tilde{A}_{\mathrm{p}}\tilde{D}_{\mathrm{p}}^{-1/2} + (1 - s_{\mathrm{s}}^{(\ell)}) * \tilde{D}_{\mathrm{s}}^{-1/2}\tilde{A}_{\mathrm{s}}\tilde{D}_{\mathrm{s}}^{-1/2} \tag{6.17}$$

式中，$\tilde{A}_{\mathrm{p}}$ 和 $\tilde{D}_{\mathrm{p}}$ 分别表示对抗扰动图 $\hat{G}$ 的邻接矩阵和对角矩阵；$\tilde{A}_{\mathrm{s}}$ 和 $\tilde{D}_{\mathrm{s}}$ 分别表示 KNN 结构图 G_{s} 的邻接矩阵和对角矩阵；s_{s}^{ℓ} 表示权重参数。然后，进行图卷积聚合操作，结构基模型的图卷积层中的隐藏表示为

$$H_{\mathrm{stru}}^{(\ell)} = \delta(P_{\mathrm{stru}}^{(\ell)} H_{\mathrm{stru}}^{(\ell-1)} W_{\mathrm{stru}}^{(\ell)}) \tag{6.18}$$

式中，$H_{\mathrm{stru}}^{(\ell-1)}$ 为拓扑基模型中上一层图卷积网络的隐藏表示；δ 表示 ReLU 激活函数；$W_{\mathrm{stru}}^{(\ell)}$ 表示卷积操作的权重参数。

2. 特征基模型

特征基模型从扰动图和特征 KNN 图中聚合信息，其第 ℓ 层的组合图 $P_{\mathrm{feat}}^{(\ell)}$ 可以定义为

$$P_{\mathrm{feat}}^{(\ell)} = s_{\mathrm{f}}^{(\ell)} * \tilde{D}_{\mathrm{p}}^{-1/2}\tilde{A}_{\mathrm{p}}\tilde{D}_{\mathrm{p}}^{-1/2} + (1 - s_{\mathrm{f}}^{(\ell)}) * \tilde{D}_{\mathrm{f}}^{-1/2}\tilde{A}_{\mathrm{f}}\tilde{D}_{\mathrm{f}}^{-1/2} \tag{6.19}$$

式中，$\tilde{A}_{\mathrm{p}}$ 和 $\tilde{D}_{\mathrm{p}}$ 分别表示对抗扰动图 $\hat{G}$ 的邻接矩阵和对角矩阵；$\tilde{A}_{\mathrm{f}}$ 和 $\tilde{D}_{\mathrm{f}}$ 分别表示 KNN 结构图 G_{s} 的邻接矩阵和对角矩阵；s_{f}^{ℓ} 表示权重参数。与特征基模型中图卷积聚合操作类似，特征基模型的图卷积层中的隐藏表示为

$$H_{\mathrm{feat}}^{(\ell)} = \delta\left(P_{\mathrm{feat}}^{(\ell)} H_{\mathrm{feat}}^{(\ell-1)} W_{\mathrm{feat}}^{(\ell)}\right) \tag{6.20}$$

式中，$H_{\mathrm{feat}}^{(\ell-1)}$ 为拓扑基模型中上一层图卷积网络的隐藏表示；δ 表示 ReLU 激活函数；$W_{\mathrm{feat}}^{(\ell)}$ 表示卷积操作的权重参数。

3. 自适应集成机制

图数据中每个节点为了均衡来自不同基模型的鲁棒性特征，定义了自适应集成层，其具体集成操作定义如下：

$$\hat{Z} = \beta_{\mathrm{s}}\hat{H}_{\mathrm{stru}} + \beta_{\mathrm{f}}\hat{H}_{\mathrm{feat}} \tag{6.21}$$

式中，β_{s} 和 β_{f} 表示可学习的集成参数。最终，损失函数的定义如下：

$$\mathrm{Loss} = \frac{1}{|D_{\mathrm{L}}|}\sum_{(v_i, y_i)\in D_L} \ell\left(\mathrm{softmax}\left(\hat{Z}_i\right), y_i\right) \tag{6.22}$$

式中，D_{L} 表示已标记节点的集合；y_i 表示节点 v_i 的标签；$\ell(\cdot,\cdot)$ 表示衡量预测与真正的标签之间差异的损失函数。

6.3.4 实验结果与分析

将 MV-RGCN 与多个先进模型在三种数据集上的表现进行比较来评估其性能表现，此外还探究 MV-RGCN 不同集成方法、不同视图构建方式、不同参数设置下的鲁棒性。

1. 数据集与对比方法

本实验使用三种数据集 Cora[20]、Citeseer[21]和 PubMed[22]。为了评估 MV-RGCN 的性能，采用以下模型作为对比方法。

（1）GCN[23]：图卷积神经网络，使用加权平均来聚合邻居节点信息以进行节点分类任务，用于表明对抗攻击对基本模型造成的负面影响。图卷积神经网络是节点分类任务中最具有代表性的模型方法。

（2）GAT[27]：图注意力网络是一种用于处理图数据的深度学习模型，其核心思想是在节点级别上利用注意力机制对节点的邻居节点进行加权聚合，以捕捉节点间的关系和上下文信息。

（3）GCN-Jaccard[1]：通过在节点层面清除具有小于设定阈值的特征相似度的边来对图数据进行纯化操作，该模型是图数据纯化防御中的代表性方法。

（4）RGCN[8]：该模型将节点表示建模为高斯分布，并采用基于方差的注意力机制作为聚合函数，来提升节点分类模型的鲁棒性。该模型具有很好的理论研究意义。

（5）GCN-SVD[2]：GCN-SVD 是一种以低秩近似过滤对抗噪声的预处理方法。

（6）SimP-GCN[28]：SimP-GCN 通过自监督学习捕获节点对的相似性，并自适应平衡图结构和节点特征。

2. 性能对比

本节对 MV-RGCN 与多个先进模型进行 Mettack 攻击[17]实验，并评估这些模型的性能表现。其中 Mettack 攻击[17]属于非目标攻击，旨在降低模型在图数据上的整体性能，实验将 Mettack 的扰动率设置为 0.00、0.05、0.10、0.15、0.20、0.25，结果以图表形式展现，实验结果取 10 次分类结果的平均值。

从表 6.3、表 6.4、图 6.8、图 6.9 可以看出，MV-RGCN 在总体上有着最好的鲁棒性，这得益于特征视图的引入。由于其他模型缺乏引入辅助信息的能力，所以不能以特征视图方法来提高鲁棒性。在图数据未被扰动的情况下，MV-RGCN 与其他模型性能相当，但随着扰动率的增大，它的优势逐渐体现。在不同的评估指标上，扰动率为 25%时，MV-RGCN 所表现出来的性能变化趋势类似，例如在 Cora 数据集上，MV-RGCN 比 GCN 高出超过 30%；在 Citeseer 数据集上，扰动率为不同取值时，MV-RGCN 总体上抵御全局对抗攻击的能力最好。在 PubMed 数据集上，扰动率为不同取值时，MV-RGCN 也呈现比其他对比方法更高的准确率。

表 6.3　Mettack 攻击下节点分类的准确率（1）

数据集	扰动率/%	GCN	GAT	GCN-Jaccrad
Cora	0	83.50±0.44	83.97±0.55	82.05±0.51
	5	76.55±0.79	80.44±0.74	79.13±0.59
	10	70.39±1.28	75.61±0.59	75.16±0.76
	15	65.10±0.71	69.78±1.28	71.03±0.64
	20	59.56±2.71	59.94±0.92	65.71±0.89
	25	47.53±1.95	54.78±0.74	60.82±1.08
Citeseer	0	71.96±0.55	73.25±0.83	72.10±0.63
	5	70.88±0.62	72.89±0.83	70.51±0.97
	10	67.55±0.89	70.63±0.48	69.54±0.56
	15	64.52±1.11	69.02±1.09	65.95±0.94
	20	62.03±3.49	61.04±1.52	59.30±1.40
	25	56.64±1.20	61.85±1.12	59.89±1.47
PubMed	0	87.19±0.09	83.75±0.40	87.06±0.06
	5	83.09±0.13	78.00±0.44	86.39±0.06
	10	81.21±0.09	74.93±0.38	85.70±0.07
	15	78.66±0.12	71.13±0.51	84.76±0.08
	20	77.35±0.19	68.21±0.96	83.33±0.05
	25	75.50±0.17	65.41±0.77	84.66±0.06

表 6.4　Mettack 攻击下节点分类的准确率（2）

数据集	扰动率/%	GCN-SVD	RGCN	MV-RGCN
Cora	0	80.63±0.45	83.09±0.44	83.54±0.42
	5	78.39±0.54	77.42±0.39	81.03±0.58
	10	71.41±0.83	72.22±0.38	76.35±0.89
	15	66.69±1.18	66.82±0.39	74.72±1.61
	20	58.94±1.13	59.27±0.37	70.62±1.84
	25	52.05±1.19	50.51±0.78	67.40±2.58
Citeseer	0	70.65±0.32	71.20±0.83	73.73±0.47
	5	68.84±0.72	70.50±0.43	73.73±0.43
	10	68.87±0.62	67.71±0.30	72.27±0.69
	15	63.26±0.96	65.69±0.37	72.35±0.69
	20	58.55±1.09	62.49±1.22	67.73±2.05
	25	57.18±1.87	55.35±0.66	69.12±1.05

续表

数据集	扰动率/%	GCN-SVD	RGCN	MV-RGCN
PubMed	0	83.44±0.21	86.16±0.18	88.16±0.08
	5	83.41±0.15	81.08±0.20	87.61±0.08
	10	83.27±0.21	77.51±0.27	87.36±0.13
	15	83.10±0.18	73.91±0.25	86.79±0.10
	20	83.15±0.17	71.18±0.31	86.61±0.15
	25	82.04±0.11	67.95±0.15	86.65±0.17

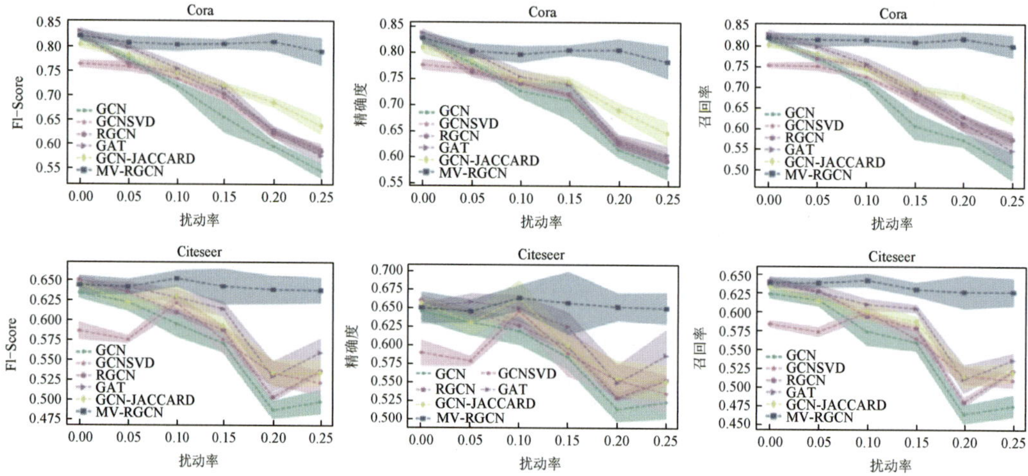

图 6.8　MV-RGCN 在 Mettack 攻击下的表现（1）

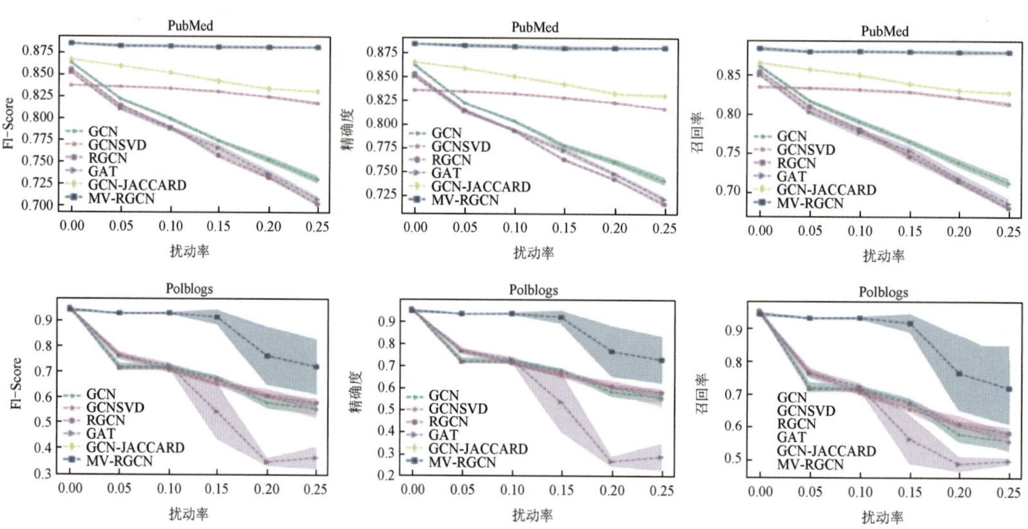

图 6.9　MV-RGCN 在 Mettack 攻击下的表现（2）

3. 方法探索

为了探索不同视图构建方式对 MV-RGCN 性能的影响，对 MV-RGCN 的各种变体进行实验。其中，MV-RGCN-α 代表以局部方法构建特征视图，MV-RGCN-β 代表以全局方法构建特征视图。如表 6.5 所示，局部方法的性能比全局方法略差。因为低度数节点无法找到得分大于阈值 θ 的 K 个节点，所以此类节点容易被攻击。尽管局部方法不太有效，但仍能增强鲁棒性。此外，可以观察到 MV-RGCN-β 的性能最好，这表明在全局方法上构建视图有利于增强模型的性能。

表 6.5　MV-RGCN 不同视图构建方法的性能表现

精确度/%	GCN	MV-RGCN-α	MV-RGCN-β
0	83.50±0.44	81.28±0.66	**83.54±0.42**
5	76.55±0.79	78.41±1.21	**81.03±0.58**
10	70.39±1.38	74.56±1.18	**76.35±0.89**
15	65.10±0.71	71.69±2.19	**74.72±1.61**
20	59.56±2.71	66.80±0.99	**70.62±1.84**
25	47.53±1.95	65.51±3.45	**67.40±2.58**

除此之外，本节采用不同的模型集成方法进行实验，以此探究不同集成方法对模型性能的影响。其中 MV-RGCN-AVG 代表使用均值集成法，MV-RGCN-MIN 代表使用最小值集成法，MV-RGCN-MAX 代表使用最大值集成法。如表 6.6 所示，均值集成法最有效，而最小值集成法和最大值集成法的效果相当。但在高扰动率下，不论哪种方法，对模型鲁棒性都有一定提升。

表 6.6　MV-RGCN 不同集成机制的性能表现

精确度/%	GCN	MV-RGCN-MIN	MV-RGCN-MAX	MV-RGCN-AVG
0	83.50±0.44	82.17±0.85	81.41±1.65	**83.54±0.42**
5	76.55±0.79	76.10±1.07	76.33±0.94	**81.03±0.58**
10	70.39±1.38	70.64±2.32	71.83±1.92	**76.35±0.89**
15	65.10±0.71	68.86±2.53	67.29±3.58	**74.72±1.61**
20	59.56±2.71	60.71±5.42	63.77±6.06	**70.62±1.84**
25	47.53±1.95	60.67±7.37	57.29±4.95	**67.40±2.58**

6.4　基于球形决策边界约束的鲁棒性图模型

本节介绍一种基于球形决策边界约束的鲁棒性图模型防御方法，引入球形决策边界的概念，以正则化项的形式约束模型的损失函数，从而更好地避免逃逸攻击对模型鲁棒性的影响。

6.4.1　问题定义与描述

GNN 作为一种强大的机器学习工具，在各个领域中都呈现出了广泛的应用前景。然而，随着对 GNN 的深入研究，人们发现在 GNN 的决策空间内，大多数样本往往聚集在某些区域。这种现象使得决策空间内个别分布位置异常且靠近决策边界的样本更容易受到对抗攻击的影响。

传统的 GNN 通常未对不同类别之间的决策边界进行明确的划定，这意味着在面对对抗攻击，尤其是在测试阶段添加对抗扰动的逃逸攻击时，攻击者可以利用已训练好的原始模型。通过精心设计的对抗扰动，原本被正确分类的样本跨越模型的决策边界，从而导致接近决策边界的样本容易受到误分类，最终影响模型的性能。在这种情况下，本节认为在训练阶段得到的模型决策边界不够鲁棒，无法有效地区分正常样本和分布位置异常的对抗样本。因此，为了提高 GNN 在对抗攻击场景下的对抗鲁棒性，需要进一步优化传统的 GNN，以增强模型对对抗样本的识别能力，并提高模型的对抗鲁棒性。

6.4.2　基于可信度量的球形决策边界

为了增强模型在逃逸攻击场景中的对抗鲁棒性，从模型决策空间的角度出发，提出一个球形决策边界来优化模型。球形决策边界设计的核心思想是通过减小相同类别样本之间的内部距离，同时增大不同类别样本之间的距离，从而围绕决策区域内密集分布的样本学习决策边界，并在决策空间中形成拒绝区域以拒绝分布位置异常的对抗样本，进而避免这些样本对模型鲁棒性的影响，其详细设计思路如图 6.10 所示。

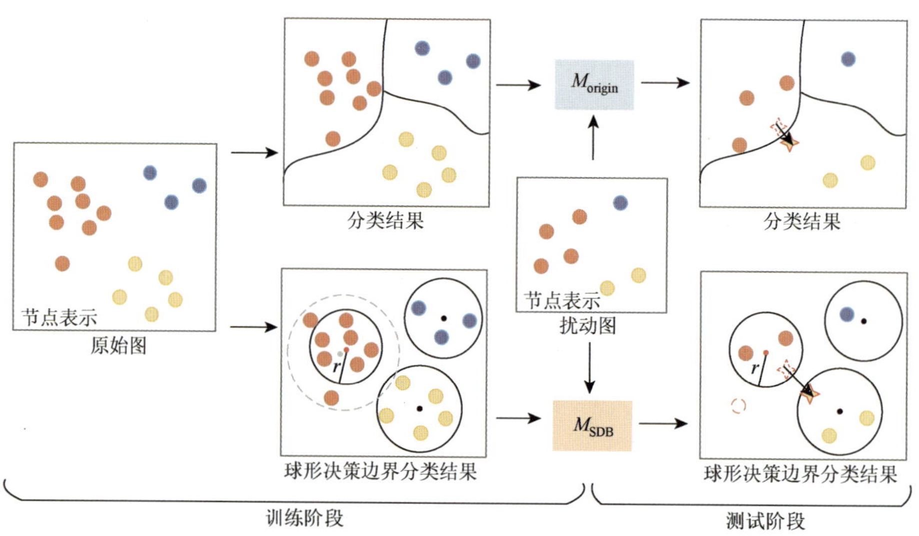

图 6.10　基于球形决策边界的鲁棒性图模型设计思路

在使用干净图进行模型训练时，决策空间中存在的个别分布位置异常的样本使决策边界过度贴合这些样本，并且容易忽视大多数集中分布样本的特征。这使得在测试阶段，攻击者可以利用个别分布位置异常的样本，通过精心设计的微小扰动越过模型的决策边界，进而影响模型的分类结果。这对模型的对抗鲁棒性构成了严重威胁，使得模型在面对对抗攻击时变得脆弱。基于球形决策边界的鲁棒性图模型设计方法在干净图数据中进行训练，从而学习到关于训练样本总体分布的边界位置；在测试阶段，将存在对抗样本的数据输入训练好的模型中，以通过输出结果判断模型的对抗鲁棒性。由于在模型训练阶段已经形成了拒绝决策区域，因此在测试阶段能够有效识别并拒绝分布位置异常的对抗样本，使得模型在保持较高分类精度的同时具有更强的对抗鲁棒性。

6.4.3 基于球形决策边界的鲁棒性约束方法

本节提出的球形决策边界以交叉熵损失函数为基准，并在此基础上添加正则化项以增强模型的对抗鲁棒性。正则化是规范决策边界的常用方法，该方法通过在损失函数中添加一个“惩罚项”（即正则化项）来约束模型参数。正则化项在优化模型参数的过程中，可以防止模型过度适应训练数据的特定特征，从而提升其在新数据上的泛化能力。这种结合交叉熵损失和正则化的策略，旨在通过优化模型的决策边界，使模型在各类数据上都能表现出更高的对抗鲁棒性。

1. 球形决策边界定义

对于一个节点分类任务，经过模型训练后输出的预测概率矩阵为$\hat{Y}$，真实标签为Y，交叉熵损失函数如式（6.23）所示，其目的是最小化模型输出与真实标签之间的差异，使模型能够学习到正确的类别分布。

$$L_{\mathrm{CE}} = -\frac{1}{N}\sum_{i=1}^{N}\sum_{j=1}^{C} Y_{ij}\log\left(\hat{Y}_{ij}\right) \tag{6.23}$$

式中，L_{CE}表示交叉熵损失函数；N表示节点数量；C表示类别数量；Y_{ij}表示第i个节点是否属于第j类，取值 0 或 1；$\hat{Y}_{ij}$表示模型对第i个节点预测为类别j的预测概率。

本节定义了球形决策边界L_{SDB}，并将其作为正则化项加入损失函数中，最终得到新的损失函数，如式（6.24）所示。

$$L = L_{\mathrm{CE}} + \lambda L_{\mathrm{SDB}} \tag{6.24}$$

式中，λ表示正则化项系数。L_{SDB}被定义为

$$L_{\mathrm{SDB}} = L_{\mathrm{Intra}C} + \frac{1}{\max(\varepsilon, L_{\mathrm{Inter}C})} \tag{6.25}$$

式中，$L_{\mathrm{Intra}C}$表示类内距离；$L_{\mathrm{Inter}C}$表示类间距离；ε表示一个极小值，以确保$L_{\mathrm{Inter}C}$的值非常小或趋近于零时，分母仍然有一个最小的正数值，从而避免在计算过程中出现除以零的情况。这不仅有助于避免潜在的运行时错误，也有助于维持算法的数值稳定性。

类内距离和类间距离是球形决策边界的两个核心要素。类内距离是指同一类别的样本到该类别质心的平均距离，如式（6.26）所示。类内距离反映了类别内部样本的紧凑程度，类内距离越小，则意味着此类别内部的样本越接近其质心，样本分布越紧凑。减小类内距离意味着同类样本更加紧密地聚集，这有助于模型更准确地识别并分类这些样本。因此，最小化类内距离有助于模型在实际应用中更准确地识别属于同一类的新样本，提升类内一致性，并提高模型的分类准确性。

$$L_{\text{IntraC}} = \frac{1}{C}\sum_{c=1}^{C}\frac{1}{N_c}\sum_{i=1}^{N_c} d(\text{output}_i, \text{center}_c) \tag{6.26}$$

式中，C 表示类别数；N_c 表示第 c 个类别集合中样本点的个数；output_i 表示样本点的输出值；center_c 表示第 i 个类别的质心，如式（6.27）所示。

$$\text{center}_c = \frac{1}{N_c}\sum_{i\in N_c}\text{output}_i \tag{6.27}$$

式（6.26）中，$d(\cdot,\cdot)$ 表示距离度量，本节选取的是欧氏距离，如式（6.28）所示。

$$d(x,y) = \sqrt{\sum_{i=1}^{n}(x_i - y_i)^2} \tag{6.28}$$

类间距离为不同类别之间质心的平均距离，表示为式（6.29）。类间距离反映了不同类别之间的差异性，类间距离越大，不同类别的样本分布越分散。这种情况下，模型更容易区分不同类别的样本。因此，在优化模型时，增大类间距离是一个重要的考量因素，它有助于提升模型区分不同类别样本的能力。本节所提方法将类间距离设置为倒数形式的目的是增大类间距离。通过最小化这个倒数，可以使模型尽可能增大不同类别之间的距离，从而使类别之间的界限更加明显，并提高模型的区分能力。

$$L_{\text{InterC}} = \frac{1}{C}\sum_{c=1}^{C}\frac{1}{C-1}\sum_{c'\neq c} d\left(\text{center}_c, \text{center}_{c'}\right) \tag{6.29}$$

2. 基于球形决策边界的模型训练

基于球形决策边界的模型训练过程的完整细节见算法 6.2。该过程首先初始化各层神经的权重矩阵以及每个类别的质心和半径。在训练过程中，该算法遍历每一个训练周期（epoch），在每个 epoch 内利用多层图卷积网络进行前向传播，逐层计算节点表示，使用激活函数和归一化的邻接矩阵处理图数据。在完成所有层的前向传播后，算法将根据节点的特征表示计算每个类别的初始质心，并计算所有样本到其对应类别质心的距离，从而对这些距离进行排序。然后，根据预设的保留样本比例 p 选择距离类别质心最近的样本，以保证在训练阶段围绕密集样本区域学习决策边界，同时更新保留样本的质心和半径。随后，使用更新后的节点表示、质心和半径，算法根据本节提出的球形决策边界公式来计算模型的损失函数。这一损失函数综合考虑了类内距离和类间距离的影响，使得同一类别的样本在决策区域内分布更加紧凑，而不同类别的样本之间则保持足够的距离。计算得出损失后，算法通过反向传播过程计算并更新每层的权重。此算法的主要目的是在决策空间中围绕集中分布的样本区域学习鲁棒的决策边界，不仅增强模型对异常对抗样本的防御能力，而且在常规分类任务上展现出更优的性能。

算法 6.2　球形决策边界训练过程

输入：图数据 $G=(A,X)$，样本数 N，类别数 C，激活函数 σ，正则化项系数 λ，循环轮数 n，模型层数 L，保留样本比例 p

输出：更新后的权重矩阵 $W^{(l)}$，更新后的质心 $\text{center}_c, c=1,2,\cdots,C$，更新后的半径 $\text{radius}_c, c=1,2,\cdots,C$

步骤 1：初始化每一层权重矩阵 $W^{(0)},W^{(1)},\cdots,W^{(L-1)}$

步骤 2：初始化每个类别的质心 center_c 和半径 radius_c，其中 $c=1,2,\cdots,C$

步骤 3：for 迭代次数 = 0, 1, …, n　do

步骤 4：　for l = 0, 1, … , L−1　do

步骤 5：　　前向传播计算节点表示 $H^{(l+1)}=\sigma(\tilde{D}^{-\frac{1}{2}}\tilde{A}\tilde{D}^{-\frac{1}{2}}H^{(l)}W^{(l)})$

步骤 6：　end for

步骤 7：　根据输出 $H^{(L)}$ 计算每个类别的初始质心 $\text{initial\_center}_c=\frac{1}{N_c}\sum_{i=1}^{N_c}H^{(L)}$

步骤 8：　计算输出到初始质心的距离 $\text{distance}_c=d(H^{(L)},\text{initial\_center}_c)$

步骤 9：　对距离进行排序并获取索引 $\text{sort\_dist, sort\_idx}=\text{sort}(\text{distance}_c)$

步骤 10：　保留距离质心最近的样本索引 $\text{indices}=\text{sort\_idx}[:(\text{len}(\text{sort\_dist})\times p)]$

步骤 11：　计算更新后的样本输出 $H_{\text{new}}^{(L)}=H^{(L)}[\text{indices}]$

步骤 12：　基于 indices 更新每个类别的样本数 N'_c

步骤 13：　更新质心 $\text{center}_c=\frac{1}{N'_c}\sum_{i=1}^{N'_c}H_{\text{new}}^{(L)}$

步骤 14：　更新半径 $\text{radius}_c=\max d\left(H_{\text{new}}^{(L)},\text{center}_c\right)$

步骤 15：　根据式（6.22）计算总损失

步骤 16：　for l = L−1, … , 0　do

步骤 17：　　反向传播计算权重矩阵的梯度 $\frac{\partial L}{\partial W^{(l)}}$

步骤 18：　　更新权重 $W^{(l)}=W^{(l)}-\alpha\frac{\partial L}{\partial W^{(l)}}$

步骤 19：　end for

步骤 20：end for

3. 基于球形决策边界的类别判断

本节通过引入球形决策边界，并在干净数据集中训练，从而能够在数据空间中构建一个清晰的分类模型，并能够确保在测试阶段利用训练期间获取的更新后的质心和半径进行有效地类别判断。

类别判断过程首先需要计算测试阶段得到的输出向量 output_i 与各类别质心 center_c 之间的欧氏距离，如式（6.30）所示。

$$d_{ic}(\text{output}_i,\text{center}_c)=\sqrt{\sum_{i=1}^{n}[(\text{output}_i-\text{center}_c)_i]^2} \tag{6.30}$$

式中，$\text{output}_i, i=1,2,\cdots,N$ 表示测试集中第 i 个样本的输出向量；$\text{center}_c, c=1,2,\cdots,C$ 表示

类别 c 的质心向量。通过计算这些距离值，可以得到每个测试样本与各个类别质心之间的相对位置关系。

在进行类别判断时，首先检查每个样本 i 是否位于由某个质心 center_c 和半径 radius_c 定义的球形决策区域内，即检查 $d_{ic} \leqslant \text{radius}_c$ 是否成立。如果条件成立，说明样本 i 在该球形决策区域内，则可以进一步进行分类决策。对于在至少一个球形决策区域内的样本，即样本 i 与多个类别质心 center_c 的距离均小于等于类别半径 radius_c，需要为样本 i 选择最合适的类别。在这种情况下，采用最短距离原则，基于距离质心越近的样本，越有可能属于该类别的假设，将样本 i 归类到距离最短的类别。然而，如果一个样本 i 对于所有质心的 d_{ic} 均大于 radius_c，则说明该样本不在任何决策区域中，这个样本则被判定为外部样本，并且拒绝该样本。这样的决策过程有助于识别并拒绝分布位置异常的对抗样本，从而提高模型的对抗鲁棒性。如式（6.31）所示。

$$
\begin{cases} c^* = \arg\min_{c|(d_{ic} \leqslant \text{radius}_c)}, & d_{ic} \leqslant \text{radius}_c \\ \text{外部样本}, & \text{其他} \end{cases} \tag{6.31}
$$

式中，d_{ic} 表示从样本 i 到质心 center_c 的欧氏距离；radius_c 表示与质心 center_c 相关的圆的半径。

6.4.4　实验结果与分析

本实验在四个经典数据集即 Cora 数据集[20]、Citeseer 数据集[21]、PubMed 数据集[22]和 Polblogs 数据集[29]上广泛评估所提出的方法，并且在二层 GCN 上进行在测试集中添加对抗扰动的逃逸攻击，包括无目标攻击（Min-Max 拓扑攻击）、有目标攻击（Nettack 攻击）和随机攻击。对于 Min-Max 拓扑攻击和随机攻击，步长为 0.05，扰动率由 0.0 逐渐增加到 0.25，表示修改边的数量占整体边数量的比例。对于 Nettack 攻击，步长为 1，扰动数由 1.0 逐渐增加到 5.0，表示对于目标节点的扰动数量。在实验中，将学习率设置为 0.01，参数 λ 设置为 0.1，并将保留样本的比例 p 设置为 0.8。

为了评估本节提出的基于球形决策边界的对抗防御方法（SDB-Defense）的性能和鲁棒性，将 SDB-Defense 方法与具有代表性的防御模型 GCN[23]、GAT[27]、RGCN[8]、SimP-GCN[28]进行对比分析。

1. 无目标攻击下的鲁棒性

实验选在 Min-Max 拓扑攻击场景中分析无目标攻击下的对抗鲁棒性，具体实验结果如表 6.7 和图 6.11 所示。

从表 6.7 中呈现的准确率指标可以发现，在 Min-Max 拓扑攻击下，SDB-Defense 模型在不同的攻击强度下都表现出了较高的鲁棒性，特别是在扰动率较大的情况下，其在鲁棒性方面的优势更加显著。例如，在 Cora 数据集中，当不添加扰动时，SDB-Defense 相较于 GCN、GAT、RGCN 和 SimP-GCN 模型，其准确率分别提升了 3.3%、1.4%、0.6% 和 2.2%。当扰动率达到 0.25 时，准确率的提升幅度更为显著，分别达到了 7.8%、2.4%、0.7%和 5.6%。这一趋势在 Citeseer 和 PubMed 数据集中同样得到了验证，充分说明了

SDB-Defense 能够在不同扰动率下维持较高的性能。而在 Polblogs 数据集上，当扰动率小于等于 0.05 时，RGCN 模型的性能较强；随着扰动率的增加，SDB-Defense 模型则表现出较强的鲁棒性。尽管在 Polblogs 数据集中 SDB-Defense 模型的准确率相较于其他模型有所提升，但其提升的幅度较小。

进一步地，图 6.11 呈现了 Min-Max 拓扑攻击下在四个不同数据集中的其他性能指标（Precision、Recall、F1-Score）。从图中可以观察到，SDB-Defense 模型在多数情况下，尤其是在扰动率高的情况下，不仅保持了较高的分类准确率，而且其精确度（Precision）、召回率（Recall）、F1-Score 均高于其他模型，这说明其对攻击的鲁棒性更强。尤其是在 Citeseer 数据集中，SDB-Defense 的性能指标在各个扰动率下均保持在较高水平，并且几乎未受扰动的影响。这进一步证明了 DB-Defense 提高模型在无目标攻击下的对抗鲁棒性方面具有显著优势。

表 6.7　Min-Max 拓扑攻击下节点分类任务的准确率

数据集	模型	扰动率					
		0.00	0.05	0.10	0.15	0.20	0.25
Cora	GCN	0.8558	0.8542	0.8526	0.8297	0.8277	0.8149
	GAT	0.8755	0.8719	0.8715	0.8707	0.8723	0.8683
	RGCN	0.8827	0.8847	0.8846	0.8835	0.8839	0.8851
	SimP-GCN	0.8675	0.8570	0.8562	0.8486	0.8442	0.8361
	SDB-Defense	**0.8891**	**0.8875**	**0.8840**	**0.8835**	**0.8895**	**0.8924**
Citeseer	GCN	0.7583	0.7460	0.7559	0.7455	0.7450	0.7190
	GAT	0.7754	0.7744	0.7735	0.7701	0.7692	0.7697
	RGCN	0.7815	0.7810	0.7801	0.7754	0.7749	0.7773
	SimP-GCN	0.8033	0.8028	0.8014	0.7981	0.7924	0.7896
	SDB-Defense	**0.8061**	**0.8055**	**0.8022**	**0.8037**	**0.8122**	**0.8023**
PubMed	GCN	0.6796	0.6745	0.6678	0.6645	0.6557	0.6556
	GAT	0.8390	0.8370	0.8356	0.8355	0.8329	0.8315
	RGCN	0.8157	0.8145	0.8144	0.8123	0.8108	0.8127
	SimP-GCN	0.7325	0.7230	0.7055	0.7032	0.7019	0.6947
	SDB-Defense	**0.8484**	**0.8481**	**0.8479**	**0.8454**	**0.8550**	**0.8437**
Polblogs	GCN	0.9642	0.9577	0.9496	0.9390	0.9398	0.9098
	GAT	0.9504	0.9390	0.9488	0.9496	0.9423	0.9350
	RGCN	**0.9675**	**0.9648**	0.9642	0.9634	0.9626	0.9621
	SimP-GCN	0.9268	0.9260	0.9138	0.9130	0.9008	0.8902
	SDB-Defense	0.9660	0.9566	**0.9676**	**0.9690**	**0.9678**	**0.9689**

2. 有目标攻击下的鲁棒性

为了全面评估 SDB-Defense 模型在有目标对抗攻击场景下的性能表现，选择经典的有目标对抗攻击方法 Nettack 进行了一系列详尽的实验。表 6.8 为 Nettack 攻击场景下，针对 Cora、Citeseer、PubMed 以及 Polblogs 数据集上的节点分类任务不同防御模型的准确率表现。

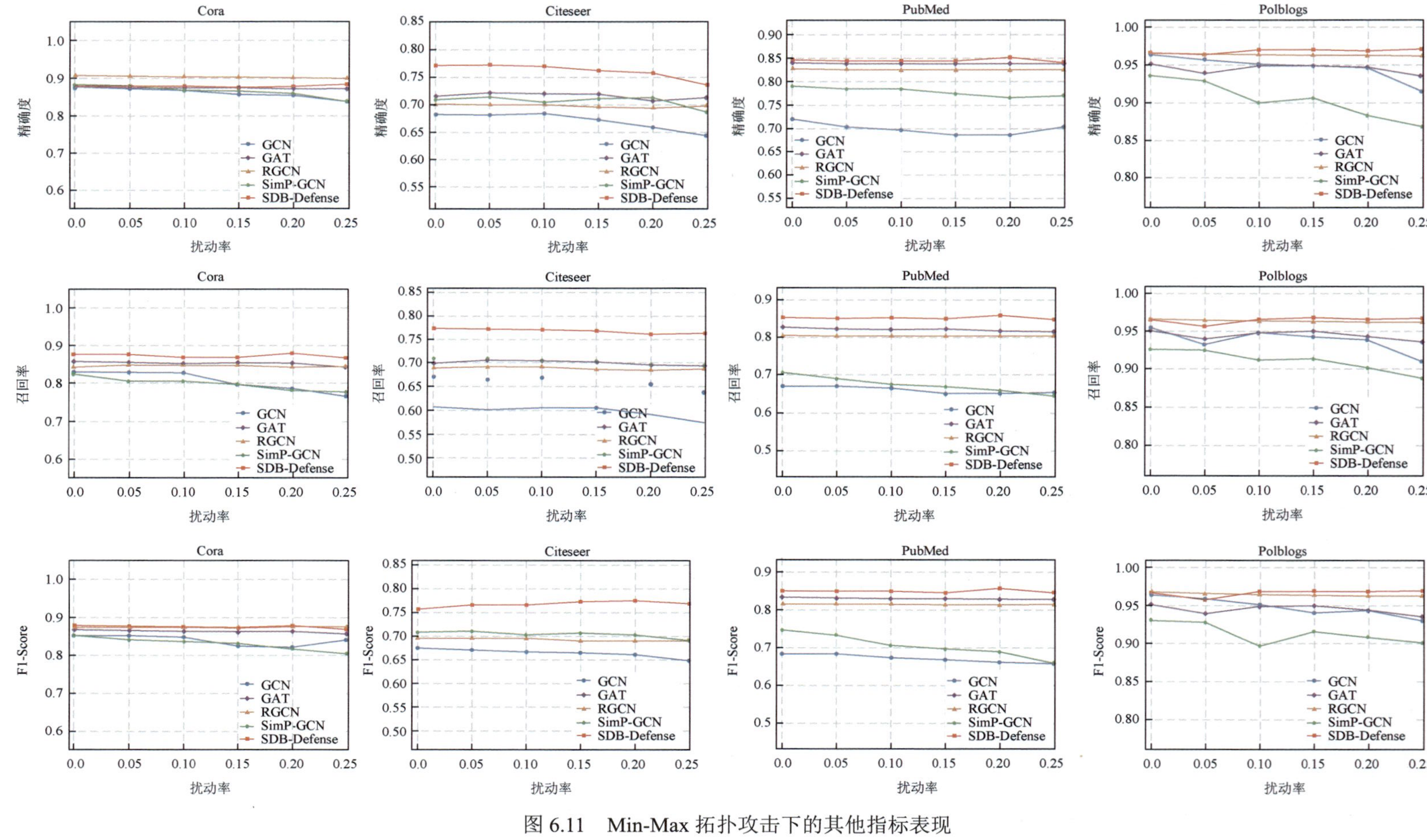

图 6.11　Min-Max 拓扑攻击下的其他指标表现

表 6.8　Nettack 攻击下节点分类任务的准确率

数据集	模型	扰动数					
		0.0	1.0	2.0	3.0	4.0	5.0
Cora	GCN	0.8542	0.8494	0.8301	0.8048	0.7904	0.7554
	GAT	0.8892	0.8699	0.8566	0.8398	0.8169	0.7928
	RGCN	0.8663	0.8627	0.8578	0.8566	**0.8530**	**0.8518**
	SimP-GCN	0.8735	0.8747	0.8675	0.8566	0.8506	0.8373
	SDB-Defense	**0.9474**	**0.8991**	**0.8810**	**0.8610**	0.8301	0.7848
Citeseer	GCN	0.8286	0.8175	0.8159	0.8127	0.8063	0.7952
	GAT	0.8397	0.8365	0.8238	0.8111	0.7984	0.7825
	RGCN	0.8397	0.8365	0.8365	0.8359	**0.8333**	**0.8317**
	SimP-GCN	0.8413	0.8381	0.8397	0.8365	0.8333	0.8302
	SDB-Defense	**0.8703**	**0.8510**	**0.8450**	**0.8408**	0.8206	0.7935
PubMed	GCN	0.8209	0.8148	0.8113	0.7800	0.7678	0.7617
	GAT	**0.9096**	**0.9087**	**0.9078**	**0.9052**	**0.9043**	**0.8974**
	RGCN	0.8809	0.9900	0.8774	0.8765	0.8757	0.8748
	SimP-GCN	0.8270	0.8235	0.8122	0.8104	0.8070	0.7887
	SDB-Defense	0.8828	0.8780	0.8624	0.8610	0.8189	0.8359
Polblogs	GCN	0.9709	0.9663	0.9602	0.9194	0.8961	0.8754
	GAT	0.9756	0.9733	0.9709	0.9678	0.9656	0.9594
	RGCN	0.9739	0.9746	0.9744	0.9743	0.9737	0.9733
	SimP-GCN	0.9296	0.9294	0.9257	0.9143	0.9126	0.9054
	SDB-Defense	**0.9831**	**0.9828**	**0.9814**	**0.9800**	**0.9781**	**0.9587**

通过表 6.8 可以发现，SDB-Defense 模型在大部分数据集上展现了较高的初始准确率，这表明在没有受到任何对抗攻击的情况下，SDB-Defense 模型能够准确地完成节点分类任务，并具有良好的分类性能。随着扰动数的增加，SDB-Defense 模型的准确率虽然有所下降，但在大多数情况下仍然能够保持相对较高的性能。尤其是在扰动数小于 3.0 的情况下，SDB-Defense 模型通常能够维持较高的性能，显示出了其较强的对抗鲁棒性。然而，当扰动数增加到 5.0 时，可以看到 SDB-Defense 模型的准确率普遍出现了明显的下降。这可能是由于随着扰动数的增加，Nettack 攻击的强度逐渐增大，对 SDB-Defense 模型的防御效果产生了较大的影响。尽管如此，与其他对比模型相比，SDB-Defense 模型在大多数情况下仍然表现出了一定的优势，证明了其在大部分情况下能保持较强的鲁棒性，尤其是在扰动数较低时的性能表现更为突出。

本节进一步探讨 Nettack 攻击场景下的其他重要评价指标，如图 6.12 所示。在 Polblogs 数据集中，SDB-Defense 模型几乎在所有扰动水平下都保持了较高的精确度、召回率和 F1-Score。在 Cora 数据集中，当扰动数小于等于 3.0 时，SDB-Defense 模型同样展现出了良好的性能，但随着扰动数的增加，模型的准确率呈现下降趋势。在 PubMed 数据集中，SDB-Defense 的性能相对较差。

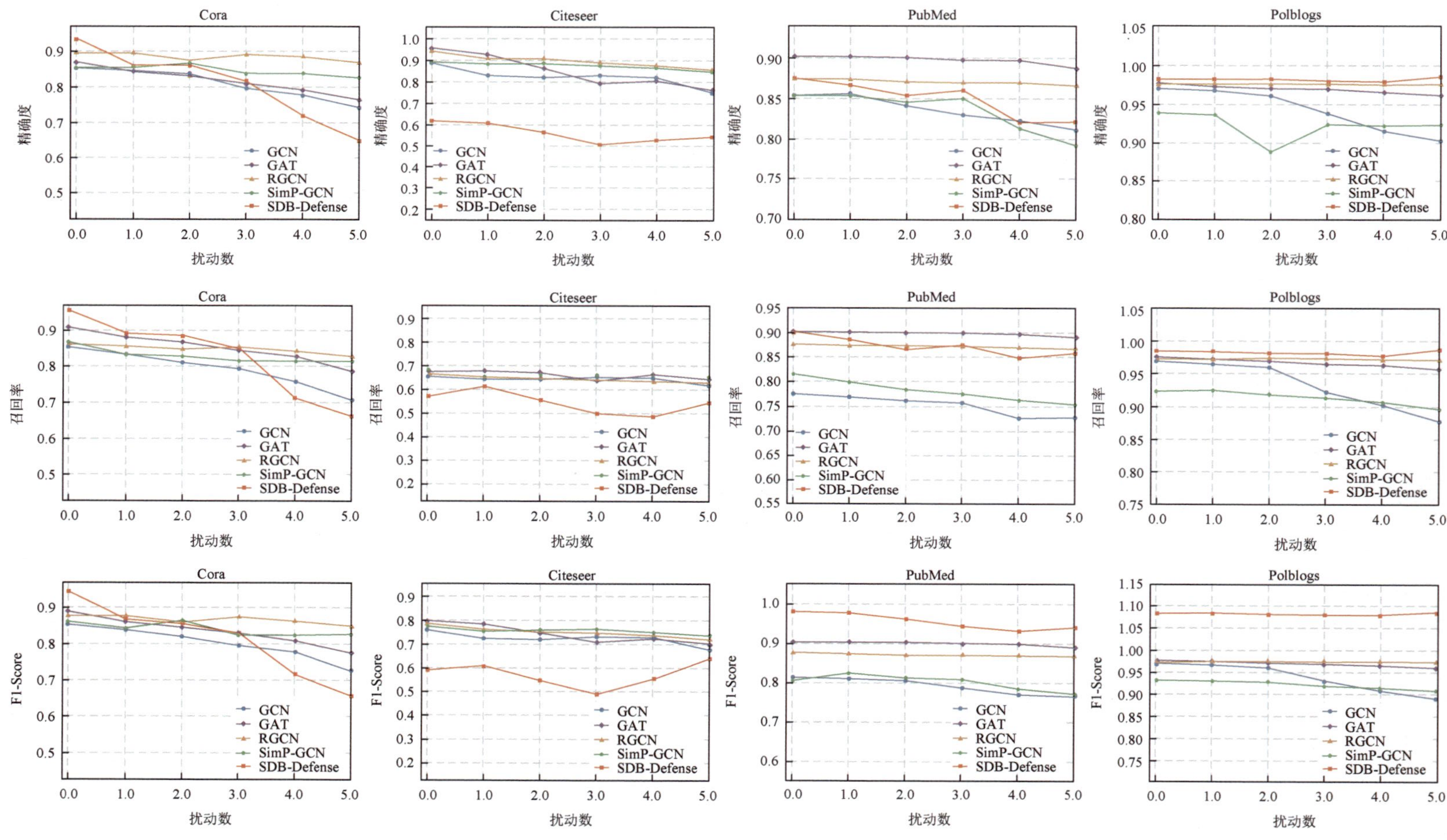

图 6.12 Nettack 攻击下节点分类任务的其他指标表现

3. 随机攻击下的鲁棒性

本节进一步通过实验分析，全面探讨 SDB-Defense 模型在随机攻击下的对抗鲁棒性。实验结果如表 6.9 和图 6.13 所示。

表 6.9　随机攻击下节点分类任务的准确率

数据集	模型	扰动率					
		0.00	0.05	0.10	0.15	0.20	0.25
Cora	GCN	0.8847	0.8827	0.8811	0.8799	0.8691	0.8643
	GAT	0.8823	0.8803	0.8843	0.8787	0.8723	0.8719
	RGCN	0.8859	0.8855	0.8851	0.8863	0.8847	0.8843
	SimP-GCN	0.8643	0.8639	0.8631	0.8606	0.8578	0.8574
	SDB-Defense	**0.8922**	**0.9258**	**0.9008**	**0.8913**	**0.8899**	**0.8859**
Citeseer	GCN	0.7763	0.7711	0.7678	0.7673	0.7649	0.7573
	GAT	0.7711	0.7654	0.7635	0.7630	0.7597	0.7555
	RGCN	0.7882	0.7877	0.7863	0.7853	0.7844	0.7834
	SimP-GCN	0.7957	0.7943	0.7962	0.7948	0.7924	0.7915
	SDB-Defense	**0.7959**	**0.8119**	**0.8036**	**0.7966**	**0.8050**	**0.8038**
PubMed	GCN	0.7585	0.7409	0.7354	0.7150	0.6990	0.6966
	GAT	0.8397	0.8324	0.8215	0.8078	0.7947	0.7855
	RGCN	0.8205	0.8166	0.8147	0.8139	0.8133	**0.8145**
	SimP-GCN	0.7125	0.7063	0.7064	0.7009	0.6987	0.6947
	SDB-Defense	**0.8541**	**0.8465**	**0.8264**	**0.8241**	**0.8176**	0.8120
Polblogs	GCN	0.9171	0.8894	0.8878	0.8854	0.8561	0.8447
	GAT	0.9415	0.9171	0.8894	0.8626	0.8610	0.8569
	RGCN	0.9659	**0.9650**	**0.9650**	**0.9642**	**0.9634**	**0.9618**
	SimP-GCN	0.8967	0.8520	0.8333	0.8098	0.8008	0.7797
	SDB-Defense	**0.9669**	0.9552	0.9121	0.8924	0.9059	0.9435

首先，从准确率的角度进行分析。从表 6.9 可以观察到，在随机攻击中，SDB-Defense 模型在大部分情况下通常显示出较强的对抗鲁棒性和优异的性能。在 Cora 数据集中，随着扰动的增加，SDB-Defense 模型不仅保持了较高的初始准确率，而且在各个扰动级别下的表现均优于其他对比模型。这充分证明了 SDB-Defense 模型对随机扰动的强大适应能力，使其能够在复杂多变的攻击环境中保持稳定的性能。在 Polblogs 数据集中，SDB-Defense 模型的表现同样突出，在扰动率为 0.25 的情况下，SDB-Defense 模型依然能够保持高达 0.9435 的准确率，尤其是在无扰动的情况下，表现超过了其他对比模型。在 Citeseer 和 PubMed 数据集上，SDB-Defense 模型同样展现了良好的性能，该模型能够在不同的扰动级别下保持相对稳定的准确率。

从其他指标的可视化图（图 6.13）可以观察到，SDB-Defense 模型在大多数数据集和指标中表现出色，在 Cora 数据集中，SDB-Defense 模型在召回率和 F1-Score 值方面表现优异，这进一步证明了其较高的鲁棒性。在 Citeseer 数据集上，SDB-Defense 模型的性能均优于其他模型。相较之下，在 PubMed 数据集和 Polblogs 数据集上，SDB-Defense 模型的表现相对较差。总体来看，SDB-Defense 模型在大多数数据集和扰动情况下都展现了良好的性能。

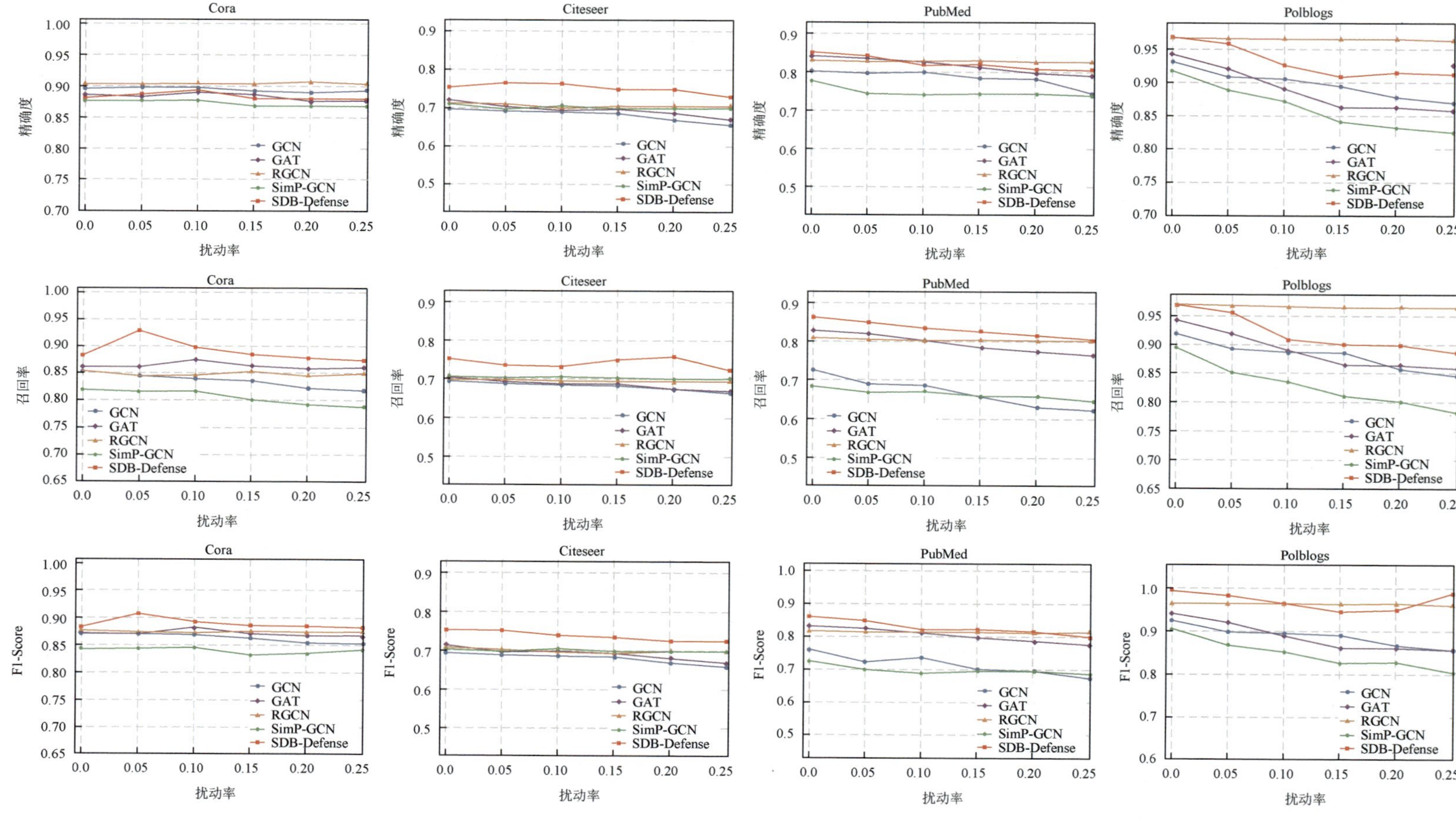

图 6.13　随机攻击下的其他指标表现

4. 决策空间可视化

为了更直观地展示 SDB-Defense 模型的性能，图 6.14 呈现出在 Cora 数据集中，当受到 5%扰动率的 Min-Max 拓扑攻击时，不同防御方法训练的模型在决策空间的可视化结果。

通过观察不同模型的类别分布可以发现，尽管在 GCN、GAT、RGCN 和 SimP-GCN 方法中，相同类别的样本分布具有一定程度的聚集，但类与类之间的界线并不明显，尤其在类别交界的部分，样本分布显得相对混乱。相比之下，在 SDB-Defense 模型的决策空间可视化结果中，类别之间界线比较清晰。此外，SDB-Defense 模型通过执行对分布位

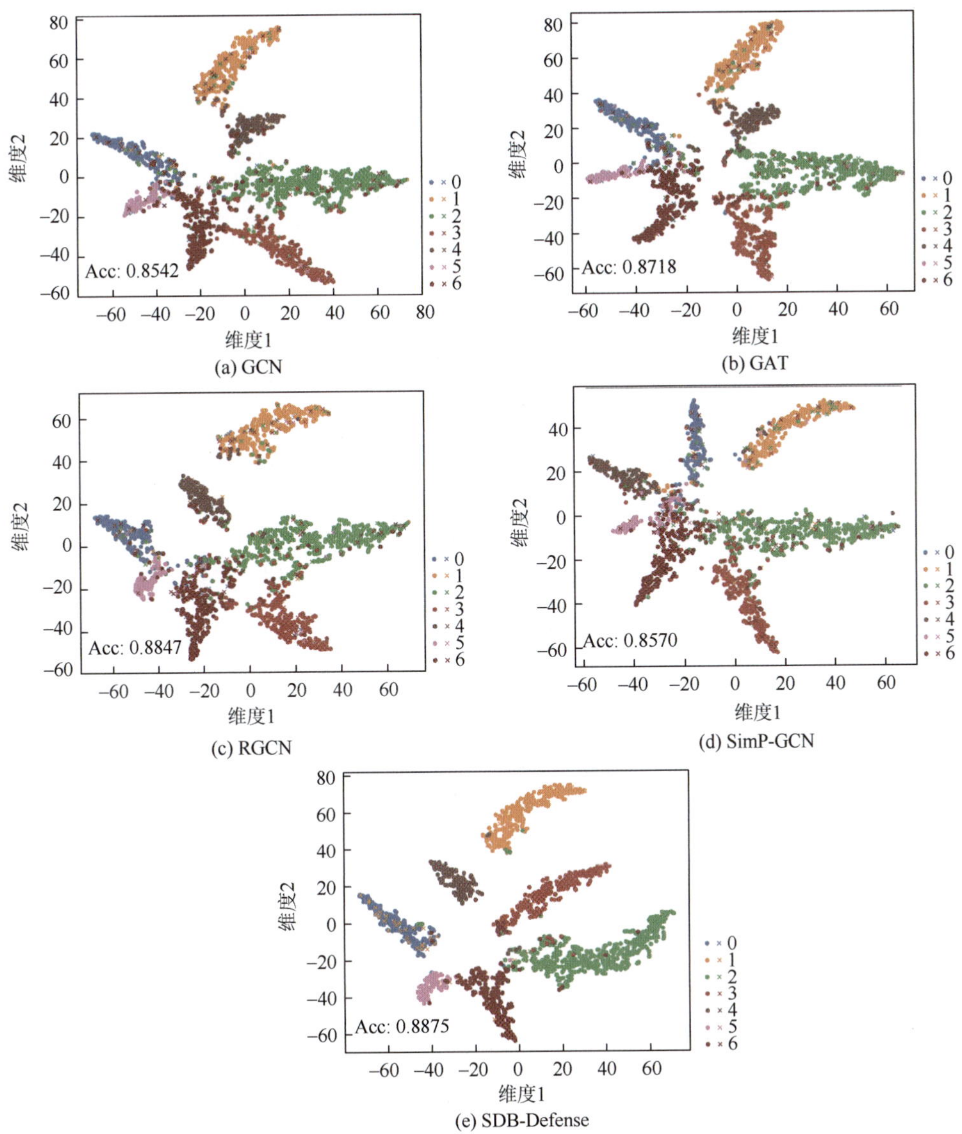

(a) GCN (b) GAT (c) RGCN (d) SimP-GCN (e) SDB-Defense

图 6.14 不同模型在 Cora 数据集中受到 5%扰动率的 Min-Max 拓扑攻击时的决策空间可视化结果

置异常样本的删除操作，有效去除了位于拒绝决策区域内分布位置异常的对抗样本。同时，SDB-Defense 模型在所有比较的方法中显示了最高的准确率，达到了 0.8875，这不仅证明了其在分类任务中的有效性，也反映了其在面对对抗攻击时的鲁棒性。

6.5　本 章 小 结

在对图模型对抗防御方法进行研究时，不能仅着眼于样本之间的关系或者模型结构参数的调优，而是应该更多地关注样本自身特点和内部结构。本章在图数据内在特征的基础上，分别从图数据局部结构、全局结构、分类决策边界三个角度提出对抗防御方法，在现实数据集上都表现出优秀的性能，为进一步研究图模型安全和应用图模型对抗防御方法奠定了更加坚实的基础。

参 考 文 献

[1] Wu H J, Wang C, Tyshetskiy Y, et al. Adversarial examples on graph data: Deep insights into attack and defense[J]. arXiv: 1903.01610, 2019.

[2] Entezari N, Al-Sayouri S A, Darvishzadeh A, et al. All you need is low(rank): Defending against adversarial attacks on graphs[C]//Proceedings of the 13th International Conference on Web Search and Data Mining, Houston. Texas, USA, 2020: 169-177.

[3] Xu X J, Yu Y, Li B, et al. Characterizing malicious edges targeting on graph neural networks[C]//Proceedings of International Conference on Learning Representations. New Orleans, Louisiana, USA, 2019: 1-13.

[4] Liu N H, Yang H X, Hu X. Adversarial detection with model interpretation[C]//Proceedings of the 24th ACM SIGKDD International Conference on Knowledge Discovery & Data Mining. London, United Kingdom, 2018: 1803-1811.

[5] Feng F L, He X N, Tang J, et al. Graph adversarial training: Dynamically regularizing based on graph structure[J]. IEEE Transactions on Knowledge and Data Engineering, 2019, 33(6): 2493-2504.

[6] Xu K D, Chen H G, Liu S J, et al. Topology attack and defense for graph neural networks: An optimization perspective[C]//Proceedings of the Twenty-Eighth International Joint Conference on Artificial Intelligence(IJCAI-19). Macao, China, 2019: 3961-3967.

[7] Tang X F, Li Y D, Sun Y W, et al. Transferring robustness for graph neural network against poisoning attacks[C]//Proceedings of the 13th International Conference on Web Search and Data Mining. Houston, Texas, USA, 2020: 600-608.

[8] Zhu D Y, Zhang Z W, Cui P, et al. Robust graph convolutional networks against adversarial attacks[C]//Proceedings of the 25th ACM SIGKDD International Conference on Knowledge Discovery and Data Mining. Anchorage, AK, USA, 2019: 1399-1407.

[9] Zhang X, Zitnik M. Gnnguard: Defending graph neural networks against adversarial attacks[J]. arXiv: 2006.08149, 2020.

[10] Zhang Y X, Regol F, Pal S, et al. Detection and defense of topological adversarial attacks on graphs[C]//Proceedings of the 24th International Conference on Artificial Intelligence and Statistics, 2021: 2989-2997.

[11] Ioannidis V N, Berberidis D, Giannakis G B. Graphsac: Detecting anomalies in large-scale graphs[J]. arXiv: 1910.09589, 2019.

[12] Zhang Y, Khan S, Coates M. Comparing and detecting adversarial attacks for graph deep learning[C]//Representation Learning on Graphs and Manifolds. ICLR 2019 Workshop, New Orleans, USA, 2019: 1-7.

[13] Jin W, Ma Y, Liu X R, et al. Graph structure learning for robust graph neural networks[C]//Proceedings of the 26th ACM SIGKDD International Conference on Knowledge Discovery and Data Mining. CA, USA, 2020: 66-74.

[14] Wang B H, Jia J Y, Cao X Y, et al. Certified robustness of graph neural networks against adversarial structural perturbation[J].

arXiv: 2008.10715, 2020.

[15] Zügner D, Günnemann S. Certifiable robustness and robust training for graph convolutional networks[C]//Proceedings of the 25th ACM SIGKDD International Conference on Knowledge Discovery and Data Mining. Anchorage, AK, USA, 2019: 246-256.

[16] Wu T, Yang N, Chen L, et al. ERGCN: Data enhancement-based robust graph convolutional network against adversarial attacks[J]. Information Sciences, 2022, 617: 234-253.

[17] Zügner D, Günnemann S. Adversarial attacks on graph neural networks via meta learning[C]//International Conference on Learning Representations. Vancouver, Canada, 2018: 1-15.

[18] Xie Q Z, Luong M T, Hovy E, et al. Self-training with noisy student improves imagenet classification[C]//Proceedings of the IEEE/CVF Conference on Computer Vision and Pattern Recognition(CVPR). Seattle, WA, USA, 2020: 10687-10698.

[19] Moosavi-Dezfooli S M, Fawzi A, Frossard P. Deepfool: A simple and accurate method to fool deep neural networks[C]// Proceedings of the IEEE Conference on Computer Vision and Pattern Recognition(CVPR). Las Vegas, NV, USA, 2016: 2574-2582.

[20] Xie Q Z, Luong M T, Hovy E, et al. Self-training with noisy student improves imagenet classification[C]//2020 IEEE/CVF Conference on Computer Vision and Pattern Recognition(CVPR). Seattle, WA, USA, 2020: 10684-10695.

[21] Sen P, Namata G, Bilgic M, et al. Collective classification in network data[J]. AI Magazine, 2008, 29(3): 93-106.

[22] Namata G, London B, Getoor L, et al. Query-driven active surveying for collective classification[C]//10th International Workshop on Mining and Learning with Graphs. Edinburgh, Scotland, UK, 2012: 1-8.

[23] Kipf T N, Welling M. Semi-supervised classification with graph convolutional networks[J]. arXiv: 1609.02907, 2016.

[24] Zügner D, Akbarnejad A, Günnemann S. Adversarial attacks on neural networks for graph data[C]//Proceedings of the 24th ACM SIGKDD International Conference on Knowledge Discovery & Data Mining. London, United Kingdom, 2018: 2847-2856.

[25] Wu T, Luo J H, Qiao S J, et al. Multi-view ensemble learning based-robust graph convolutional networks against adversarial attacks[J]. IEEE Internet of Things Journal, 2024, 11(16): 27700-27714.

[26] Jeh G, Widom J. Simrank: A measure of structural-context similarity[C]//Proceedings of the Eighth ACM SIGKDD International Conference on Knowledge Discovery and Data Mining. Edmonton, Alberta, Canada, 2002: 538-543.

[27] Veličković P, Cucurull G, Casanova A, et al. Graph attention networks[J]. arXiv: 1710.10903, 2017.

[28] Jin W, Derr T, Wang Y Q, et al. Node similarity preserving graph convolutional networks[C]//Proceedings of the 14th ACM International Conference on Web Search and Data Mining. Israel, 2021: 148-156.

[29] Adamic L A, Glance N. The political blogosphere and the 2004 U.S. election: divided they blog[C]//Proceedings of the 3rd International Workshop on Link Discovery. Chicago, USA, 2005: 36-43.

第 7 章　图模型鲁棒性解释、测评与修复

实现图学习模型鲁棒性的前提是深刻理解图学习模型的执行过程以及对抗攻击的底层机理。鉴于图神经网络训练及决策过程与训练数据、隐藏层神经元、模型损失函数、模型架构等之间的紧密关系，可以从以上角度通过解释分析发现模型鲁棒性的关键影响因子，从而支撑鲁棒性图神经网络的构建。同时，保障智能系统的安全水平，鲁棒性图学习模型构建的重要条件是对模型的鲁棒性进行准确的评价，因此图模型的鲁棒性评测研究具有重要意义。另外，由于模型构建者自身及环境的局限性，模型往往是不完善的，而重新训练模型是代价高昂的，因此对存在缺陷的模型进行修复具有重要的实际价值。本章将从解释分析、鲁棒性测评、模型修复三个角度介绍图学习模型对抗鲁棒性的相关工作。

7.1　图模型鲁棒性的探索性分析

当前，研究人员对图模型对抗脆弱性的底层机理仍然缺乏深入、全面的理解，这严重制约了对抗攻击的防御和鲁棒性图学习模型的构建。为了揭示对抗攻击的本质原因、发现影响图模型对抗脆弱性的关键因素，本节将对图神经网络在对抗攻击环境下的表现做系统性的探索分析。

7.1.1　图神经网络对抗攻击鲁棒性探索

模型训练本质上是通过模型架构对训练数据进行拟合，从而将样本映射到模型的决策空间，并依此进行模型决策。因此，模型决策空间的样本分布反映了模型鲁棒性的固有性质，模型训练数据和模型架构与模型鲁棒性息息相关。同时，对抗性可迁移性直接影响对抗性样本对于各个目标模型的可用性，进而影响目标模型的安全风险。本节通过考虑图数据的结构模式、模型影响因素和对抗样本的迁移性系统地研究 GNN 的对抗鲁棒性。

1. 图数据的结构模式

（1）训练图数据的规律性。图数据通常包含规律性结构和不规律性结构两部分。规律性结构指的是图数据中存在一定的结构和规律，这些规律可以被解释和建模；不规律性结构则指的是图数据中存在一些无法被解释的随机性和复杂性的结构。因此，深入理解图数据模式对模型的训练和预测至关重要。图数据的结构规律性可以通过比较随机删除部分链路之后图数据的结构特征是否保持一致性来衡量，这种规律性与预测缺失链路的能力密切相关。图结构的规律性可以形式化地表示为[1]

$$\sigma_c = |\varepsilon^L \cap \Delta\varepsilon| / \Delta\varepsilon \tag{7.1}$$

式中，ε^L 表示前 L 个预测的链路的集合；$\Delta\varepsilon$ 表示随机移除的链路的集合。

在对抗攻击场景中，攻击者通过破坏输入图数据的结构模式，使其变得更加不规律。因此，图中的不规律部分可以直接视为对抗扰动。由于使用完全规律的图数据训练出来的模型很难识别对抗扰动，GNN 的固有复杂性引发了一个问题，即具有不同结构规律性的图数据如何影响模型对于对抗攻击的鲁棒性。

（2）图数据的特征指标。攻击者可以通过修改训练图数据的结构，误导 GNN 生成不准确的结果。与图像和文本数据不同，图数据并不具备天然的语义性。因此，为了理解对抗扰动的结构特征，本节采用图数据的经典特征指标来进行对抗扰动的刻画，包括度数（D_i）、聚类系数（C_i）、度中心性（DC_i）、介数中心性（BC_i）、紧密度中心性（CC_i）、特征向量中心性（EC_i）、Katz 中心性（KC_i）、邻居度数（ND_i）、边介数中心性（EBC_i）和边负载中心性（ELC_i）[2]。

2. 模型影响因素

（1）模型架构。自从 GCN 模型被提出用于半监督节点分类任务以来，GNN 的研究取得了飞速的进展。针对不同的任务场景、学习范式和数据特征，涌现出众多新型 GNN 架构，包括 GAT[3]、GraphSAGE[4]等。然而，由于 GNN 层内机制、层间机制相对独立，研究者难以通过比较分析确定鲁棒性 GNN 设计的明确方向。换句话说，鲁棒性 GNN 的发展缺乏明确的指导原则。

不同的模型架构具有不同的内部机制，适当的模型架构可以提取出鲁棒的特征表示，从而提高模型性能。受 GNN 设计空间[5]启发，现有的工作只关注了特定的 GNN 设计，而没有关注模型设计空间，这限制了鲁棒 GNN 的发现。因此，有必要系统地研究对抗攻击下的 GNN 架构的影响。

（2）模型容量。模型容量（model capacity）是指模型拟合不同函数以将输入映射到输出的能力。在机器学习中，模型容量较小的模型可能无法充分学习训练数据，而模型容量过大的模型可能会因为过拟合而记住训练数据，即不同容量的模型可能会在训练数据集上出现欠拟合或过拟合的情况。因此，如何在保持模型性能的同时，又能够平衡模型的容量，是一个重要的课题。为了探索模型容量对 GNN 模型鲁棒性的影响，可以通过设定层数来定义 GNN 模型的容量，更多层的模型具有更大的容量。

（3）敏感神经元。神经元作为深度神经网络的基本构成单元，其核心作用是通过激活函数实现非线性转换，从而产生最终的输出。由于模型的输出是每个隐藏层中神经元共同作用的结果，对抗攻击引起的模型结果变化源于对抗扰动对模型中神经元的影响，不可察觉的扰动使得受影响的神经元的激活值发生显著变化，这引发了错误的隐藏层输出，最终导致不准确的结果。因此，可以从神经元的角度探索图学习模型的对抗鲁棒性。

为了从神经元的角度更好地理解对抗攻击行为，可以通过分析对抗攻击前后神经元的差异找出对不准确模型结果起到最重要作用的敏感神经元。如果隐藏层中的神经元全部稳定且在对抗攻击下不会出现显著性能下降的情况，那么模型会形成稳定的表示并做出正确的预测。因此，如果敏感神经元只占模型中神经元的一小部分，那么可以通过定位和修复敏感神经元来增强模型的鲁棒性。为了识别敏感神经元，给定一个神经元函数 $m(\cdot)$，如果数据集 D 中的两个样本 x_1 和 x_2 相似，那么它们在神经元上应该有相似的输出[6]。

$$\text{if}\ \|x_1 - x_2\| \leqslant \varepsilon \Rightarrow \|m(x_1) - m(x_2)\| \leqslant \delta \tag{7.2}$$

式中，$\|\cdot\|$ 表示用于量化样本之间距离的度量；ε 和 δ 取极小的值。

由于对抗扰动的不可察觉性，良性样本 x_i 和对应的对抗样本 $\hat{x}_i$ 应该相似并遵循上述事实。为了衡量两者之间的差异，可以基于良性样本 x_i 和对抗样本 $\hat{x}_i$ 特征表示的偏差来量化神经元的敏感性，敏感神经元的度量公式如下：

$$\sigma(m, \bar{D}) = \frac{1}{N}\sum_{i=1}^{N}\frac{1}{\dim(m(x_i))}\|m_F(x_i) - m(\overline{x}_i)\| \tag{7.3}$$

式中，$\bar{D}$ 表示样本对的集合，$\bar{D} = \{(x_i, \overline{x}_i)\}$，$i = 1, 2, \cdots N$；$\dim(\cdot)$ 表示向量的维度；σ 的取值越大，表示神经元越敏感。

3. 对抗样本的迁移性

提高 GNN 的对抗鲁棒性，除了构建适当的训练图数据和模型架构外，还有一个关键因素，就是理解并降低对抗样本在不同模型之间的迁移性。最近的研究发现，对抗样本具有跨模型迁移的特性，即一个针对特定模型的对抗样本，往往可以以相当高的成功率攻击其他具有不同架构和训练集的目标模型。对抗样本的迁移特性启发了黑盒对抗攻击的发展，其首先训练代理模型（源模型）来模拟目标模型，然后在不与目标模型进行交互的情况下利用它生成对抗样本。因此，理解对抗样本迁移性的本质是鲁棒性 GNN 设计中的重要问题。

最近的几项研究分析了对抗样本的迁移性。具体地，Fan 等[7]发现精心制作的对抗样本总是容易与模型过拟合，因此他们通过设计适当的模型架构和解决过拟合问题来提高对抗样本的迁移性。Wiedeman 等[8]提出，容量较低和复杂度较低的模型更容易受到对抗攻击，抵抗强攻击需要在高容量网络上进行训练以拟合复杂的决策边界。同时，许多研究通过证明不同模型之间的决策边界的相关性来解释对抗迁移性[9, 10]。因此，深入探讨模型架构和模型容量对 GNN 对抗样本迁移性的影响对防御对抗攻击具有重要意义。

7.1.2　图神经网络对抗攻击鲁棒性实证分析

本节通过实验分析研究图数据的结构模式、模型特定因素和对抗样本的迁移性对 GNN 鲁棒性的影响，使用 Cora、Citeseer 和 PubMed 数据集进行实验，采用主流的 GCN、GAT 和 GAE 作为目标模型。

1. 基于图数据结构模式的对抗鲁棒性解释研究

1）训练图数据的结构规律性

为了说明具有不同结构模式的图数据对 GNN 鲁棒性的影响，本节从社团结构的角度生成了具有不同结构规律的人工图。具体来说，假设具有显著社团结构的图具有高度的结构规律性，采用基准网络生成算法 Lancichinetti-Fortunato-Radicchi（LFR）[11]生成具有不同结构规律的人工图数据，如图 7.1 所示。LFR 基准图生成算法具有大量参数，其中混合参数 μ 决定了图形的规律性，其公式为

$$\mu = \frac{K_c}{N} \tag{7.4}$$

式中，K_c 表示当前节点与其他社团的链路数；N 表示当前节点链路的总数。μ 越大，不同社团之间链路越多，图数据越不规律。$\mu = 0$，不同社团之间没有链路，此时的图数据是完全纯净和规则的。在图 7.1 中，将 μ 分别设置为 0.00、0.02、0.04、0.06、0.08 和 0.10，人工图的结构规律性由强到弱变化。

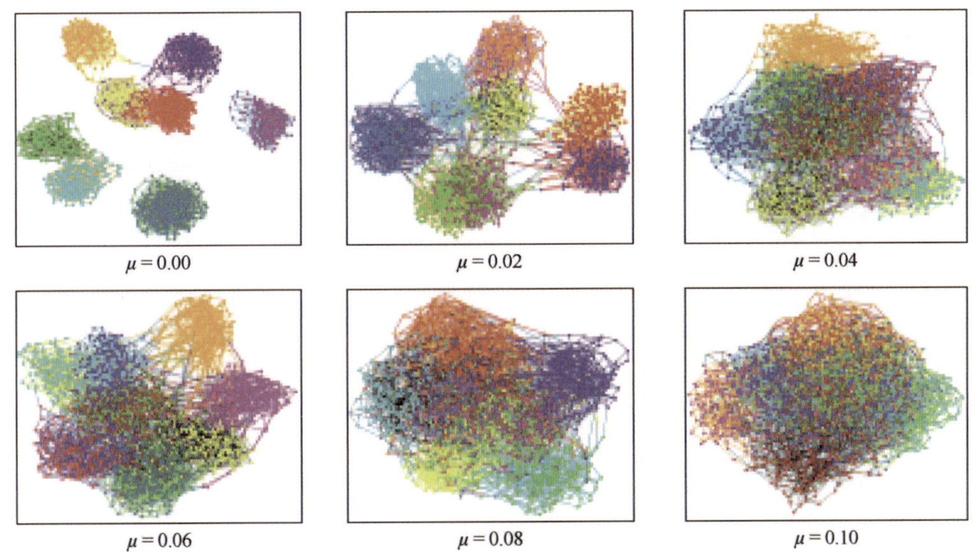

图 7.1　具有不同结构规律性的人工图数据

本节在生成的人工图数据上训练 GCN 模型，进行节点分类，使用三种典型的对抗性攻击方法（Mettack[12]、Nettack[13]和 Random Attack）欺骗模型，如图 7.2 所示。红色节点和链路为扰动结构，蓝色节点和链路为原始拓扑。在实验中，本节考虑投毒攻击，目标模型在扰动图上重新训练，这对攻击者来说更具挑战性，但它更好地反映了现实世界的场景。

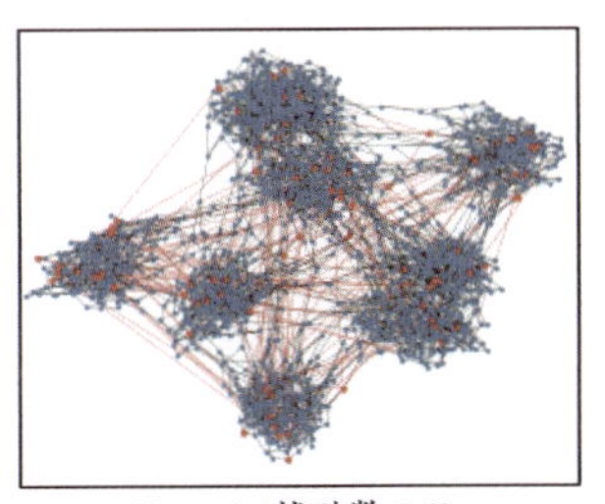

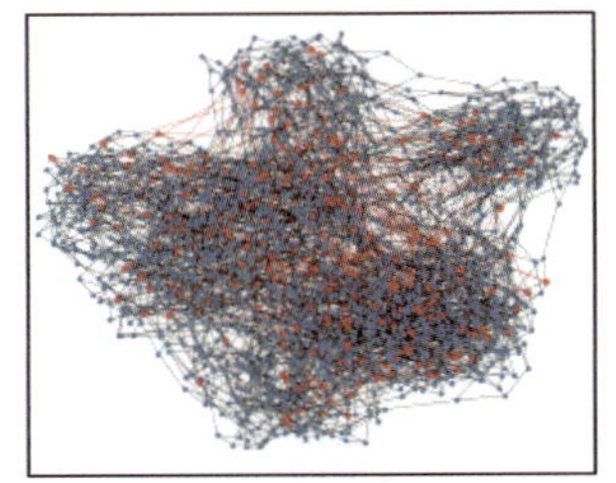

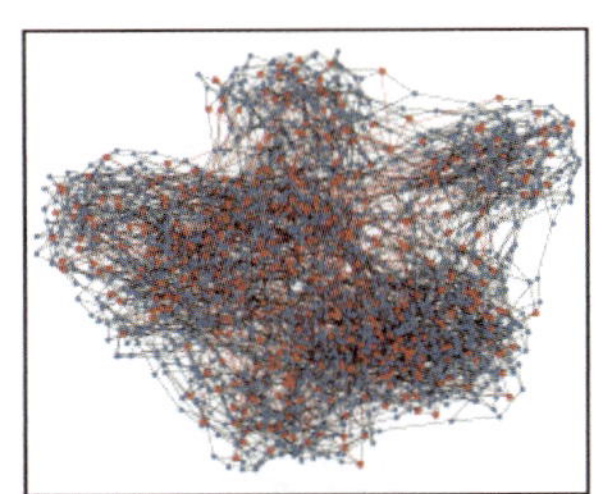

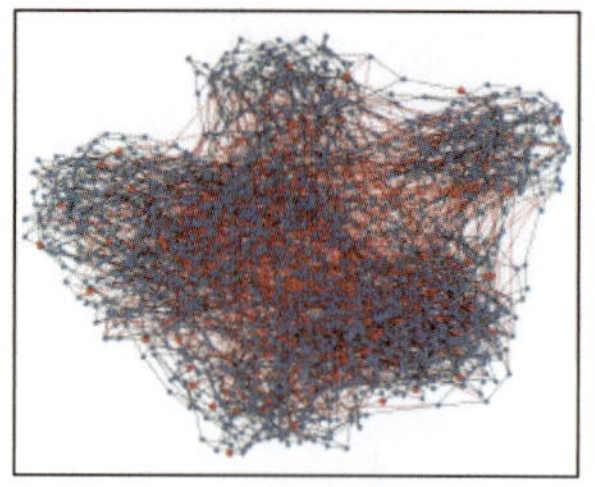

Nettack (扰动数 4.0)

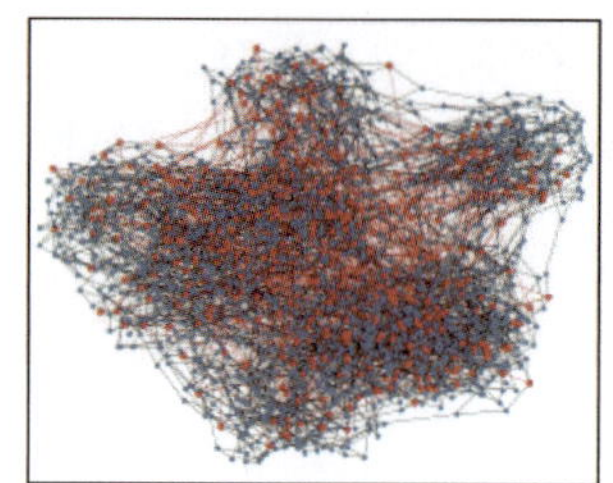

Mettack (扰动率 10%)

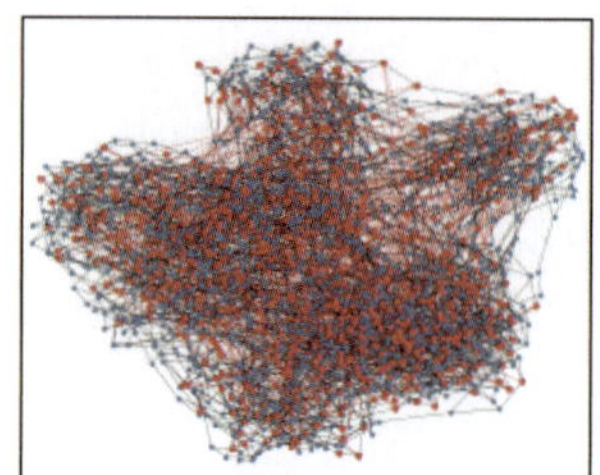

Random Attack (扰动率 10%)

图 7.2　典型攻击方法下的对抗图

本节使用分类精度作为评价指标。分类精度越高，模型的对抗鲁棒性越高。表 7.1 展示了 GCN 模型在不同对抗攻击下的分类准确率。表中从左到右的混合参数 μ，表明对抗图的结构规律性逐渐减弱。实验发现，当 $\mu = 0.00$ 时，分类准确率较低，当混合参数增加到 0.06 时达到最高点（除了在扰动为 2.0 的 Nettack 中出现 0.02 的峰值），然后分类准确率随着 μ 的增加而下降。也就是说，随着训练图结构规律性的降低，分类准确率先增加后降低。这表明训练图数据的结构模式对 GNN 的对抗鲁棒性至关重要，而规律性强的图数据在模型训练时，对模型的对抗鲁棒性是有害的，鲁棒性 GNN 的构建需要使用具有适当结构规律性的训练图数据。

表 7.1　GCN 模型在三种典型对抗性攻击下的分类准确率

攻击方法	μ					
	0.00	0.02	0.04	0.06	0.08	0.10
Mettack（扰动率 0%）	0.7186	0.7550	**0.7693**	0.7639	0.7504	0.7492
Mettack（扰动率 5%）	0.7184	0.7427	0.7550	**0.7748**	0.7498	0.7489
Mettack（扰动率 10%）	0.7049	0.7064	0.6411	**0.7712**	0.6318	0.6296
Nettack（扰动数 0.0）	0.7108	**1.0000**	1.0000	1.0000	1.0000	1.0000
Nettack（扰动数 2.0）	0.5012	**0.6398**	0.6169	0.6120	0.5699	0.5675
Nettack（扰动数 3.0）	0.1470	0.1211	0.1048	**0.9319**	0.7982	0.7108
Random Attack（扰动率 0%）	0.7181	0.7541	0.7582	**0.7635**	0.7509	0.7507
Random Attack（扰动率 5%）	0.7160	0.7538	0.7573	**0.7627**	0.7508	0.7505
Random Attack（扰动率 10%）	0.7153	0.7509	0.7564	**0.7618**	0.7498	0.7481

对抗训练是提高 GNN 对抗鲁棒性的一种常见方法，该方法将对抗样本添加到训练数据中，并利用扩充后的数据进行模型训练。由于对抗攻击在一定程度上都试图连接相似度低的节点，这类似于图中的不规则链接。因此，对抗训练和图结构规律性之间存在内在一致性。表 7.2 给出了对抗训练下 GCN 的分类准确率，其中对抗样本加入训练集的比例逐渐增加。当向训练集添加对抗样本的比例达到 0.06 时，训练出来的模型的准确率逐渐增加并达到峰值。随后，模型的准确率随着添加对抗样本比例的增加而逐渐下降。因

此，可以得出对抗训练的本质是改变训练图数据的结构模式，而对抗训练仅在训练数据的结构规律性达到特定水平时才有效。这证实了本章研究的发现，即图数据的结构规律性对 GNN 的对抗鲁棒性具有重要影响。

表 7.2　对抗训练下 GCN 的分类准确率

数据集	μ					
	0.00	0.02	0.04	0.06	0.08	0.10
Cora	0.7445	0.7456	0.7471	0.7499	0.7495	0.7480
Citeseer	0.6479	0.6485	0.6486	0.6516	0.6514	0.6511
PubMed	0.8104	0.8117	0.8130	0.8159	0.8156	0.8141

2）对抗扰动的结构特征

为了理解对抗攻击背后的工作机制，本节探讨对抗扰动的结构特征。具体地，引入 10 种经典的图结构度量，这些度量方法涵盖节点和链路的多个方面，能够全面反映图的结构特性。随后比较受到对抗扰动以及未被扰动的节点和链路的结构度量的差异，表 7.3 和表 7.4 为对抗攻击下图结构特征的变化情况。实验结果显示，无论是节点度量还是链路度量，受到对抗扰动的度量值普遍高于原始度量值。这一发现表明，对抗扰动对图结构产生了显著影响，使得图的结构特性发生了明显变化。特别是在介数中心性、紧密中心性、特征向量中心性和链路介数中心性这些指标上，对抗扰动的数值显著大于原始值。这些度量指标的变化呈现出与对抗扰动的强相关性，揭示了对抗扰动的偏好，这意味着可以根据图结构特征度量指标对图数据中的对抗扰动进行识别和预处理，从而减轻对抗攻击对 GNN 性能的影响。

表 7.3　GNN 对抗攻击的图结构特征图（1）

特征	Mettack（扰动率 5%）		Nettack（扰动数 2.0）		Random Attack（扰动率 5%）	
	未扰动 节点/链路	扰动 节点/链路	未扰动 节点/链路	扰动 节点/链路	未扰动 节点/链路	扰动 节点/链路
D	3.3512	**5.1348**	3.6853	**4.3614**	3.3511	**4.4145**
C	0.0055	**0.0049**	0.0061	**0.0020**	0.0056	**0.0034**
DC	0.0013	**0.0021**	0.0015	**0.0018**	0.0013	**0.0018**
BC	0.0020	**0.0089**	0.0023	**0.0038**	0.0022	**0.0054**
CC	0.0089	**0.1493**	0.1474	**0.1554**	0.1296	**0.1376**
EC	0.0113	**0.0408**	0.0119	**0.0202**	0.0158	**0.0284**
KC	0.0196	**0.0242**	0.0198	**0.0219**	0.0196	**0.0221**
ND	3.5744	**4.2358**	3.9209	**4.4815**	3.5873	**3.7886**
EBC	0.0016	**0.0050**（+）	0.0013	**0.0029**（+） 0.0021（–）	0.0014	**0.0026**（+）

续表

特征	Mettack（扰动率 5%）		Nettack（扰动数 2.0）		Random Attack（扰动率 5%）	
	未扰动节点/链路	扰动节点/链路	未扰动节点/链路	扰动节点/链路	未扰动节点/链路	扰动节点/链路
ELC	14220	**43948**（+）	15540	**70521**（+） 19066（–）	15096	**31478**（+）

注：“+”表示“添加链路”，“–”表示“删除链路”。

表 7.4 GNN 对抗性攻击的图结构特征（2）

特征	Mettack（扰动率 10%）		Nettack（扰动数 4.0）		Random Attack（扰动率 10%）	
	未扰动节点/链路	扰动节点/链路	未扰动节点/链路	扰动节点/链路	未扰动节点/链路	扰动节点/链路
D	3.3580	**5.5106**	3.3984	**4.9036**	3.3488	**4.5063**
C	0.0056	**0.0020**	0.0039	**0.0020**	0.0058	**0.0034**
DC	0.0014	**0.0022**	0.0014	**0.0020**	0.0013	**0.0018**
BC	0.0015	**0.0074**	0.0025	**0.0153**	0.0017	**0.0042**
CC	0.1437	**0.1679**	0.1195	**0.1397**	0.1397	**0.1485**
EC	0.0085	**0.0384**	0.0063	**0.0381**	0.0144	**0.0259**
KC	0.0189	**0.0252**	0.0199	**0.0240**	0.0192	**0.0219**
ND	3.7119	**4.8480**	3.5351	**4.2462**	3.7521	**3.9793**
EBC	0.0013	**0.0037**（+）	0.0017	**0.0083**（+） 0.0022（–）	0.0017	**0.0036**（+）
ELC	12049	**33532**（+）	12225	**26854**（+） 18813（–）	13520	**23793**（+）

注：“+”表示“添加链路”，“–”表示“删除链路”。

进一步地，可以将这些研究成果应用于对抗训练中，使 GNN 在面临对抗攻击时能够自动调整自身结构，增强对扰动的抵抗能力。同时，可以探索其他图结构度量指标，以丰富现有的对抗防御方法，提高 GNN 的对抗鲁棒性。

2. 基于模型特定因素的鲁棒性分析

1）模型架构影响

为了系统地研究各种 GNNs 模型架构的对抗鲁棒性，并为鲁棒性图模型的设计提供指导，本小节对经典的 GNN（GCN、GAT 和 GAE）在对抗攻击方法下的鲁棒性进行评估。分类模型输出空间的 t-SNE 可视化如图 7.3、图 7.4 和图 7.5 所示。图中的每一列为每个模型对测试数据的输出，包括嵌入表示和类别标签，不同颜色表示不同的类别标签，最佳分类准确率则用粗体标注。实验结果表明，在相同的对抗性攻击条件下，GAT 模型总体上达到了模型的最高精度。这一发现不仅验证了 GAT 模型在对抗鲁棒性方面的优势，同时也提供了一种新的思路——在设计鲁棒 GNN 时，应该更加关注注意力机制的应用。

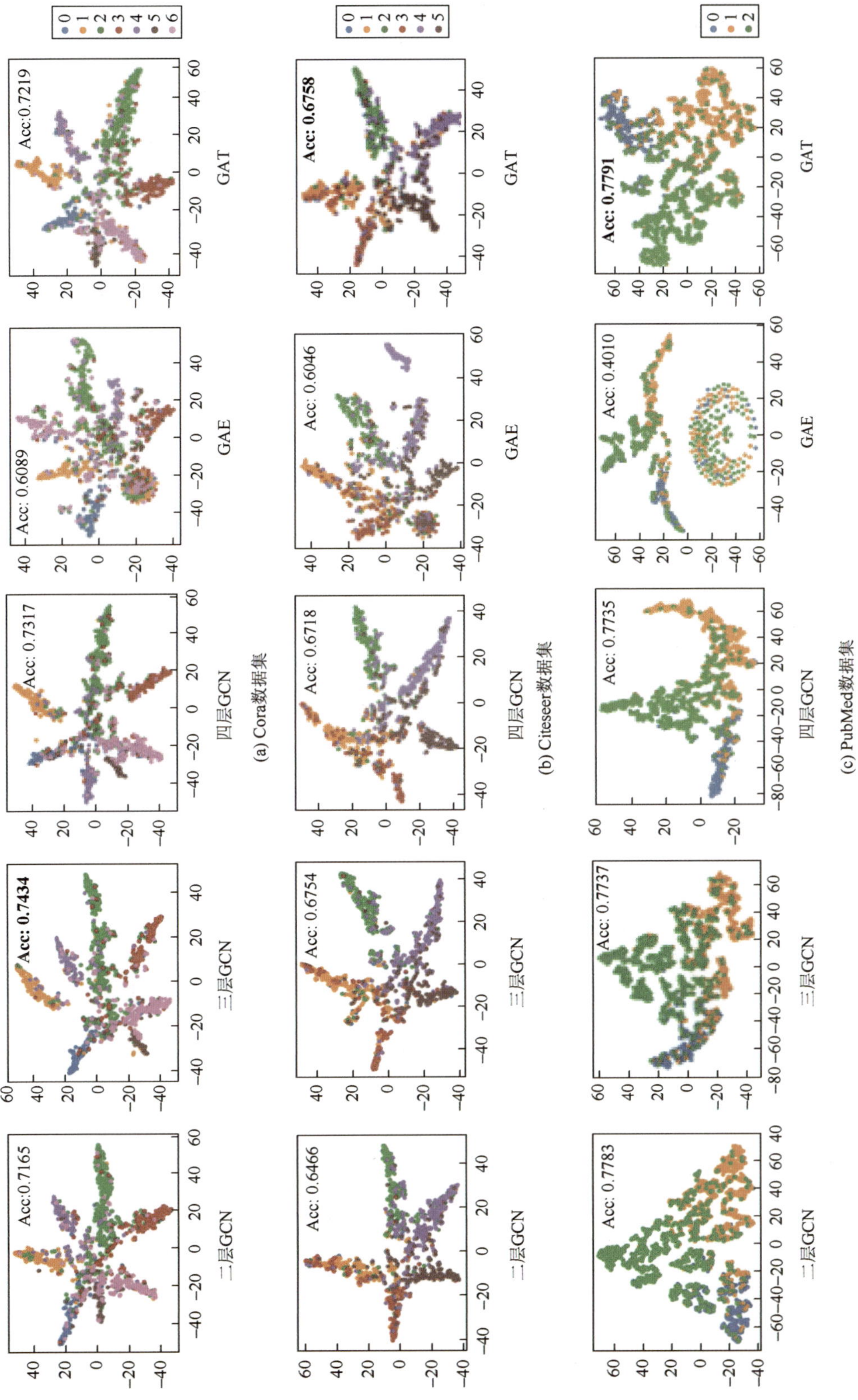

(a) Cora数据集

(b) Citeseer数据集

(c) PubMed数据集

图7.3 GNNs在Mettack攻击5%扰动率下的对抗鲁棒性

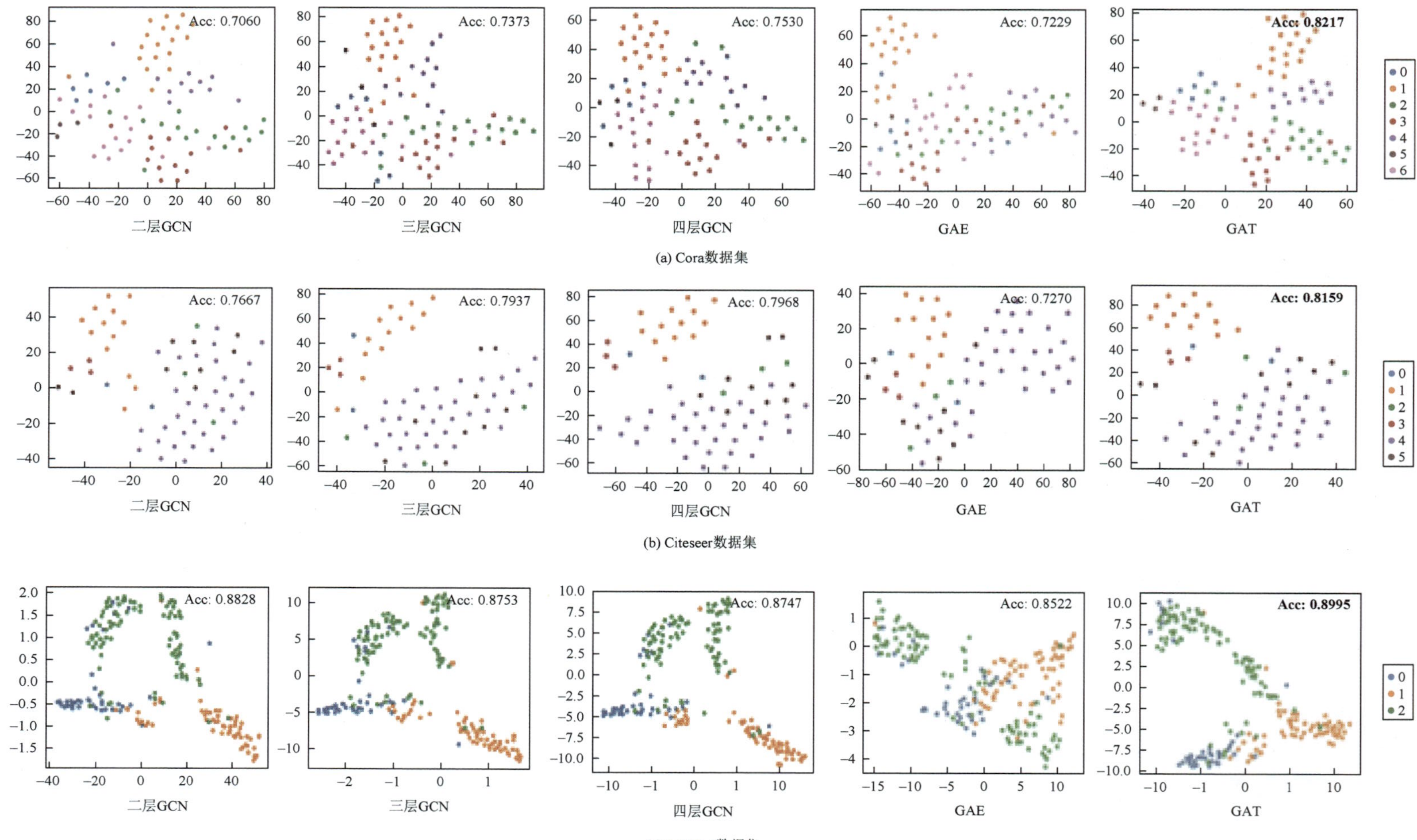

图7.4　GNNs在Nettack攻击2.0扰动数下的对抗鲁棒性

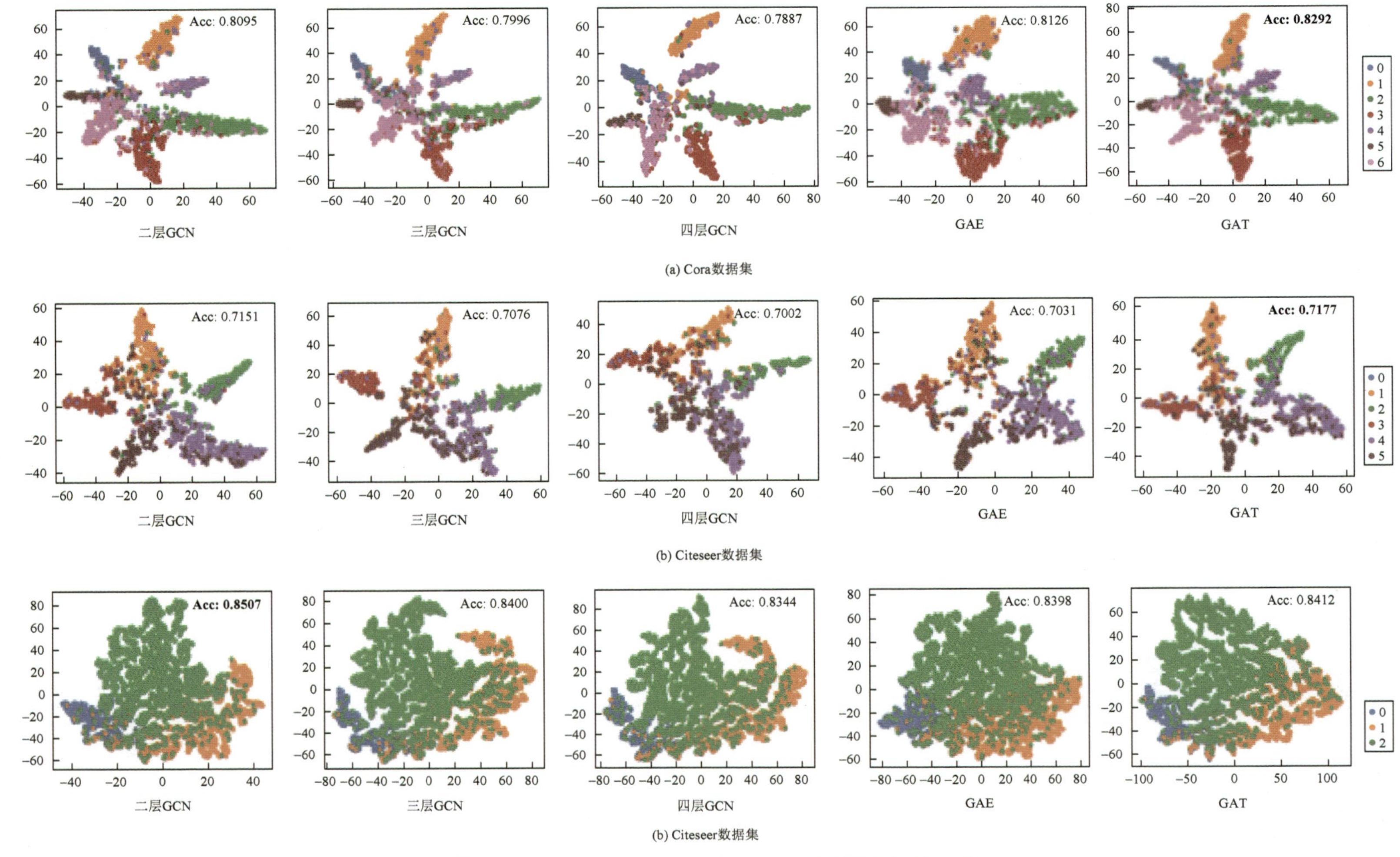

图7.5　GNNs在Random Attack攻击5%扰动率下的对抗鲁棒性

为了更直观地分析 GNN 的鲁棒性，使用“决策面 $S(g)$ [14]”作为评估指标来衡量不同类别节点的预测之间的差异。

$$S(g) = Z(g)_t - \max\{Z(g)_i, i \neq t\} \tag{7.5}$$

式中，$Z(g)$ 表示输入图 g 在经过模型处理后、经过激活函数之前的结果，即原始嵌入表示。一个健康的模型应该有一个明确的决策边界，并且 $S(g)$ 应该很大。同时，对抗攻击利用对抗扰动欺骗目标模型，使输入样本越过决策边界。因此，鲁棒模型应该在不断增加的对抗攻击强度下保持高而稳定的 $S(g)$ 值。经典对抗攻击方法下的 GNN 决策面如图 7.6 所示。结果表明 GAT 是最鲁棒的模型，这与以前的结论是一致的。

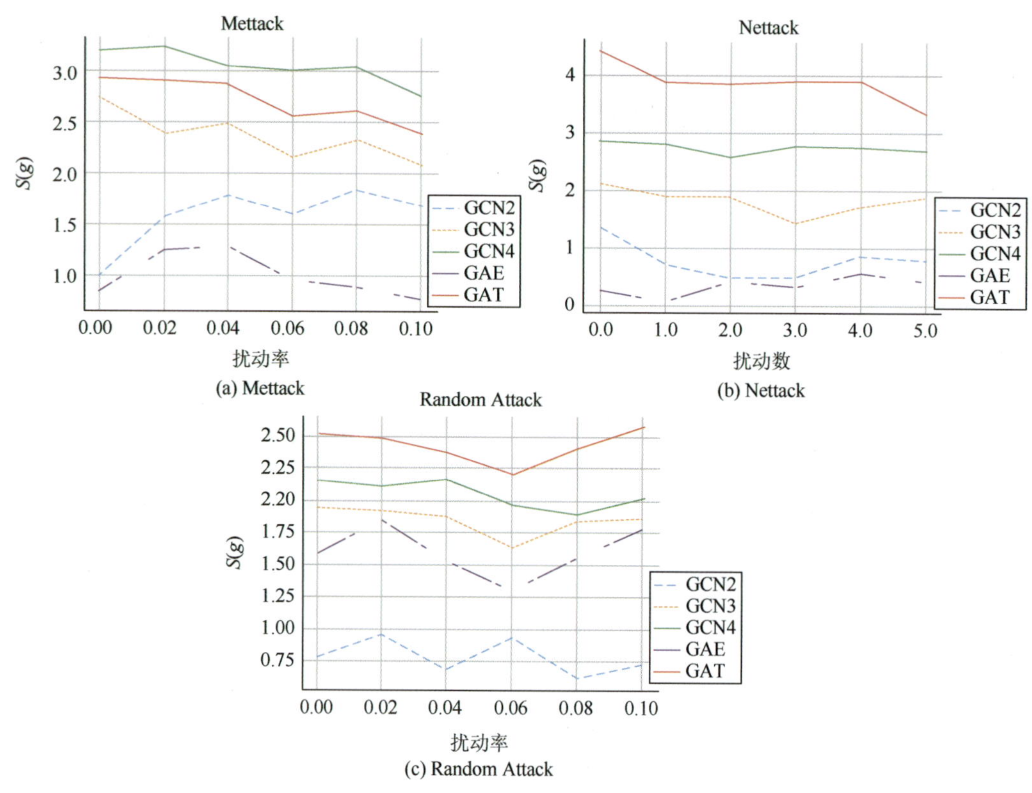

图 7.6　经典对抗攻击方法下的 GNN 决策面

2）模型容量影响

为了更深入地探究模型容量与 GNN 对抗鲁棒性之间的关系，通过比较二层、三层和四层 GCN 在三种经典的对抗攻击方法下的分类准确性，来揭示它们之间的内在联系以及与 GNN 对抗鲁棒性之间的关系，结果如图 7.3、图 7.4、图 7.5 所示。图 7.3 为 GNN 在 Mettack 攻击 5%扰动率下的分类准确率。从图中可以看出，三层 GCN 具有最清晰的决策边界，并获得了最高的准确率。这说明在 Mettack 攻击下，三层 GCN 的对抗鲁棒性相对较强。图 7.4 为 GNN 在目标攻击 Nettack 2.0 扰动数下的结果。对于 Cora 和 Citeseer 数据集，随着模型容量的增加，模型的分类准确率也呈现出上升趋势。这意味着在这些数据集上，增加模型容量有助于增强模型的对抗鲁棒性。然而，在 PubMed 数据集上，二层 GCN 具有最高的分类准确率。图 7.5 为 GNN 在 Random Attack 攻击 5%扰动率下的分类结果，可以发现，随着模型容量的增加，决策边界变得越来越不清晰，分类准确率降低。根据上述实验结果，未发现模型容量与 GNN 对抗鲁棒性之间存在相关性。

随着模型容量的增加，模型的复杂性也在同步增长。这表明，要使模型更好地学习决策边界，需要有更多的训练样本。这就意味着，容量更大的模型需要更多的训练样本以适应其复杂性，从而达到较好的性能。因此，仅通过比较模型在相同训练数据下的性能，无法准确评估其对抗鲁棒性。为了解决这一问题，本节研究在增加模型容量的同时，对训练数据进行扩充。

为了进一步验证上述观点，图 7.7 展示了在增加训练数据的同时，二层、三层和四层 GCN 在 Mettack 攻击 5%扰动率下的分类准确率。实验结果表明，相较于二层、三层 GCN

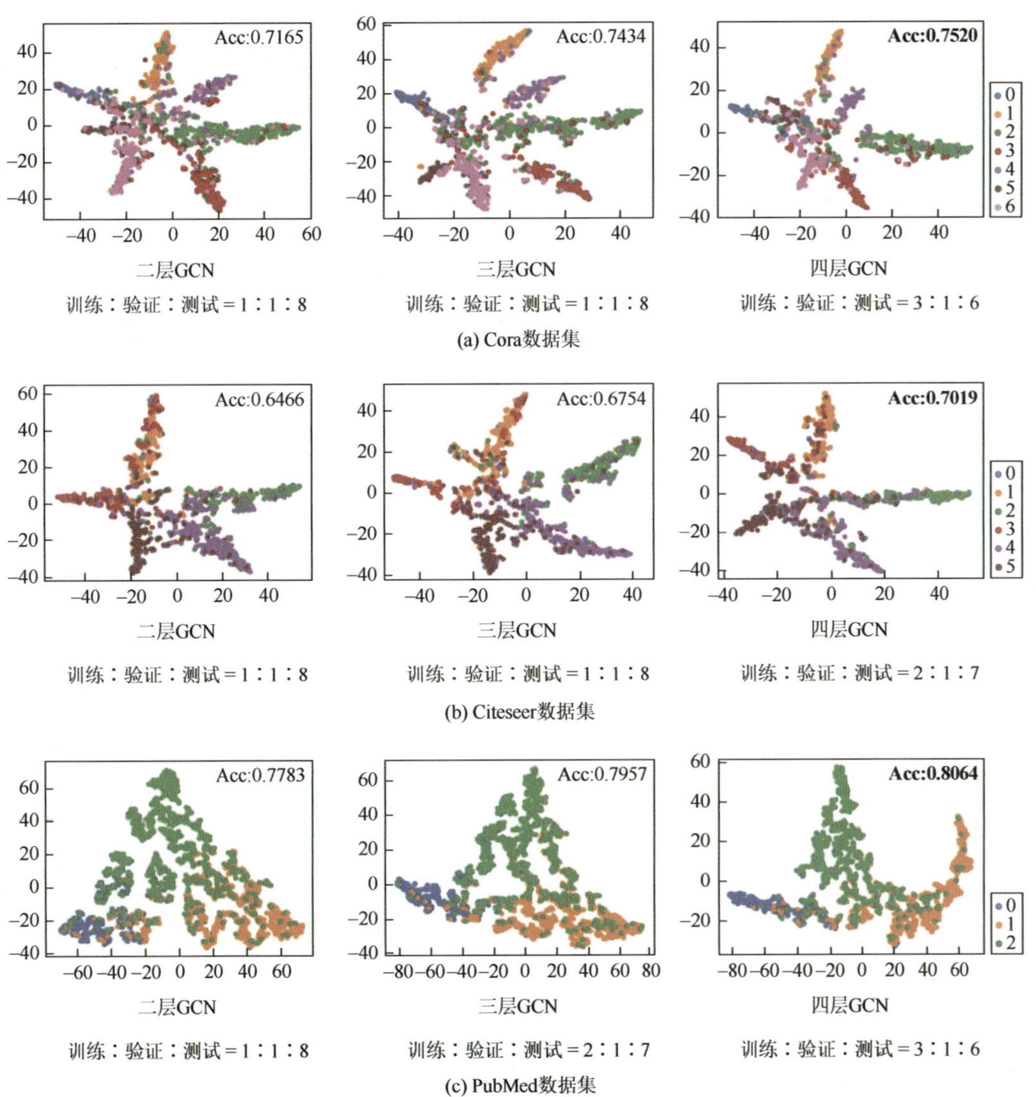

图 7.7　同步增加训练数据时 GCN 在 Mettack 攻击 5%扰动率下的对抗鲁棒性

训练数据，当四层 GCN 的训练数据在 Cora 数据集中增加 20%、在 Citeseer 数据集中增加 10%时，决策边界变得清晰，分类准确率也相应提高。对于 Nettack 攻击（图 7.8），当三层和四层 GCN 的训练数据分别增加 10%和 20%时，可以得到类似结论。而对于 Random Attack 攻击（图 7.9），在 Cora 数据集和 Citeseer 数据集中，当三层和四层 GCN 的训练集分别增加 10%和 20%时，也可以得到类似结论。在 PubMed 数据集中，当三层和四层 GCN 分别增加 10%和 30%时，也可以得到相同的结论，即对抗攻击条件下模型的分类准确率随着模型层数的增加而增加。

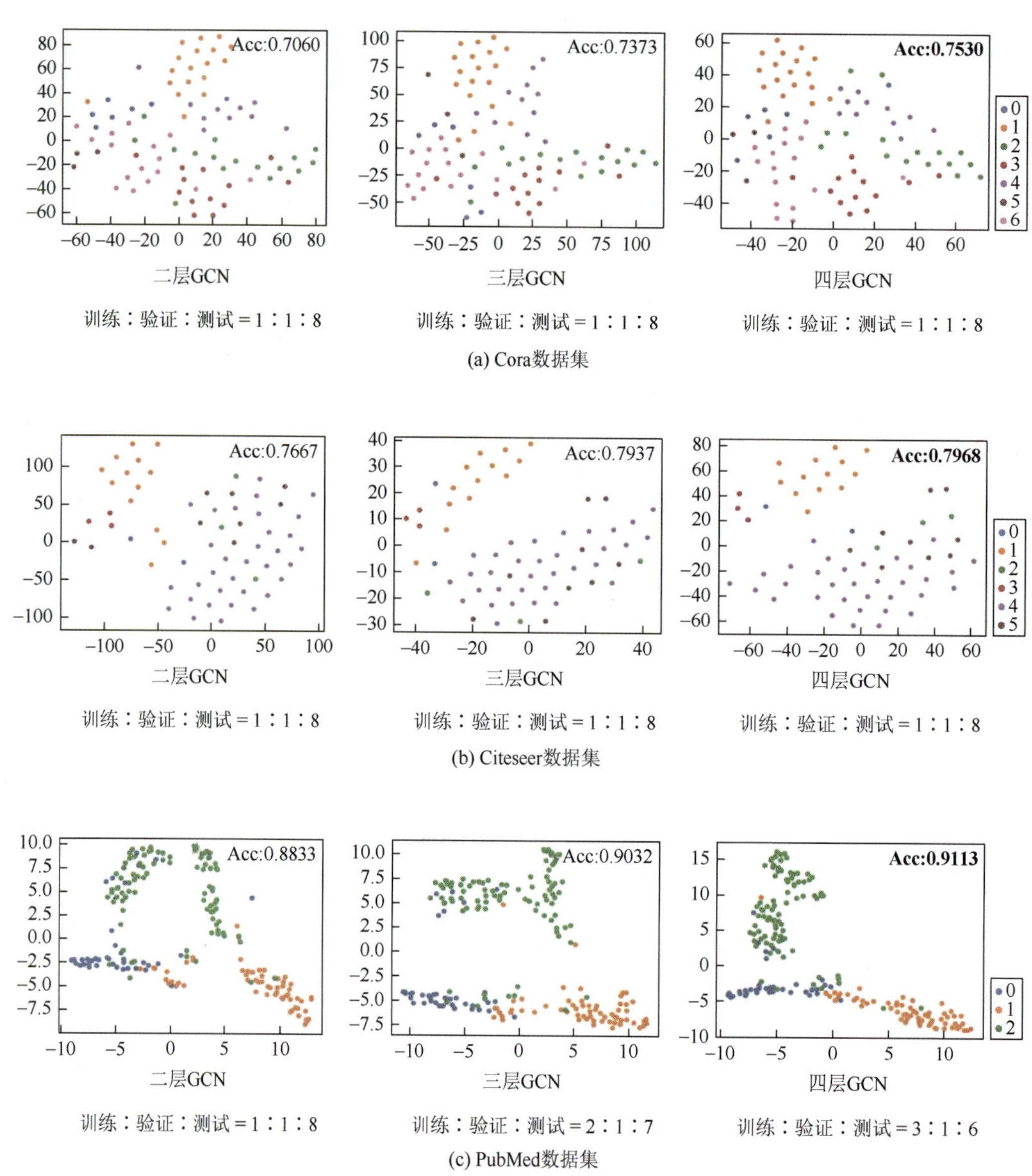

图 7.8　同步增加训练数据时 GCN 在 Nettack 攻击 2.0 扰动数下的对抗鲁棒性

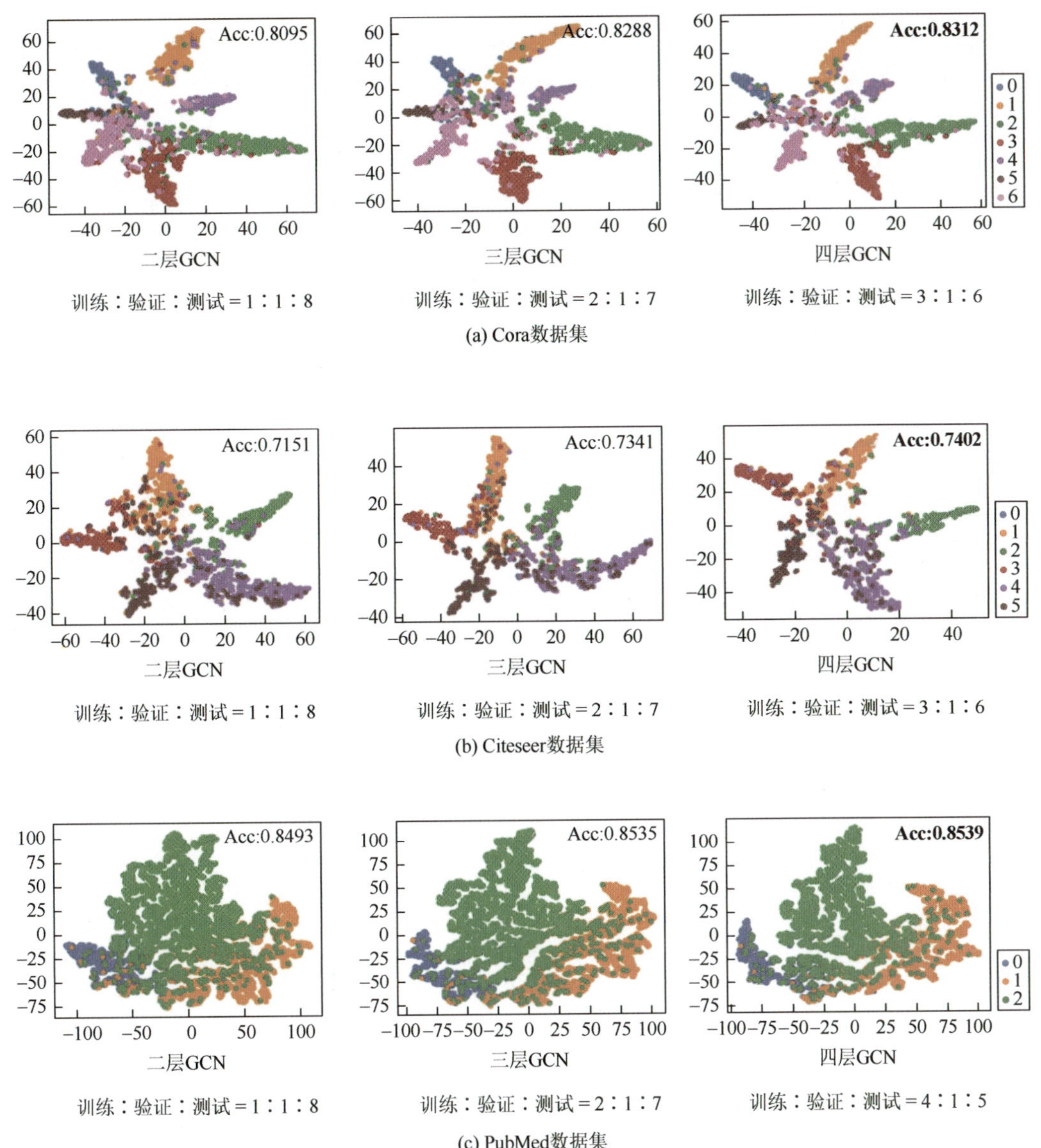

图 7.9　同步增加训练数据时 GCN 在 Random Attack 攻击 5%扰动率下的对抗鲁棒性

综上所述，GNN 的对抗鲁棒性与其模型容量之间存在着密切的关系。在训练数据充分的情况下，随着模型容量的增加，GNN 的对抗鲁棒性也会逐渐增强。这是因为增加模型容量意味着模型具有更强的表达能力和学习能力，能够更好地适应各种复杂的数据分布和攻击方式。因此，在训练数据充足的情况下，可以通过增加模型容量来提高 GNN 的对抗鲁棒性。

3）敏感神经元

为了深入探究对抗攻击对 GNN 的具体影响，可以从神经元敏感性的角度进行 GNN 对抗鲁棒性的解释，并量化神经元在正常样本和对抗样本中的行为变化强度。以二层 GCN

模型为例进行分析，图 7.10 直观地展示了对抗攻击前后模型权重的变化情况。该图的第一行和第二行分别对应二层 GCN 模型的第一层和第二层的权重参数。为了更好地理解这一变化过程，本节提出一个假设：目标模型的对抗鲁棒性越强，神经元在受到对抗攻击时权重的变化越小。换句话说，对于鲁棒性目标模型，图 7.10 第一列（干净图）和第二列（扰动图）呈现的权重应保持较高的一致性。这种一致性反映了模型在面对对抗扰动时，其内部的稳定性和鲁棒性。图 7.10 的第三列为对抗攻击前后模型权重的具体变化情况，这种变化直观地呈现了对抗攻击对于神经元的影响。其中，颜色较深的区域表示权重变化较大，而颜色较浅的区域则表示权重变化较小。

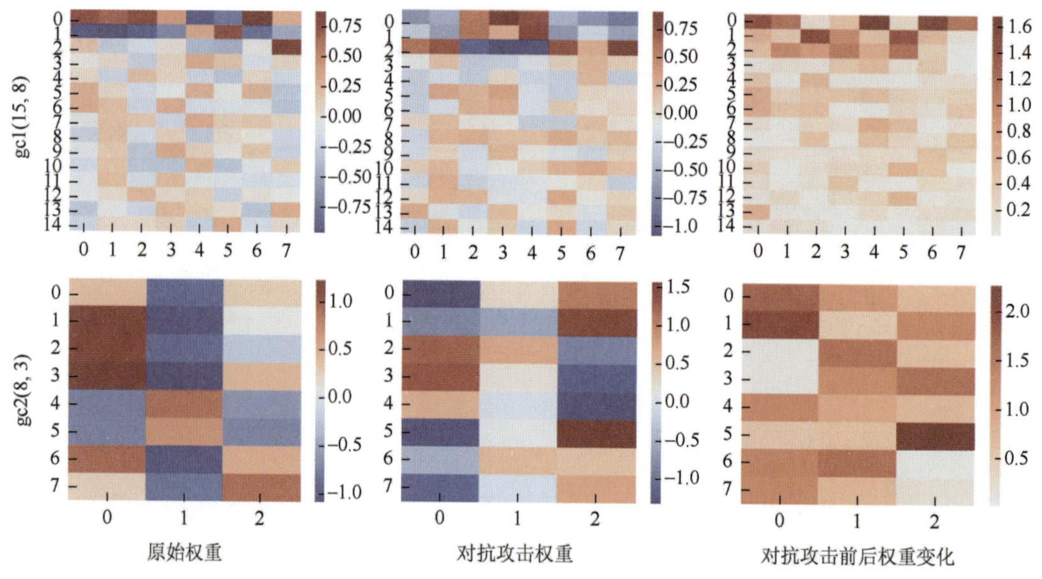

图 7.10　对抗攻击（Mettack5%扰动率）前后二层 GCN 的权重及其变化

实验结果表明，在面对对抗攻击时，大多数神经元权重保持稳定，仅有很小一部分神经元权重发生了显著的变化。这一现象说明，在模型中间层中，大部分神经元的行为是稳定的，且没有出现性能过度下降的情况，且只有少数神经元受到了对抗攻击的影响，此结果充分验证了提出的假设。

3. 基于对抗样本的迁移性的鲁棒性分析

为研究模型架构和模型容量对对抗样本的迁移性的影响，本节选择经典的 GNN（GCN、GAE 和 GAT）模型，建立具有不同模型架构和容量的实证实验，其中 GCN 有两层、三层和四层结构，并在它们之间进行了基于迁移的对抗攻击。通过攻击源模型生成对抗样本，并将这些对抗样本迁移到其他模型，以达到欺骗这些模型的目的。

图 7.11 展示了上述经典模型在 Mettack 攻击下的对抗样本迁移率（adversarial transferability rate，ATR）的变化情况。ATR 的值越小，对抗样本的迁移性就越强。具体的 ATR 定义如下：

$$\text{ATR}=\frac{\text{Acc}_{\text{transfer}}-\text{Acc}_{\text{specific}}}{\text{Acc}_{\text{specific}}} \tag{7.6}$$

式中，$\text{Acc}_{\text{transfer}}$ 表示目标模型受到从源模型迁移的对抗样本攻击时的准确率；$\text{Acc}_{\text{specific}}$ 表示目标模型受到为模型本身特别生成的对抗样本攻击时的准确率。具体而言，ATR = 0 表示基于迁移的攻击与基于本地的攻击具有同样的效果，而 ATR<0 表示基于迁移的攻击对目标模型的准确率的影响比基于本地的攻击更为显著。ATR 值越小，对抗样本的迁移性越强。图 7.11 中的结果表明以下内容。

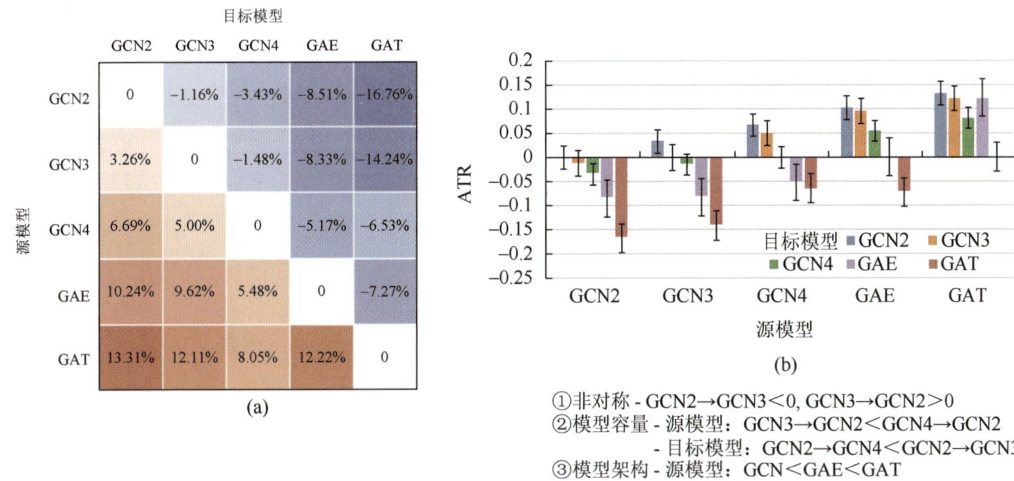

图 7.11　对抗样本的迁移性

（a）ATR 热力图：ATR 值越小，对抗样本的迁移性越强；（b）ATR 统计结果：横坐标为源模型，纵坐标为 ATR 值

（1）对抗样本的迁移性具有非对称性。如图 7.11（a）的 ATR 热力图所示，上三角形中的 ATR 值为负数，而下三角形中的 ATR 值为正数。这一现象表明，对抗样本在模型间的迁移性并非双向对称，而是具有明确的方向性。

（2）源模型容量越小，目标模型容量越大，基于迁移性的对抗攻击效果越好。从图 7.11 可以发现，当使用 GCN2 作为源模型时，其对应的 ATR 值相较于 GCN3 和 GCN4 更小，如图 7.11（a）的第一行所示。这说明，在源模型容量较小的情况下，生成的对抗样本具有更强的迁移性。同时，从目标模型的角度来看，当以 GCN4 作为目标模型时，其对应的 ATR 值比 GCN2 和 GCN3 更小，如图 7.11（a）的第三列所示。这进一步证明了目标模型容量越大，对抗样本的迁移性越好。

（3）从模型架构的角度来看，不同的模型在基于迁移性的对抗攻击中扮演着不同的角色。具体来说，GCN 模型由于其特定的结构特点，更适合作为源模型来生成对抗样本。而 GAT 模型则因其注意力机制，更适合作为目标模型来接收这些对抗样本。因此，当 GAT 作为源模型而 GCN 作为目标模型时，对抗样本的迁移性往往更强。

7.2　图模型对抗鲁棒性测评方法

鉴于传统的基于对抗攻击条件下模型性能的鲁棒性评价方式依赖于攻击方法选择、攻击程度等因素，无法直观反映目标模型的本质特性，研究人员提出多个针对模型对抗鲁棒性度量的评价指标。本节将介绍具有代表性的深度神经网络鲁棒性测评指标以及图神经网络鲁棒性测评方法指标。

7.2.1　深度神经网络鲁棒性测评指标

1. 平均结构相似度（average structural similarity，ASS）

结构相似性指数（SSIM）[15]，被证实是一个相当有效的图像相似度评价指标。由于它能模拟人眼视觉感知，因此在衡量图像之间的相似度上展现出了优于 L_p 范数的一致性。因此，SSIM 被广泛应用于图像处理领域，如图像压缩、增强、降噪等。随着各类深度学习模型的广泛应用，如何评价这些模型对输入数据微小扰动的鲁棒性已经成为了一个重要的研究课题。在这个背景下，Ling 等[16]基于 SSIM 的理论框架，提出了平均结构相似度指数 ASS，作为一种新的评估模型鲁棒性的指标。ASS 是通过计算所有被成功攻击的对抗样本与其对应原始样本之间的 SSIM 然后求平均值得来，如式（7.7）所示。

$$\mathrm{ASS}=\frac{1}{n}\sum_{i=1}^{n}\mathrm{SSIM}\left(X_i^a, X_i\right) \tag{7.7}$$

式中，X_i^a 表示第 i 个攻击成功的对抗样本；X_i 表示第 i 个对抗样本对应的原始样本。ASS 值越大表明对抗样本的不可察觉性越强，攻击效果越好。

2. Difference 指标

在深度学习中，对抗训练需要同时考虑模型关于原始样本的准确率以及关于对抗样本的鲁棒性。通常情况下，针对这两项目标，在 Early-stopping（Best）或最后一轮（Last）保存的神经网络模型可能不同。因此，Yu 等[17]提出了使用 Difference 指标来度量训练过程中存在的差距，即

$$\mathrm{Difference}=\mathrm{Best}-\mathrm{Last} \tag{7.8}$$

在这种情况下，Early-stopping 是一种防止模型过拟合的策略。该策略基于定期在验证集上测试模型性能的思想，如果性能没有进一步提高，便会停止训练并保存最优的模型。通过引入 Difference，可以更加准确地评估训练过程对模型性能的影响，以帮助优化训练策略，提高模型性能，同时防止过拟合。

3. ROBY 指标

Chen 等[18]提出了一种评价模型鲁棒性的指标——ROBY（robustness evaluation based

on decision boundaries），它基于模型决策边界的特征进行定义，能够在没有对抗样本的情况下评估目标神经网络的鲁棒性。该方法将类间和类内统计特征结合起来，描述了决策边界的特征。ROBY 将 FSA（feature space angles）和 FSD（feature space distances）集成到一个指标中。ROBY 值越小，代表不同特征子空间的重叠越小，决策边界距离越大，深度模型的鲁棒性越好。

$$\mathrm{ROBY}_{k,k+1} = \mathrm{FSA}_k + \mathrm{FSA}_{k+1} - \mathrm{FSD}_{k,k+1} \tag{7.9}$$

$$\mathrm{ROBY} = \frac{\sum_{i=1}^{K-1}\sum_{j=i+1}^{K} \mathrm{ROBY}_{i,j}}{k(k-1)/2} \tag{7.10}$$

式中，FSA_k 和 FSA_{k+1} 分别表示第 k 个和第 $k+1$ 个数据在特征子空间的聚合程度，FSA 度量各个类别平均聚合程度。如果同一类别的样本在特征空间中聚集得更紧，它们的 FSA 值将会更低。这说明由同一类别的数据创建的子空间更相似，因此更容易受到相同类型对抗攻击的影响。$\mathrm{FSD}_{k,k+1}$ 表示第 k 类和第 $k+1$ 类样本的中心在特征子空间的距离，FSD 度量的是各个类中心之间距离的平均值。如果不同类别的样本在特征空间中相互分离得更远，它们的 FSD 值将更高，这说明在特征空间上不同类别的数据更容易区分，并且对抗攻击的影响也更小。最后，通过对类间的所有 $\mathrm{ROBY}_{i,j}$ 取平均值来计算 ROBY。

4. 样本不确定性

陈思宏等[19]研究了预测不确定性与对抗鲁棒性的关系，定义了一种新的度量模型鲁棒性的方法。该方法通过平衡样本距离分类边界的距离，提高分类器的鲁棒性，避免样本受到对抗攻击。该方法对预测置信度进行量化，通过最大化不正确类间的信息熵确保分类边界不偏移，并保证样本距离所有边界距离足够远以提高模型鲁棒性。虽然该方法可能会增加特定方向的信息熵噪声，但通过合理权衡样本距离分类边界的距离，可以平衡分类器的分类能力，降低受到对抗攻击的风险。具体定义如下：

$$U(x) = -\sum_{i \neq y} f_i(x) \log f_i(x) \tag{7.11}$$

式中，$U(x)$ 表示样本 x 对不正确类的不确定性程度；y 表示样本 x 的标签；f_i 表示模型 f 输出 x 为类别 i 的概率。当保持正确类的概率不变时，$U(x)$ 越大，样本 x 越不容易受到对抗攻击，模型的对抗鲁棒性越强。

5. CLEVER Score 指标

Weng 等[20]提出了一种评估对抗距离下边界的方法 CLEVER，该方法基于 Lipschitz 约束，并使用极值理论来估计 Lipschitz 常数，大幅减少了计算量。CLEVER 是首个与攻击无关的模型鲁棒性评估指标，并能适用于大型网络。在此基础上，他们进一步提出了二阶 CLEVER Score，并证实了 CLEVER 可应对梯度消失的情况。

7.2.2 图神经网络鲁棒性测评方法指标

1. Classification Margin 指标

Jin 等[21]首次针对图神经网络提出了一个评价指标 Classification Margin，将其用于衡量图模型正确分类能力，以此来评估 GNN 的鲁棒性。在研究对抗训练时，通常需要用对抗样本去提高模型的鲁棒性，然而，在图上构造对抗样本相当不易。同时，在需要评估某个 GNN 的鲁棒性时，认证鲁棒性（certified robustness）定义了模型能够承受的最大扰动程度，Classification Margin 能够在已知样本容许的最大扰动的情况下，判定该样本在这个模型里能否被攻击成功。设 Y^* 表示样本 X 的真实标签，C 表示分类器，令 $\hat{Y}=C(A,X)$，则 Classification Margin 可表示为

$$\mathrm{CM}(A,X,C,Y^*)=\max_{y\in Y\setminus\{Y^*\}}\ln P(\hat{Y}=y)-\ln P(\hat{Y}=Y^*) \tag{7.12}$$

式中，经过计算得到的 $\mathrm{CM}(A,X,C,Y^*)$ 的值越小，训练样本经过扰动后被误判的概率就越小，模型越鲁棒。然而，Classification Margin 也有很多局限性。它与标签空间相关，因此在不同的下游任务下可能会有所变化。此外，Classification Margin 是从静态的角度衡量鲁棒性，其研究范围仅限数据集本身。

2. Adversarial Risk 和 Adversarial Gap

基于对 Classification Margin 的定义，文献[22]定义了 Adversarial Risk 和 Adversarial Gap 指标，它们以概率形式来衡量给定模型在整个输入空间的脆弱性。同时，此模型关注的是有限资源下的连续对抗样本，即评估模型在整个数据集下的鲁棒性，而不只是针对特定样本的抗干扰能力。令 (S,d) 表示输入 d 维度量空间，对于任意分类模型 $C:S\to Y$，对抗预算 $\tau\geqslant 0$ 的分类模型 C 的 Adversarial Risk 和 Adversarial Gap 可分别定义为

$$\begin{gathered}\mathrm{Adv\,Risk}_{\tau}(C)=E_{P(S,Y^*)}[\exists S'=(A',X')\in B(S,\tau)]\\ \text{s.t. }\mathrm{CM}(A',X',C,Y^*)\geqslant 0\end{gathered} \tag{7.13}$$

$$\mathrm{AG}_{\tau}(C)=\mathrm{Adv\,Risk}_{\tau>0}(C)-\mathrm{Adv\,Risk}_{\tau=0}(C) \tag{7.14}$$

式中，$B(S,\tau)=\{s'\in S:d(s',s)\leqslant\tau\}$ 表示基于 $\mathrm{AG}_{\tau}(C)$ 的扰动集。整个 $\mathrm{AG}_{\tau}(C)$ 表示在给定对抗预算 τ 的条件下且 $\mathrm{CM}(A,X,C,Y^*)\geqslant 0$ 时，模型的 Adversarial Gap 的平均概率。平均概率越大，模型就越脆弱。

3. DAC

为衡量对抗攻击对图的影响，Li 等[23]提出了度同配性变化（degree assortativity change，DAC）指标，它可以衡量执行扰动后模型被影响的程度。此工作引入了一个概念——度同配系数 r，它衡量的是节点相互连接的趋势。DAC 定义如下：

$$\mathrm{DAC}=\frac{E_r\left(\left|r_G-r_{\hat{G}}\right|\right)}{r_G},\quad \forall t_i \tag{7.15}$$

式中，r_G 表示扰动前的度同配系数；$r_{\hat{G}}$ 表示扰动后的度同配系数；DAC 表示攻击一组目标节点 $\{t_i\}$ 的平均影响，DAC 越小，攻击越不明显。

总体上讲，GNN 鲁棒性评测是评估模型面对各种攻击和扰动时保持其正常功能的过程。因为图数据的相关性、离散性等属性，用于评估经典深度学习模型鲁棒性的方法通常不适合直接用来评估 GNN 的鲁棒性，GNN 的鲁棒性评估需要考虑图的拓扑结构和模型架构信息。总的来说，鉴于 GNN 的复杂性，已提出的适用于 GNN 鲁棒性评价的指标较少，值得研究人员深入地探索。

7.3　基于微调的图模型鲁棒性修复方法

本节提出一种基于微调的图模型鲁棒性修复方法（repairing and enhancing robustness of graph neural networks via machine unlearning，GMU）。在此方法中，首先基于攻击过程中获得的扰动信息构建一个微调子图，然后利用这一微调子图，对受攻击影响的 GNN 模型参数进行更新，旨在恢复其鲁棒性并进一步增强其对对抗攻击的抵抗力。

7.3.1　基于微调的投毒模型修复

图神经网络对抗攻击[24-28]通过在模型训练阶段引入误导性信息，扰乱了模型的学习过程，导致其在实际应用中的性能受损，甚至可能完全丧失预测能力。为了恢复被攻击模型的性能并增强其鲁棒性，本节提出一种基于微调的遗忘学习方法，该方法的框架如图 7.12 所示。

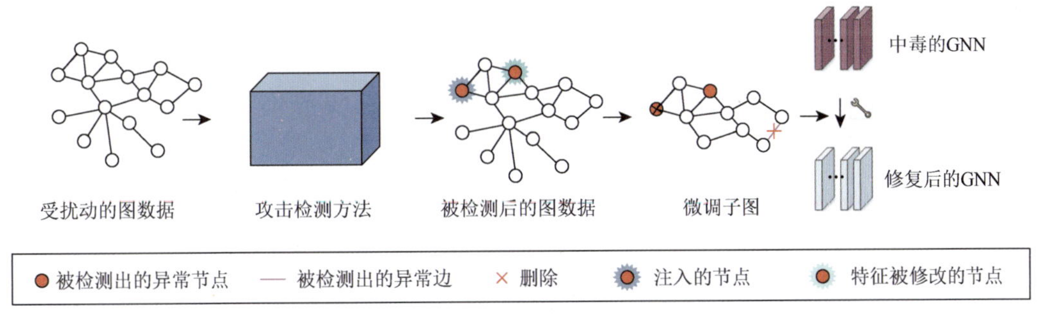

图 7.12　基于微调的图模型鲁棒性修复方法框架图

该框架包括以下几个关键步骤：①对抗扰动的检测：依据特定场景，采用适宜的算法对异常节点进行识别，或在信息充分的情况下直接定位干扰源。②微调子图的构建：对于每个已检测的对抗扰动，构建一个既排除了扰动样本，又保留了周围图结构特征的子图。此步骤是微调过程的基础，对后续参数调整至关重要。③中毒 GNN 的参数微调：利用所构建的微调子图对受攻击影响的 GNN 模型参数进行优化。在此阶段，模型将被进一步训练，旨在降低对抗输入的负面影响，同时强化对图的内在结构和属性的关注。

1. 对抗扰动的检测

要构建微调子图，首先需要识别出扰动，然后才能根据这些扰动来构建微调子图。根据对扰动信息的了解程度，分为已知扰动比率（已知所有扰动信息）和未知任何扰动信息。

对于已知扰动比率和未知任何扰动信息的情况，这里分别采用三种检测方法来识别三种类型的对抗扰动，针对已知扰动比率的情况，还需要根据扰动比率对检测出的扰动做进一步的筛选。

1）节点注入攻击

BWGNN[29]用于通过识别从低频到高频的频谱偏移来检测异常情况，这表明存在节点注入。Beta 分布被用作创建 Beta 小波变换 $W_{p,q}$ 的核函数，而 Beta 小波变换可用作具有良好频谱和空间定位性的带通滤波器。BWGNN 可概括为

$$W_{p,q}=\frac{1}{2B(p+1,q+1)}\left(\frac{L}{2}\right)^{p}\left(\mathrm{I}-\frac{L}{2}\right)^{q} \tag{7.16}$$

式中，$p,q\in\mathbb{N}^{+}$ 控制着 Beta 小波的频谱特征，$B(p+1,q+1)$ 表示 Beta 函数；L 是归一化图形拉普拉斯矩阵，通过贝塔（Beta）波形变换，每个节点 v 的特征都被转换到频域，这有助于识别异常节点。转换后的特征可表示为 $z_v=W_{p,q}(v)$。具体地，BWGNN 可使用不同尺度的 Beta 波形变换来捕捉不同频率的信号。这意味着每个节点 v 都会有一组特征向量：

$$z_v=[W_{0,C}(\boldsymbol{x}_v),W_{1,C-1}(\boldsymbol{x}_v),\cdots,W_{C,0}(\boldsymbol{x}_v)] \tag{7.17}$$

式中，C 表示变换的阶次，聚合的特征 z_v 被输入一个 MLP $s(v)=\phi(z_v)$ 中，学习从聚合特征到异常分数的映射。异常得分 $s(v)$ 通过一个 sigmoid 函数转换为异常概率 $P(v)$：

$$P(v)=\sigma(s(v))=\frac{1}{1+\mathrm{e}^{-s(v)}} \tag{7.18}$$

给定 r 为异常检测的阈值。如果 $v\in V$，且 $P(v)>r$，则视为异常样本，其中，$P(v)$ 是 BWGNN 指定的异常概率。对于已知扰动比率的情况，还需要根据扰动率 ζ，计算出被选中的节点数 $n'=|V|\times\zeta$，随后优先筛选出 $P(v)$ 值高的节点，直到满足被选中的节点数 $n'=|V|\times\zeta$。

2）节点特征修改攻击

在这种攻击场景下，使用 Jaccard 相似度去计算每个节点与其邻居节点的相似度，从而判断目标节点的节点特征是否被修改。Jaccard 相似度 $J(v,u)$ 是衡量一个节点的特征

$F(v)$ 与其邻居节点的特征 $F(u)$ 之间的差异。每个节点 v 与其一跳邻居 $N_1(v)$ 的 Jaccard 相似度计算公式为

$$J(v,u)=\frac{|F(v)\cap F(u)|}{|F(v)\cup F(u)|} \tag{7.19}$$

式中，$|F(v)\cap F(u)|$ 表示节点 v 与其邻居节点 u 的特征集的交集大小。如果与任意邻居节点 u 的 Jaccard 相似度 $J(v,u)$ 低于阈值 r，则节点 v 被视为异常的条件是：

$$k_v=\sum_{u\in N_1(v)} l_{J(v,u)<r} \tag{7.20}$$

式中，$l_{J(v,u)<r}$ 表示一个指标函数，如果 $J(v,u)<r$，则该函数等于 1，否则等于 0。如果 k_v 超过节点一跳邻居的一定比例 p（例如，超过 50%的邻居是不相似的）：

$$k_v > p\times|N_1(v)| \tag{7.21}$$

则将节点 v 标记为异常。同时，在扰动比例已知的情况下，检测到的异常节点也需要根据扰动比率来选择。k_v 更大的异常节点优先被判定为在已知扰动比例下的异常节点。

3）结构扰动攻击

在这种攻击场景下，采用 SimRank 理论来量化节点对之间的相似性，以此来识别异常连边。图中任意两个节点 v 和 u 之间的 SimRank 相似度 $\mathrm{SimR}(v,u)$ 由递归关系定义：

$$\mathrm{SimR}(v,u)=\frac{1}{2}\sum_{x\in N_1(v)}\sum_{y\in N_1(u)}\frac{\mathrm{SimR}(x,y)}{|N_1(v)|\times|N_1(u)|} \tag{7.22}$$

式中，$N_1(v)$ 和 $N_1(u)$ 分别表示节点 v 和 u 的一跳邻居集；$\mathrm{SimR}(x,y)$ 表示节点 v 和 u 之间的相似度。初始条件设定为：对于任意节点 v，$\mathrm{SimR}(v,v)=1$；对于所有不同的节点 v 和 u，$\mathrm{SimR}(v,u)=0$。$\mathrm{SimR}(v,u)$ 的迭代计算收敛到稳定状态，反映了节点之间固有的结构相似性。如果一条边 $e=(v,u)$ 的 SimRank 值低于预定阈值 τ，这表明该边在图的合法结构中存在的概率很低，则该边被视为异常。

2. 微调子图构建

在本小节中，基于检测出的扰动或已知的扰动构建修复模型时需要的微调子图，该子图包含了原始图数据的局部邻域结构信息并排除了异常扰动。对于节点注入的攻击，通过在异常节点集 V' 中选择每个异常节点 v 周围的两跳邻居 $N_2(v)$ 来构建子图 G_v，但不包括 v 本身：

$$G_v=(N_2(v)\cup N_2(u))\backslash\{v\} \tag{7.23}$$

微调子图 G_s 是所有子图 G_v 的并集：

$$G_s=\bigcup\nolimits_{v\in V'} G_v \tag{7.24}$$

对于节点特征修改攻击，通过在异常节点集 V'中选择每个节点 v，构建一个包含其两跳邻域 $N_2(v)$的子图 G_v。由于直接删除节点特征被修改过的节点会破坏原始图的结构特征，因此用其一跳邻居 $N_1(v)$的平均特征替换 v 的特征，得到子图 G'_v。微调子图 G_s 是由所有这样的 G'_v 取并得到的：

$$G_s = \bigcup_{v \in V'} G'_v \tag{7.25}$$

在结构修改攻击的情况下，对于 E'中的每条异常边 e，通过聚合由 e 连接的节点的两跳邻居并从原始图中删除异常边 e 来构建子图 G_e：

$$G_e = (N_2(v) \bigcup N_2(u)) \backslash \{e\} \tag{7.26}$$

微调子图 G_s 是所有子图 G_e 的并集：

$$G_s = \bigcup_{e \in E'} G_e \tag{7.27}$$

3. 微调

在本方法中，全局模型微调起着至关重要的作用，但其应用背景与传统微调目的不同。在典型微调场景中，通常通过固定 GNN 的最后一层或某几层来调整预训练模型以适应新的下游任务。然而在当前情况下，本方法的目标是使中毒 GNN 忘记学习到的中毒数据，这需要全局微调，即更新模型所有层的参数。首先定义损失函数 L 来对模型的预测与真实值进行比较。例如，交叉熵损失函数可以衡量类别标签和模型预测之间的差异。然后，计算当前参数配置下损失函数的梯度：

$$\nabla \Theta L(\theta(t)) \tag{7.28}$$

式中，$\theta(t)$表示步骤 t 处的参数值。

根据计算出的梯度，可以更新模型的参数。该过程表述为

$$\theta(t+1) = \theta(t) - \eta \nabla \theta L(\theta(t)) \tag{7.29}$$

式中，η 表示学习率，它控制学习过程每一步参数更新的幅度。

该过程重复多次迭代，直到模型的性能提高或达到预定的迭代次数。在本方法中，模型微调的目的是加深原始正常数据对模型的影响，并削弱投毒数据对模型的影响。因此，在微调过程中，使用 k-hop 子图提取算法来提取已去除投毒节点或者连边的子图。通过采用这种方法，模型将尽可能遗忘从投毒数据中学到的知识，从而提高模型对正常数据的预测性能。使用准确率、精确度、召回率和 F1-Score 指标的平均值来对微调模型的性能进行评估。

7.3.2 实验结果与分析

1. 实验设置

本实验针对 4 个公开的引文网络数据集（Cora，Citeseer，Cora-ML[30]和 PubMed[31]）

进行实验，并选择四种具有代表性的对抗攻击方法（Nettack[13]，GANI[32]，SGA[23]和Min-Max[33]）进行模型的投毒。

（1）Nettack 通过改变图的结构（即添加或删除边）和节点特征来实现攻击。在攻击过程中，Nettack 会考虑图的关联性，即节点之间的关系，以及网络效应，如同质性（即相似节点倾向于连接在一起）。这种方法通过精心设计的扰动，使得即使只有少量的边或节点特征被修改，也能显著影响 GNN 的分类结果，导致模型对目标节点的分类错误。

（2）GANI 的攻击原理是通过在图中注入虚假节点来进行攻击。这种方法利用遗传算法来生成具有统计特征的节点特征，并根据图的统计信息选择邻居节点。GANI 旨在使注入的节点在结构和特征上与原图尽可能相似，以降低攻击的可检测性，同时有效地降低图神经网络的分类性能。

（3）SGA 的攻击原理是通过在图的局部子图上进行边缘操作来攻击图神经网络（GCN）。它通过计算目标节点的梯度信息来确定哪些边缘的添加或删除能够最大限度地影响模型的分类准确性。SGA 专注于目标节点的 k-hop 邻域，仅在这个较小的子图上进行攻击，从而提高了攻击的效率和隐蔽性。

（4）Min-Max 攻击原理是利用梯度下降在图结构上进行迭代扰动，以生成对抗样本。这种攻击通过计算图神经网络（GCN）在特定目标节点上的损失函数的梯度，并根据这些梯度信息来调整图的拓扑结构，即通过添加或删除边来误导模型。该方法在保持图结构完整性的同时，逐步优化攻击策略，以达到降低模型分类性能的目的。

具体地，Nettack 用于仿真 GCN 上的节点特征修改扰动；GANI 用于仿真 GCN 上的节点注入扰动；SGA 用于仿真 GCN 上的图结构扰动；Min-Max 用于仿真对节点特征和图结构同时修改的扰动。

微调过程包括调整模型的参数，以最大限度地减小投毒数据对模型的影响，同时保留模型在干净数据上的性能。通过使用不同的 K 跳值（2 跳到 5 跳）和微调轮数（5 轮、10 轮、20 轮和 50 轮）进行实验，以确定每种攻击场景的最佳配置。

2. 实验结果分析

本节将测试 GMU 修复中毒 GCN 的有效性。分别用不同的对抗攻击方法使 GCN 中毒，然后用 GMU 对其进行修复。图 7.13 展示了 GMU 在 4 种对抗攻击方法下的性能表现。具体来说，本小节研究根据对扰动的了解程度设置了三种情况：K-unlearn（已知所有扰动信息）、KN-unlearn（只知道扰动的比率），以及 UK-unlearn（不知道任何关于扰动的信息）。通过实验发现，在各种攻击情况下，GMU 都能修复中毒的 GCN，但根据对扰动的了解程度，GMU 对中毒 GCN 的修复程度有高有低。具体来说，在 KN-unlearn 的情况下，GMU 的性能最差，而在其他两种情况下，GMU 的性能相对较好，但也存在一些差异。例如，在 Nettack 和 Cora 数据集下，GMU 在 K-unlearn 和 UK-unlearn 两种情况下的性能大致相同。但是，在 Nettack 和 PubMed 数据集下，K-unlearn 的 GMU 性能略优于 UK-unlearn 的 GMU 性能。

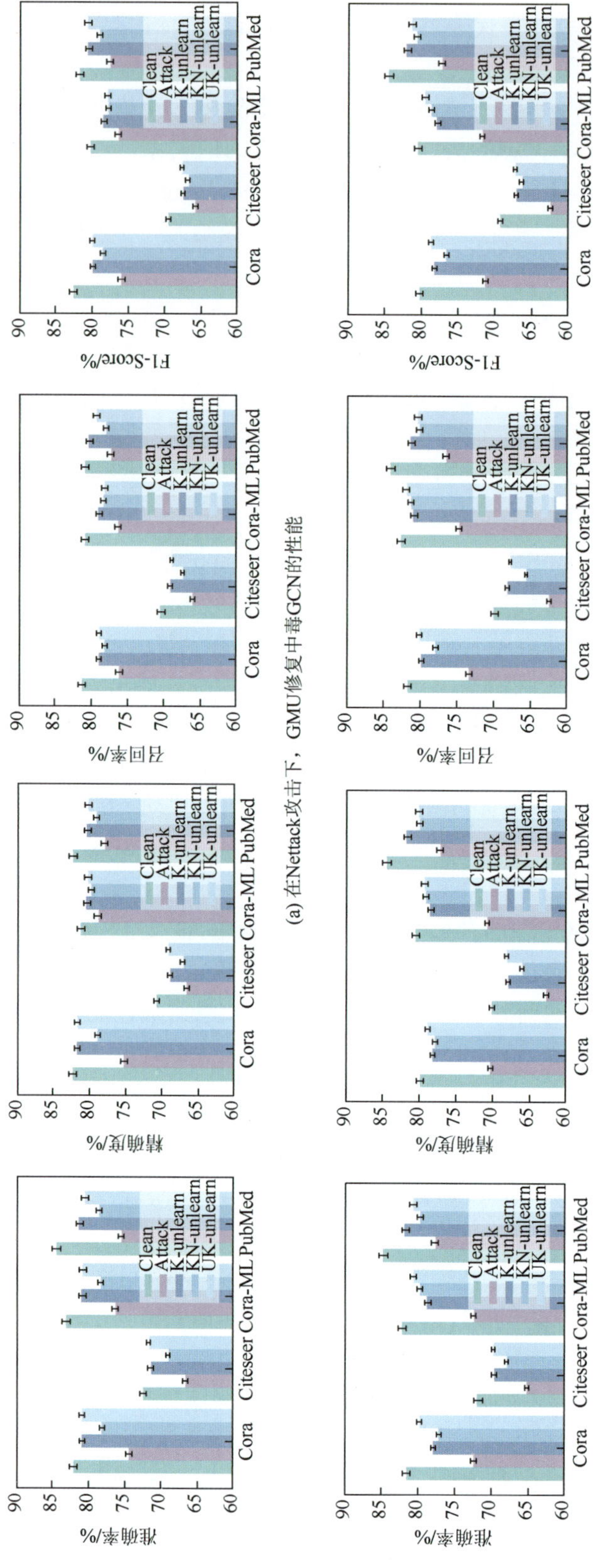

(a) 在Nettack攻击下，GMU修复中毒GCN的性能

(b) 在GANI攻击下，GMU修复中毒GCN的性能

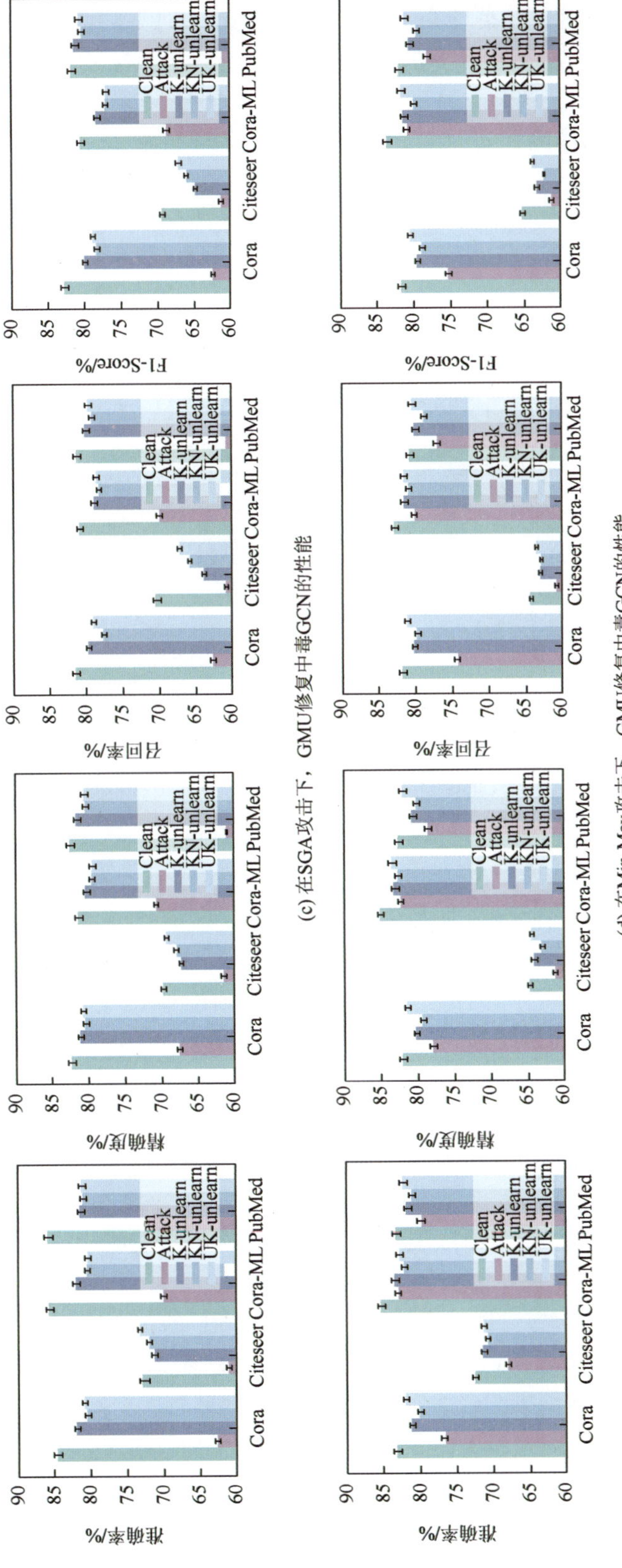

(c) 在SGA攻击下，GMU修复中毒GCN的性能

(d) 在Min-Max攻击下，GMU修复中毒GCN的性能

图7.13　在2跳微调子图和5轮微调条件下，GMU修复中毒GCN的有效性结果

为了探究 GMU 在上述三种场景中性能差距的原因，对不同场景下的图数据集分布进行了可视化展示。图 7.14 展示了在 Nettack 攻击下 Cora-ML 分布的可视化。与实际情况[图 7.14（b）]相比，该分布显示了扰动比率限制[图 7.14（c）]和无扰动比率限制[图 7.14（d）]中毒样本检测之间的差异。这些检测到的样本差异归因于不同的微调子图，从而解释了 GMU 不同的修复性能。尽管检测不完全，但 GCN 的功能仍可恢复，因为检测到的样本包括对抗性和潜在恶意的原始图实例。利用这些样本创建微调子图可以有效修复中毒的 GCN。

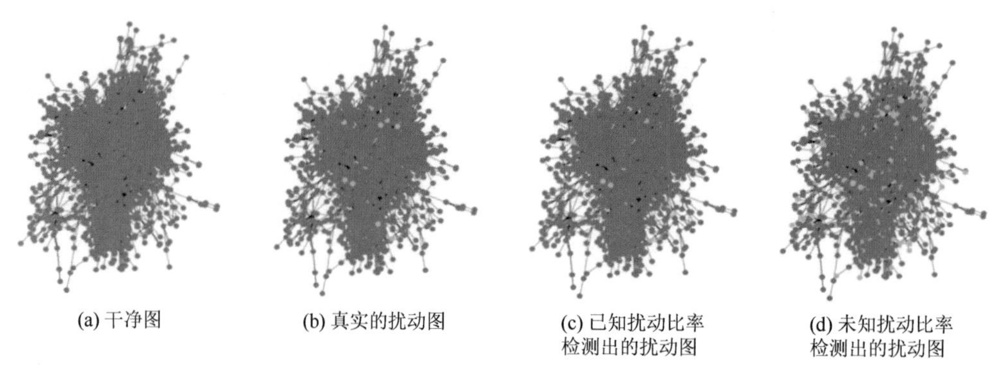

图 7.14　在 Nettack 攻击下 Cora-ML 分布的可视化结果

本节还研究了关键参数对 GMU 的影响。这些参数是子图的跳数 K 和微调轮数 R。跳数 K 表示构建的微调子图所包含信息的丰富度，数值越大信息越多。微调轮数 R 表示应用微调子图的频率。实验中的 K 值分别为 2、3、4 和 5，因为 $K=1$ 表示散点图，散点图并不能作为 GCN 的输入数据，而 $K>5$ 则表示原始图，相当于重新训练。

图 7.15 显示了在 4 种对抗场景和数据集中，跳数对微调子图中 GMU 的影响的实验结果。具体来说，将实验分为三种情况：已知所有扰动信息、已知扰动比率和不知道任何扰动信息。实验发现，随着构建的微调子图跳数的增加，GMU 的修复能力变化不大，在大多数情况下，构建两个跳数的子图就能很好地修复中毒的 GCN。

实验评估了不同微调轮数对 GMU 性能的影响，如图 7.16 所示，跳数固定为 2，微调轮数分别为 5、10、20 和 50。实验发现，随着微调轮数的增加，GMU 在 Cora 和 Citeseer 数据集下的修复能力逐渐下降，甚至低于中毒模型的性能，而在 Cora-ML 和 PubMed 数据集下，中毒模型的性能变化不大。推测数据集的复杂性是造成这种影响的主要原因。使用复杂数据集训练的 GNN 不易受到微调轮数的影响。

最后，通过分析扰动对整个图的影响情况来评估 GMU 的有效性。实验使用了 Nettack、GANI、SGA 和 Min-Max 攻击，结果如图 7.17 所示。左侧为中毒 GNN 的预测结果，中间为修复后图模型的预测结果，右侧为两者预测结果的差异。实验发现，在修复过程中，异常节点的邻居节点的预测概率发生了变化，这证明了 GMU 在降低中毒节点的影响方面的能力。

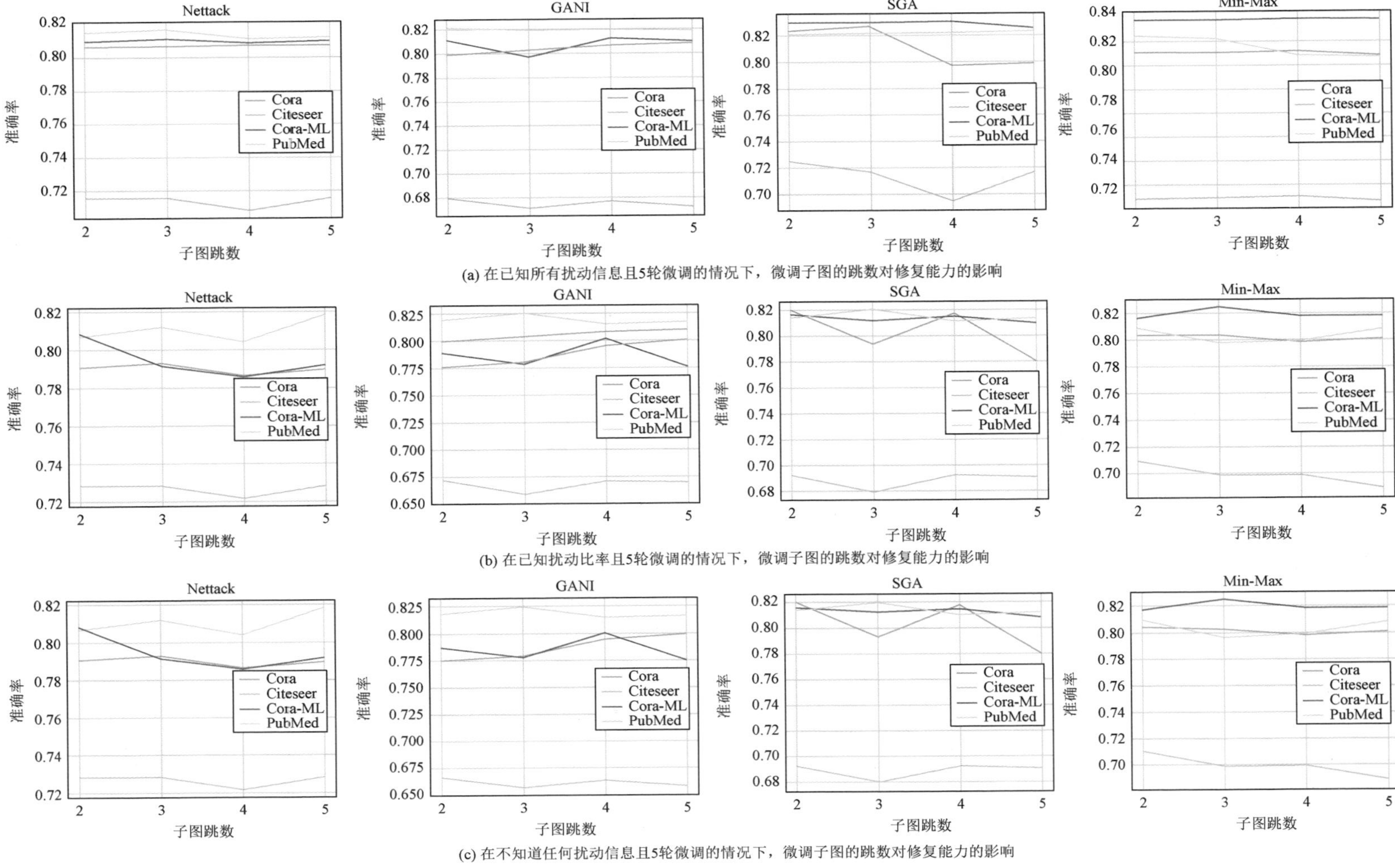

(a) 在已知所有扰动信息且5轮微调的情况下，微调子图的跳数对修复能力的影响

(b) 在已知扰动比率且5轮微调的情况下，微调子图的跳数对修复能力的影响

(c) 在不知道任何扰动信息且5轮微调的情况下，微调子图的跳数对修复能力的影响

图7.15　微调子图的跳数对修复能力的影响

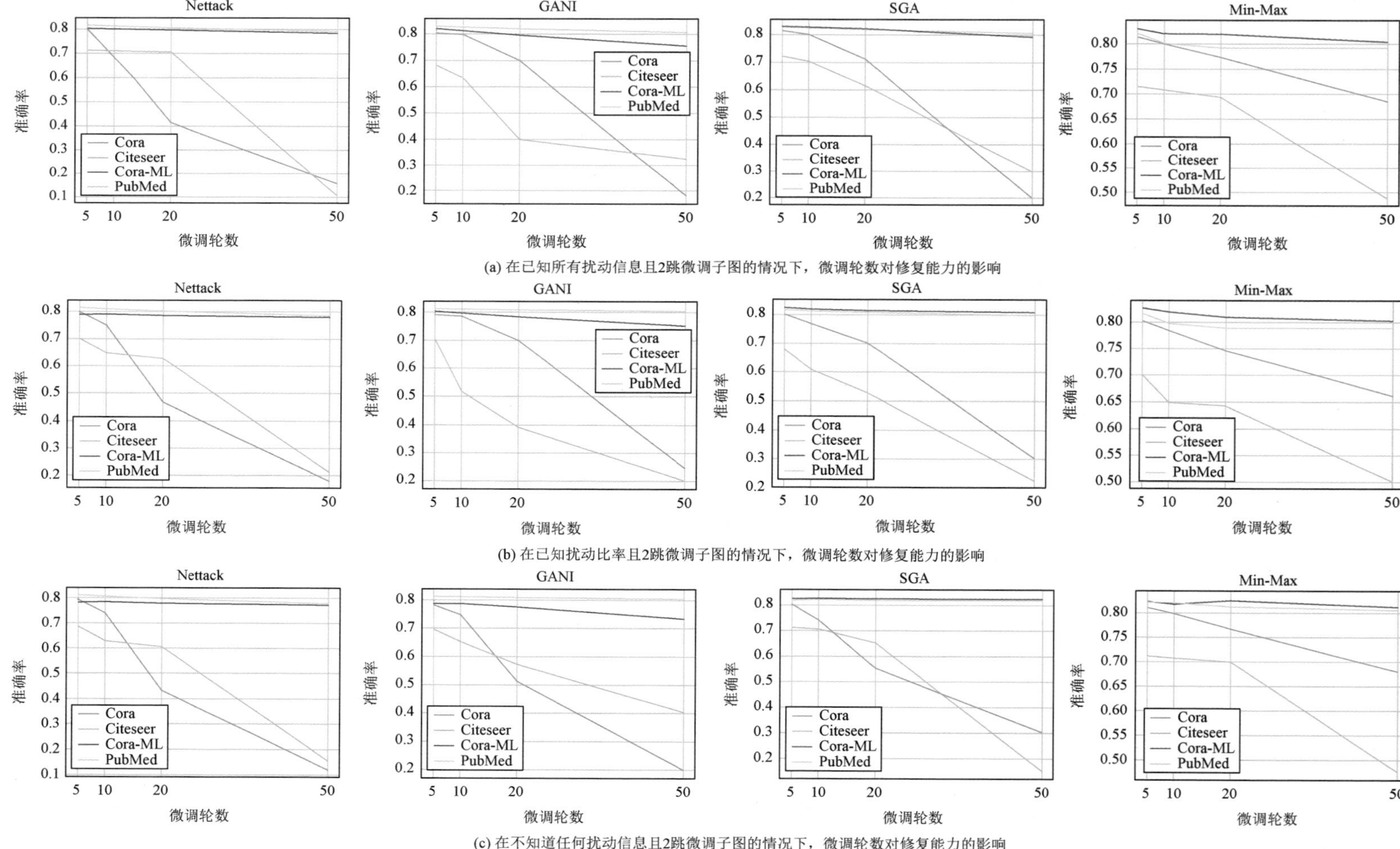

(a) 在已知所有扰动信息且2跳微调子图的情况下，微调轮数对修复能力的影响

(b) 在已知扰动比率且2跳微调子图的情况下，微调轮数对修复能力的影响

(c) 在不知道任何扰动信息且2跳微调子图的情况下，微调轮数对修复能力的影响

图7.16 微调轮数对修复能力的影响

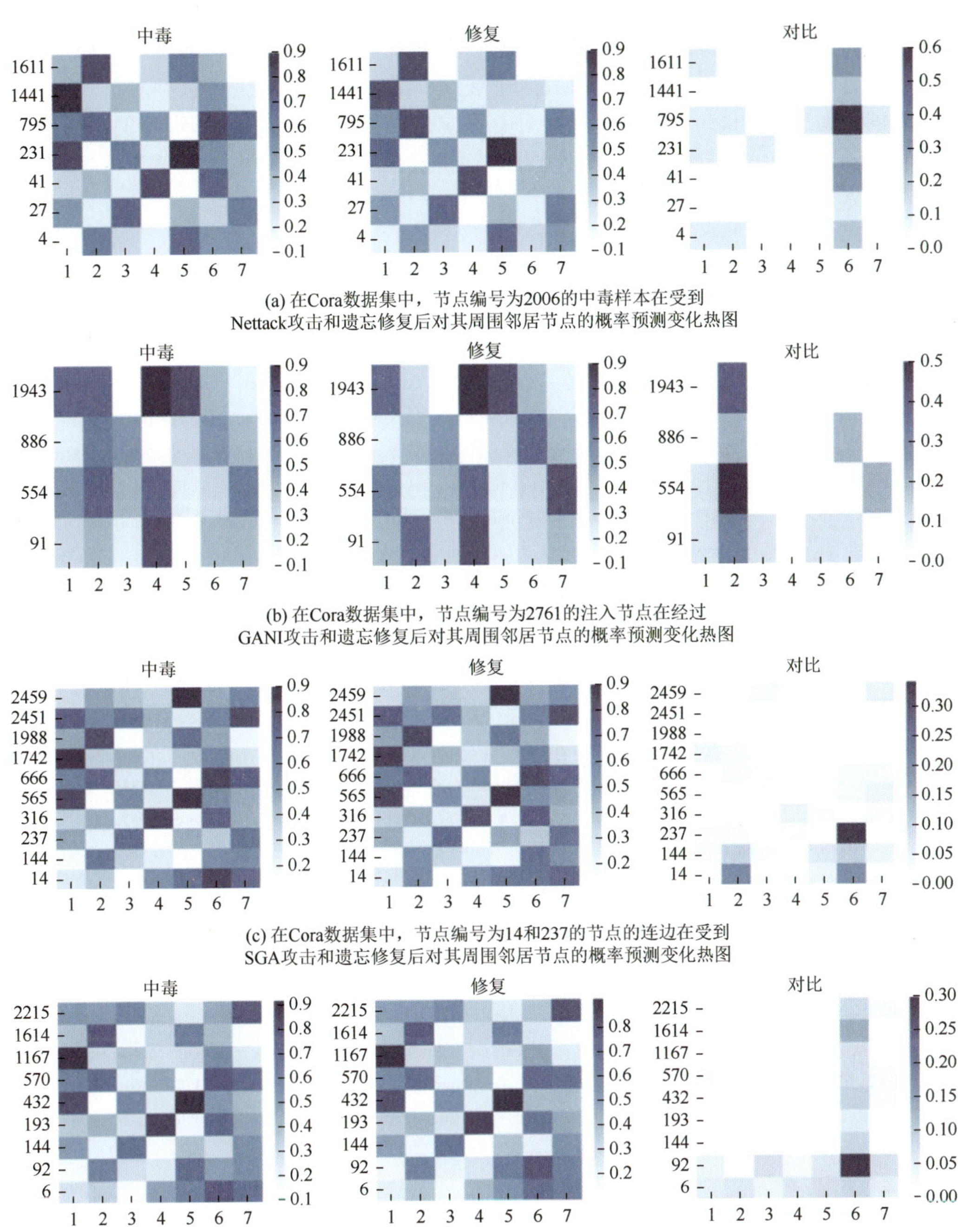

(a) 在Cora数据集中，节点编号为2006的中毒样本在受到Nettack攻击和遗忘修复后对其周围邻居节点的概率预测变化热图

(b) 在Cora数据集中，节点编号为2761的注入节点在经过GANI攻击和遗忘修复后对其周围邻居节点的概率预测变化热图

(c) 在Cora数据集中，节点编号为14和237的节点的连边在受到SGA攻击和遗忘修复后对其周围邻居节点的概率预测变化热图

(d) 在Cora数据集中，节点编号为570的节点以及其连边受到Min-Max攻击和遗忘修复后对其周围邻居节点的概率预测变化热图

图 7.17　修复前后扰动样本的邻居节点的概率预测变化

7.4 本 章 小 结

本章从图模型鲁棒性研究体系的角度探讨了图模型鲁棒性的解释、测评与修复问题。

首先，实证分析了图神经网络的对抗鲁棒性，揭示了相关特性和影响因素。随后，介绍了图模型鲁棒性的度量方法，明确了鲁棒性测评的重要性，从而为图模型对抗攻击预测防御提供有力支撑。最后，针对实际应用中图模型的不完善性以及重新训练的高昂代价，介绍了基于微调的图模型鲁棒性修复方法，促进已部署的图模型面对对抗攻击时的动态更新与修复。

参 考 文 献

[1] Lü L Y, Pan L M, Zhou T, et al. Toward link predictability of complex networks[J]. Proceedings of the National Academy of Sciences of the United States of America, 2015, 112(8): 2325-2330.

[2] Newman M E J. The structure and function of complex networks[J]. SIAM Review, 2003, 45(2): 167-256.

[3] Veličković P, Cucurull G, Casanova A, et al. Graph attention networks[J]. arXiv-preprint arXiv, 2017, 1710: 10903.

[4] Hamilton W L, Ying Z, Leskovec J. Inductive representation learning on large graphs[C]//Proceedings of the 31st International Conference on Neural Information Processing Systems. Long Beach, California, USA, 2017: 1025-1035.

[5] You J X, Ying R, Leskovec J. Design space for graph neural networks[C]//Proceedings of the 34th International Conference on Neural Information Processing Systems. Vancouver, BC, Canada, 2020: 17009-17021.

[6] Zhang C Z, Liu A S, Liu X L, et al. Interpreting and improving adversarial robustness of deep neural networks with neuron sensitivity[J]. IEEE Transactions on Image Processing, 2021, 30: 1291-1304.

[7] Fan M Y, Guo W Z, Ying Z B, et al. Enhance transferability of adversarial examples with model architecture[C]//ICASSP 2023-2023 IEEE International Conference on Acoustics, Speech and Signal Processing(ICASSP). Rhodes Island, Greece, 2023: 1-5.

[8] Wiedeman C, Wang G. Disrupting adversarial transferability in deep neural networks[J]. Patterns, 2022, 3(5): 100472.

[9] Tramèr F, Papernot N, Goodfellow I, et al. The space of transferable adversarial examples[J]. arXiv: 1704.03453, 2017.

[10] Chaubey A, Agrawal N, Barnwal K, et al. Universal adversarial perturbations: A survey[J]. arXiv: 2005.08087, 2020.

[11] Lancichinetti A, Fortunato S, Radicchi F. Benchmark graphs for testing community detection algorithms[J]. Physical Review E, Statistical, Nonlinear, and Soft Matter Physics, 2008, 78(4): 046110.

[12] Zügner D, Günnemann S. Adversarial attacks on graph neural networks via meta learning[C]//International Conference on Learning Representations. Vancouver, Canada, 2018: 1-15.

[13] Zügner D, Akbarnejad A, Günnemann S. Adversarial attacks on neural networks for graph data[C]//Proceedings of the 24th ACM SIGKDD International Conference on Knowledge Discovery & Data Mining. London, UK, 2018: 2847-2856.

[14] Fawzi A, Moosavi-Dezfooli S M, Frossard P, et al. Empirical study of the topology and geometry of deep networks[C]//Proceedings of the IEEE Conference on Computer Vision and Pattern Recognition. New York, NY, USA, 2018: 3762-3770.

[15] Wang Z, Bovik A C, Sheikh H R, et al. Image quality assessment: From error visibility to structural similarity[J]. IEEE Transactions on Image Processing, 2004, 13(4): 600-612.

[16] Ling X, Ji S L, Zou J X, et al. Deepsec: A uniform platform for security analysis of deep learning model[C]//2019 IEEE Symposium on Security and Privacy(SP). San Francisco, California, USA, IEEE, 2019: 673-690.

[17] Yu C J, Han B, Shen L, et al. Understanding robust overfitting of adversarial training and beyond[C]//International Conference on Machine Learning. PMLR, Baltimore, Maryland, USA, 2022: 25595-25610.

[18] Chen J, Wang Z, Zheng H, et al. Roby: Evaluating the robustness of a deep model by its decision boundaries[J]. arXiv: 2012.10282, 2020.

[19] 陈思宏, 沈浩靖, 王冉, 等. 预测不确定性与对抗鲁棒性的关系研究[J]. 软件学报, 2022, 33(2): 524-538.

[20] Weng T W, Zhang H, Chen P Y, et al. Evaluating the robustness of neural networks: An extreme value theory approach[J]. arXiv: 1801.10578, 2018.

[21] Jin H, Shi Z, Peruri A, et al. Certified robustness of graph convolution networks for graph classification under topological

attacks[C]//Proceedings of the 34th International Conference on Neural Information Processing Systems. Vancouver, BC, Canada, 2020: 8463-8474.

[22] Xu J R, Chen J R, You S Q, et al. Robustness of deep learning models on graphs: A survey[J]. AI Open, 2021, 2: 69-78.

[23] Li J T, Xie T, Chen L, et al. Adversarial attack on large scale graph[J]. IEEE Transactions on Knowledge and Data Engineering, 2023, 35(1): 82-95.

[24] Lin X X, Zhou C, Yang H, et al. Exploratory adversarial attacks on graph neural networks for semi-supervised node classification[J]. Pattern Recognition, 2023, 133: 109042.

[25] Wang B H, Gong N Z. Attacking graph-based classification via manipulating the graph structure[C]//Proceedings of the 2019 ACM SIGSAC Conference on Computer and Communications Security. London, United Kingdom, 2019: 2023-2040.

[26] Jiang C, He Y, Chapman R, et al. Camouflaged poisoning attack on graph neural networks[C]//Proceedings of the 2022 International Conference on Multimedia Retrieval. Newark, NJ, USA, 2022: 451-461.

[27] Chen J Y, Zhang J, Chen Z, et al. Time-aware gradient attack on dynamic network link prediction[J]. IEEE Transactions on Knowledge and Data Engineering, 2023, 35(2): 2091-2102.

[28] Sharma K, Trivedi R, Sridhar R, et al. Temporal dynamics-aware adversarial attacks on discrete-time dynamic graph models[C]//Proceedings of the 29th ACM SIGKDD Conference on Knowledge Discovery and Data Mining. Long Beach, CA, USA, 2023: 2023-2035.

[29] Tang J, Li J, Gao Z, et al. Rethinking graph neural networks for anomaly detection[C]//International Conference on Machine Learning. PMLR, Baltimore, Maryland, USA, 2022: 21076-21089.

[30] McCallum A K, Nigam K, Rennie J, et al. Automating the construction of internet portals with machine learning[J]. Information Retrieval, 2000, 3(2): 127-163.

[31] Sen P, Namata G, Bilgic M, et al. Collective classification in network data[J]. AI Magazine, 2008, 29(3): 93-106.

[32] Fang J Y, Wen H X, Wu J J, et al. Gani: Global attacks on graph neural networks via imperceptible node injections[J]. IEEE Transactions on Computational Social Systems, 2024: 1-14.

[33] Xu K, Chen H, Liu S, et al. Topology attack and defense for graph neural networks: An optimization perspective[C]//Proceedings of the 28th International Joint Conference on Artificial Intelligence. Macao, China, 2019: 3961-3967.

第 8 章　面向知识计算的图学习应用

鉴于图数据的强大表达能力以及图神经网络的良好性能表现，图学习模型被广泛地应用于智慧医疗、智能交通、智慧金融等领域。特别地，通过图结构进行各领域的知识表征可以描述事物之间的关联关系，实现知识的推理计算服务，因此以对客观世界的知识进行有效表示和推理为主要内容的“知识计算（knowledge computing）”成为人工智能的关键基础。本章将介绍关于图学习在知识计算领域的相关应用探索，包括关系抽取、知识图谱推理和自动问答。

8.1　基于图学习模型的关系抽取方法

关系抽取是一项从非结构化文本中识别命名实体对之间的语义关系的任务。这些实体对的关系可以形式化地表示为关系三元组$<e_1, r, e_2>$，其中 e_1 和 e_2 是实体，r 属于目标关系集$\{r_1, r_2,\cdots, r_m\}$中的一种。例如，在句子“CMU is in Pittsburgh”中，关系抽取可以判断实体对“CMU”和“Pittsburgh”之间是否存在“locate-in”的关系。现有的关系抽取模型通常分为基于序列的关系抽取模型和基于依赖的关系抽取模型。具体地，基于序列的关系抽取模型通常直接编码在文本上，将单词序列映射成具有上下文潜在特征的向量表示。基于依赖的关系抽取模型通常使用额外的语言工具将句子转换为相应的依存句法解析树，以构造句子的分布式表示。与基于序列的关系抽取模型相比，基于依赖的关系抽取模型能够更好地从长句子或复杂文本中获取语义关系信息。

为了编码依赖树的结构信息和挖掘句子的深层语义信息，现有研究在依赖模型的基础上，提出了基于图神经网络（GNN）的关系抽取模型，显著提高了关系抽取任务的性能。此类模型将 GNN 融合到关系抽取任务中，巧妙地满足了关系抽取对学习实体、关系的属性特征和结构特征的要求[1]。Zhang 等[2]首次在关系抽取任务中引入了图卷积神经网络(GCN)，提出了基于图卷积网络的关系抽取(contextualized graph convolutional network，CGCN）模型，在剪枝后的依赖树结构上应用图卷积操作有效地编码句子依赖结构，剔除依赖树上的冗余信息。为了能够自动学习对任务有用的相关子树结构，Guo 等[3]提出了基于注意力引导的图卷积网络（attention guided graph convolutional network，AGGCN）关系抽取模型，直接将完整的依赖树作为模型输入，使用自注意力机制对节点间的相关性进行自动学习，学习选择性地保留任务中有用的结构信息。此外，Sahu 等[4]提出了一种自确定的图卷积网络（self-determined graph convolutional network，SGCN）模型，使用多头注意力机制替代额外的语言工具来确定模型的输入形式，实现了端到端的关系抽取模型。

尽管基于 GCN 的模型显著提高了关系抽取任务的性能，但是人们尚不清楚这些模型的工作原理以及哪些因素实际影响了模型的预测效果。换句话说，这些模型的内部工作机制不明确，导致难以为其决策生成合理的解释，难以确定文本特征对关系抽取任务所做的贡献，难以有效地评估模型组件的适用性。

针对现有方法的研究现状，本节首先介绍一个关系抽取模型的可解释性框架[5]，从单词级解释和模型级解释两个角度对经典的关系抽取模型进行实证分析。然后，介绍一种基于 Graph-MLP 的关系抽取模型，采用简单且轻便的多层感知器（MLP）替代 GCN 中聚合操作，优化后的模型具备了与基于 GCN 的关系抽取模型相当的性能且更加高效。

8.1.1　基于 GNN 的关系抽取框架

现有的基于 GNN 的关系抽取框架主要包含依赖解析、词嵌入、图卷积和评分函数四部分。基于 GNN 的关系抽取的基本框架如图 8.1 所示，其细节描述如下。

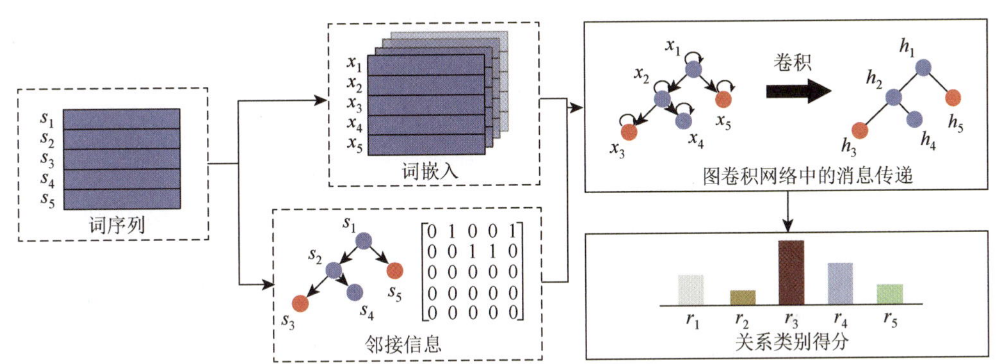

图 8.1　基于 GNN 的关系抽取基本框架

1. 依赖解析

给定一条句子 $S=[s_1, s_2, \cdots, s_n]$，使用自然语言处理工具来解析句子，如 Stanford CoreNLP[6]，它可以处理基本任务，如单词分割、词性注释和依存句法分析。然后，该模型使用依存句法分析的结果，生成一个具有 n 个节点的依赖解析树。依赖解析树被转换为一个大小为 $n\times n$ 的邻接矩阵 A，作为 GCN 的输入。

2. 词嵌入

给定句子 $S=[s_1, s_2, \cdots, s_n]$，单词的独热向量表示是单词嵌入模型的输入。词语嵌入是词语的数字表示，它将词语映射为低维空间中的密集向量 x_i。由句子 S 产生的嵌入表示为 $X=[x_1, x_2, \cdots, x_n]$，它被送入后续模型。

3. 图卷积

依赖解析后生成的邻接矩阵 A 和由词嵌入得到的向量表示 $X=[x_1, x_2, \cdots, x_n]$分别作为图的结构信息和节点信息，共同作为 GCN 的输入。GCN 包含两个主要功能：信息聚合和特征更新。GCN 的迭代机制主要是利用聚合函数聚合当前节点 v_i 的邻居节点的信息，然后根据结果更新当前节点 v_i 的信息。迭代机制在图中的每个节点上执行，更新所有节点的特征。在应用 L 层卷积操作后，GCN 可从输入的词向量中捕捉到句子中丰富的局部和非局部信息，并生成用于关系抽取的特征表示。

4. 评分函数

句子的关系表示最终被送入一个 softmax 分类器，以计算相应关系的置信度分数 r_i，其中 $\sum_{i=1}^{m} r_i = 1$，m 是关系类别数量，得分最高的 r_i 可能是该句子的关系。

8.1.2 基于 GNN 的关系抽取模型可解释性

为了探索模型的内在抽取逻辑，本节将从单词级解释和模型级解释两个角度进行关系抽取模型可解释性研究，其中单词级解释包含特征可视化和遮蔽扰动两类实验，从单词级解释关系抽取模型所抽取的敏感特征。模型级解释包含模型容量和激活函数两类实验，从模型级解释关系抽取模型组件的适用性。通过对以上四个方面进行具体分析并展开论述，再结合相关实验设计，达到探索关系抽取模型内部工作机制并解释其决策原因的目的[7]。本节将以经典的基于 GNN 的关系抽取模型 CGCN、AGGCN 和 SGCN 为目标，采用准确率、精确度、召回率和 F1-Score 作为评价指标。

1. 基于遮蔽扰动的可解释性研究

基于遮蔽扰动的可解释性方法的核心思想是对输入数据进行微小的改变，然后观察这些改变是否对模型的输出产生影响。这种方法通过比较扰动后的输出和原始输出之间的差异来评估特征的重要性，以解释模型的预测。本实验设计了一个遮蔽扰动策略，通过掩盖文本的实体特征和上下文特征来设计以下四种类型的实验，以解释哪种类型的信息会影响关系抽取模型，其中遮蔽扰动策略如下。

（1）Origin：该方法是早期关系抽取处理数据的常用方法，它保留了文本的原始结构，没有遮蔽实体特征和上下文特征。

（2）Type + Context：该方法是目前关系抽取处理数据的主流方法，它保留了句子中的上下文特征，并以实体的细粒度类型特征取代实体特征。

（3）Only Context：该方法只使用句子中的上下文特征，用原始成分词“SUBJ”和“OBJ”替换实体信息，防止实体提供语义信息，使得模型抽取所需的信息来源仅来自上下文特征。

（4）Only Type：该方法充分利用了实体信息，只提供细粒度的实体类型，而忽略了上下文特征，用“Context”代替上下文特征，使得模型抽取所需的信息来源仅来自实体细粒度类型特征。

基于以上理论分析和讨论，本节在 Tacred 数据集[8]上采用遮蔽扰动的策略进行实验，从而探究句子中的实体特征和上下文特征是否是关系抽取模型的重要信息来源。实验结果如图 8.2 所示。

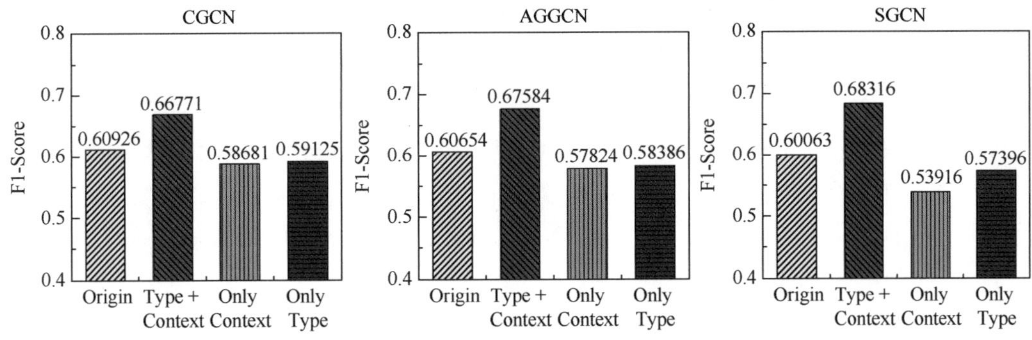

图 8.2　基于 GCN 的关系抽取模型采用不同遮蔽策略的结果

从图 8.2 中有以下发现：首先，观察到 Only Context 和 Only Type 的性能明显下降，说明仅依靠一组信息是不够的，实体特征和上下文特征都为关系抽取任务提供了关键信息，它们共同影响了图模型的预测能力。其次，通过比较 Origin 和 Type + Context，使用实体的细粒度类型替换实体本身的 Type + Context 达到最佳性能，表明实体的细粒度类型比实体本身的语义信息更有利于关系抽取。但这也说明模型并没有对实体本身的语义进行编码。换句话说，模型在关系抽取过程中缺乏对实体词本身语义的理解，只依赖实体的表面线索，无法理解实体的深层语义嵌入。此外，比较 Type + Context 和 Only Type 的实验结果发现，Only Type 可以达到 Type + Context 80%的性能，这表明基于 GCN 的关系模型可以只使用实体的细粒度类型实现关系抽取。另外，比较 Only Type 和 Only Context 的实验结果发现，Only Type 的性能优于 Only Context。这说明实体细粒度类型信息比上下文信息更重要，实体细粒度类型信息为模型训练提供更多信息，它是关系抽取的关键因素。以上观察说明了实体细粒度类型信息和上下文信息均是模型预测至关重要的信息来源，其中实体细粒度类型信息比上下文信息提供了更多重要信息，这些结果有助于研究人员更好地理解关系抽取，为设计更有效的关系抽取模型提供了重要的参考。

综上所述，可以发现：性能更高的关系抽取模型通常能够更准确地模仿人类行为，专注于任务相关的词；实体细粒度类型特征和上下文特征共同影响了图模型的预测能力，为端到端的关系抽取模型的设计提供了方向（即模型应该关注文本中的实体对），并正确判断实体对的细粒度类型。

2. 基于模型容量的可解释性研究

深度学习模型之所以在各领域中取得显著成果，足够的模型容量起到了关键性的作用。然而，基于 GCN 的关系抽取模型并没有进行深度堆叠，CGCN、AGGCN 和 SGCN 均是采用两层图卷积进行关系抽取。GCN 的每一层只考虑了每个节点的一阶邻居节点，而忽略了更远距离的节点对目标节点的影响，这导致 GCN 在处理大规模图数据时可能出现信息丢失和性能下降的问题。因此，本节推测基于 GCN 的关系抽取模型中仅采用两层卷积层可能无法有效捕获到文本中远程特征信息。

本书分别对平均长度为 17.2 和 36.4 的数据集（Tacred[8]和 SemEval[9]）进行实验。表 8.1 显示了三种关系抽取模型在验证集上的性能比较结果。从结果中可以确定，当模型处理长文本（即包含几个主句和次句的语义复杂的句子）时，基于 GCN 的关系抽取模型的性能表现比处理短文本的表现差。本节推测模型在长文本数据集上性能差的原因之一可能是受限于模型的容量，基于 GCN 的关系抽取模型仅采用两层卷积抽取文本中的特征，导致未能聚合到长距离的有用特征。因此，本节试图增加网络层数以扩充基于 GCN 的关系抽取模型的有效容量，从而使 GCN 能够捕获句子中的长距离依赖关系。

表 8.1　不同长度文本上的模型性能

模型	Tacred			SemEval		
	P	R	F1	P	R	F1
CGCN	0.694	0.644	0.668	**0.826**	**0.844**	**0.835**
AGGCN	0.713	0.643	0.676	**0.836**	**0.862**	**0.849**
SGCN	0.712	0.656	0.683	**0.779**	**0.776**	**0.778**

注：P 表示精确度；R 表示召回率；F1 表示 F1-Score。

为了探索基于 GCN 的关系抽取模型的有效容量，分别采用图卷积层数为 1、2、3 和 4 的 GCN 在数据集 SemEval 和 Tacred 上进行对比实验，并用评价指标精确度、召回率和 F1-Score 进行评估。此外，实验将固定其他深度学习模型的网络层数，如 MLP 层的数量固定为 2，RNN 层的数量固定为 1，通过固定其他变量仅观察 GCN 模型容量对关系抽取任务的影响。表 8.2 显示了在图卷积层数量增加时的实验结果。

表 8.2　不同卷积层（1、2、3 和 4）在 Tacred 和 SemEval 数据集上的影响

数据集	层数	CGCN			AGGCN			SGCN		
		P	R	F1	P	R	F1	P	R	F1
Tacred	1	0.677	**0.655**	0.666	0.715	0.628	0.669	0.711	0.644	0.675
	2	**0.711**	0.628	**0.667**	0.713	**0.643**	0.676	**0.712**	**0.656**	**0.683**
	3	0.675	0.648	0.661	0.722	0.639	**0.678**	0.708	0.649	0.678
	4	0.668	0.643	0.655	**0.726**	0.626	0.673	0.707	0.638	0.67
SemEval	1	0.784	0.842	0.812	0.835	0.868	0.851	0.736	**0.793**	0.763
	2	**0.826**	0.844	**0.835**	0.836	0.862	0.849	**0.779**	0.776	**0.778**
	3	0.809	0.816	0.813	**0.844**	0.864	**0.853**	0.741	0.785	0.762
	4	0.798	**0.845**	0.811	0.836	**0.867**	0.852	0.751	0.783	0.766

注：P 表示精确度；R 表示召回率；F1 表示 F1-Score。

从实验数据中观察到当模型使用两层卷积层进行学习训练时，CGCN 和 SGCN 具有最优表现，而 AGGCN 需要更深的卷积层数（如 3 层或 4 层）才能达到最优性能。推测的原因是 CGCN 将修剪后的依赖树作为图的输入，删除了一些冗余的节点信息，使得输入图的半径减小。因此 CGCN 能够快速地在第 2 层生成最精确的关系表示。SGCN 采用多头注意力机制构建文本的拓扑图结构，使它能快速捕捉到词与词之间的关联程度，也有利于快速生成关系表示。此外，AGGCN 卷积层数较深的原因可能是它采用完整的依赖树作为模型输入数据，保留了图中所有的节点信息，转换后的拓扑图的半径比 CGCN 大。值得注意的是，随着模型容量的扩充，即卷积层数的增加，所有模型的性能逐渐下降。这种现象归因于每次迭代的节点特征都会聚合高阶的邻居节点信息。随着图卷积神经网络的卷积层数增加，节点的聚集半径也增加。当达到一定的阈值后，一个节点表征将覆盖整个图。此时，节点嵌入过程中包含了大量重叠的邻居节点信息，使得节点嵌入十分相似。这导致每个节点的局部网络结构的多样性被大大降低，不利于学习节点自身的特征。因此，在选择模型时，需要平衡模型容量和性能之间的关系，避免过拟合或欠拟合的情况。

3. 基于激活函数的可解释性研究

为了探索基于 GCN 的关系抽取模型的最优激活函数，分别选取激活函数（如 Sigmoid、ReLU、Leaky ReLU、ELU 和 Tanh）在数据集 Tacred 上进行对比实验，同时还设置了无激活函数“NO”进行对比实验。图 8.3 显示了基于 GCN 的关系抽取模型应用了不同激活函数的性能比较。图中横坐标为模型迭代的轮数，纵坐标为评价指标 F1-Score 和 loss 得分。通过观察模型在不同激活函数下的表现，对比收敛速度和性能等指标，得出了以下结论。

（1）收敛速度。除了 Sigmoid 以外，其他激活函数的收敛速度趋于一致。应用于 CGCN 和 SGCN 的激活函数往往比应用于 AGGCN 的激活函数更加快速地趋于收敛。Sigmoid 收敛速度最慢、损失最大，甚至容易产生振荡，在所有模型中表现最差。因此，如果期望模型快速收敛，建议选择其他函数替代 Sigmoid 函数。此外，“NO”在 CGCN 中表现比大部分激活函数好，这可能归因于在某些情况下模型经线性变化也能捕获到关系特征。

（2）性能。Leaky ReLU 的性能优于 Sigmoid、ReLU、ELU 和 Tanh。这可能是因为 Leaky ReLU 充分考虑了神经元未被激活时，参数可以被非零梯度更新的情况，这可以减少未激活的神经元的数量，从而避免了梯度消失的问题，提高了神经网络的性能。相比之下，当神经元的输出值小于 0 时，ELU 被设定为一条曲线，此时导数求解更加复杂，它无法做到像 Leaky ReLU 那样准确。因此，模型应该充分考虑输出值小于 0 的情况，并使用较小的梯度来减少不能被激活的神经元数量。

综上所述，现有基于 GCN 的关系抽取模型均采用 ReLU 作为激活函数进行非线性操作，可能存在性能不佳的情况。在此基础上，实验将 Leaky ReLU 作为激活函数来提升模型性能。Leaky ReLU 在保持高性能的同时，具有良好的稳定性，可以减少未激活的神经元数量，从而进一步提升模型的性能和稳定性。因此，在未来的研究中，研究人员可以计划在基于 GCN 的关系抽取模型中采用 Leaky ReLU 作为激活函数，并进行进一步的优化和验证。

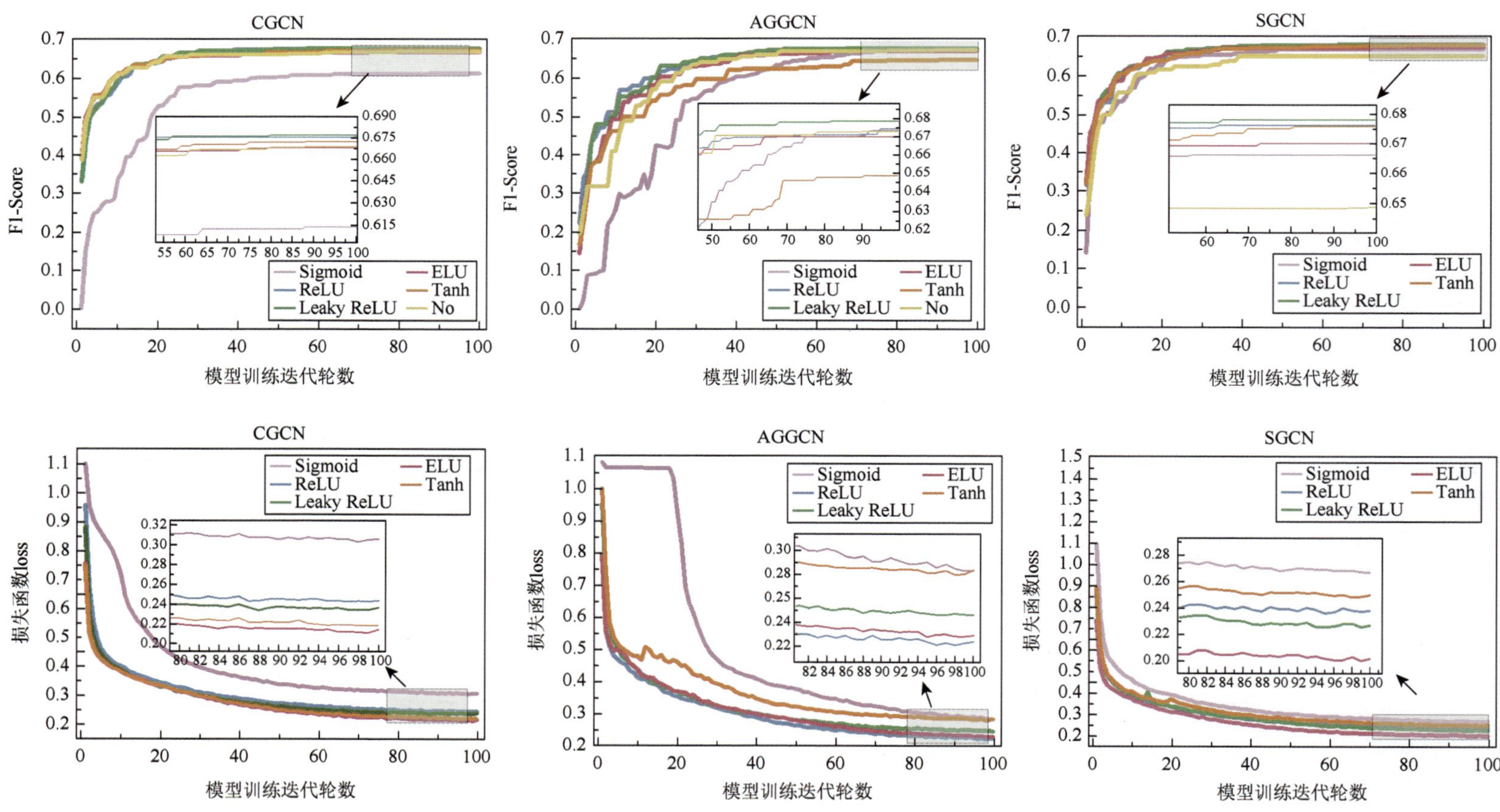

图8.3　不同激活函数应用于GCN模型的结果

8.1.3　基于 GNN 的关系抽取模型 Graph-MLP

通过实证分析可以发现，虽然 GCN 可以提高关系抽取任务的性能，但是 GCN 中的聚合机制和图结构建模方式并不是模型性能提升的关键因素。同时，逐层信息聚合和更新在大图中浪费资源且增加处理时间。因此，针对现有的基于 GCN 的关系抽取模型存在结构复杂、计算繁重等问题，本节介绍一种基于 Graph-MLP 的关系抽取模型。基于 Graph-MLP 的关系抽取模型不依赖于邻居节点的信息传递，而是使用多层感知器 MLP 直接对节点进行编码，从而避免了传统 GCN 模型的复杂消息传递机制。此外，该模型还可直接对整个图进行处理，避免了逐层信息聚合和更新，从而提高了计算效率。本节的目的是证明简单的模型可以达到与最先进的基于 GCN 的模型相同的性能水平，进而证明增加模型的复杂性并不一定是可取的。基于 Graph-MLP 的关系抽取模型框架如图 8.4 所示。

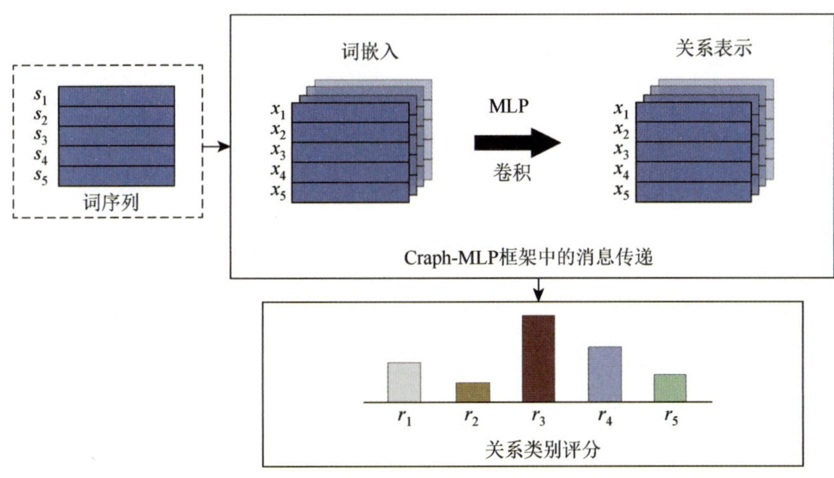

图 8.4　基于 Graph-MLP 的关系抽取模型框架

根据上一节对聚合机制的实证分析结果可知，聚合机制的选择不是 GCN 在关系抽取任务中取得成功的关键因素。为了优化关系抽取模型的复杂结构，本节尝试一种绕过消息传递过程的前馈传播方式，以提高计算效率。本节选择基础模型 MLP，用其替代 GCN 中的聚合机制。相比于 GCN 的图卷积聚合机制，MLP 具有高度非线性全局作用，能够在隐藏层之间实现空间转换，从而隐式地进行消息传递工作。这种特性使得 MLP 在处理大规模复杂结构时比 GCN 更加高效。与 GCN 不同，MLP 不依赖于图的结构信息，并且更容易在现实应用中进行部署。此外，当图中节点的邻居节点信息暂时不可用时，MLP 具有极强的自适应、自学习的能力，可以在模型决策过程中做出合理的推断。尽管 MLP 缺乏图的依赖性，从而限制了其在生成准确的关系表征方面的表现，但其推理速度比 GCN 快得多。因此，利用 MLP 的优势，本节实现了简单模型的高效关系抽取的目标。

8.1.4　实验结果与分析

1. 实验设置

（1）实验数据。本实验使用 SemEval 和 Tacred 数据集，SemEval 包括多种任务，如情感分析、文本蕴涵、词义消歧等。Tacred 的主要任务是识别和分类文本中提到的实体之间的关系。

（2）模型替代。用简单的 MLP 替代 GCN 中的聚合操作，验证能否在简化模型的情况下维持性能水平。这一替代在 CGCN、AGGCN 和 SGCN 上进行，分别形成了被称为 CGCN-MLP、AGGCN-MLP 和 SGCN-MLP 的模型。

2. 实验结果分析

1）　模型有效性验证

基于 Graph-MLP 模型和基于 GCN 模型在数据集 Tacred 和 SemEval 上的性能比较结果如图 8.5 所示。横轴表示各项评价指标，纵轴是指标数值。实验结果显示，CGCN-MLP、AGGCN-MLP 和 SGCN-MLP 与相应的 GCN 模型性能相当。通过用 MLP 替代 GCN 中的聚合操作，可以隐式传递节点信息，实现类似图模型的性能，为模型简化提供支持。这再次证实了 GCN 中的聚合操作不是提高关系抽取模型性能的关键因素。例如，CGCN-MLP 在 Tacred 数据集上的召回率和 F1-Score 分别提高了 1.98%和 0.14%；AGGCN-MLP 在 SemEval 数据集上的精确度、召回率和 F1-Score 分别提高了 0.74%、0.35%和 0.55%。

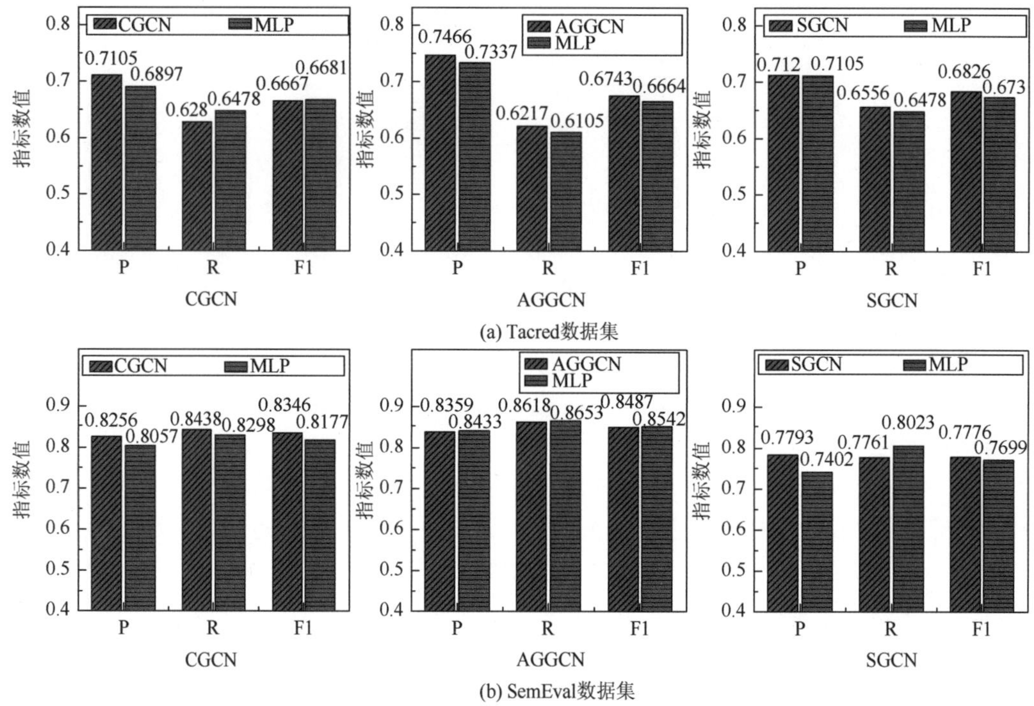

(a) Tacred数据集

(b) SemEval数据集

图 8.5　GCN 和 Graph-MLP 在 Tacred 和 SemEval 数据集上的性能比较

P 为精确度，R 为召回率，F1 为 F1-Score。

2）MLP 的有效容量

以上所有基于 Graph-MLP 的关系抽取模型实验中，实验设置 MLP 的层数同卷积层数一致，值为 2。为了进一步探究 MLP 的有效容量，评估简单的 MLP 是否适合进行堆叠，从而提高模型的性能，本节将在数据集 Tacred 和 SemEval 上进行实验，比较二层 MLP 与三层 MLP 在关系抽取模型上的性能表现。本实验中继续保持其他参数不变。

实验结果如表 8.3 所示，通过实验结果发现所有模型中二层 Graph-MLP 相对于三层 Graph-MLP 的性能略微偏高。这可能是因为关系抽取的数据集偏小，使用三层的 Graph-MLP 模型可能出现过拟合的问题，从而降低了模型的性能。因此在实际应用中，需要根据具体任务的要求和计算资源的限制来选择 MLP 的层数。如果任务需要更高的性能，可以考虑使用更深的 MLP，但也需要注意计算资源消耗。

表 8.3　基于 Graph-MLP 模型的有效容量比较

模型	层数	Tacred			SemEval		
		P	R	F1	P	R	F1
CGCN-MLP	2	0.689	0.647	0.668	**0.805**	**0.829**	**0.817**
	3	**0.692**	**0.651**	**0.671**	0.799	0.809	0.804
AGGCN-MLP	2	0.733	**0.611**	**0.666**	**0.843**	**0.865**	**0.854**
	3	**0.739**	0.589	0.656	0.837	0.865	0.851
SGCN-MLP	2	0.711	**0.648**	**0.673**	**0.740**	**0.802**	**0.769**
	3	**0.712**	0.613	0.659	0.729	0.804	0.761

注：P 表示精确度；R 表示召回率；F1 表示 F1-Score。

3）模型效率

为验证 Graph-MLP 相对于 GCN 模型的效率，记录它们在 Tacred 和 SemEval 数据集上训练一个 epoch（轮数）所需的时间。如表 8.4 所示，几乎所有的 Graph-MLP 模型相较于 GCN 模型具有更高的效率，训练时间约为后者的一半。这意味着使用 Graph-MLP 能更快地训练模型并获得任务结果。实验还指出，即使是三层的 Graph-MLP 模型，其计算负担也较低，进一步降低了时间复杂度，减少了计算资源的需求，从而节省了时间和成本。这对于实际部署非常关键，因为实际应用中通常需要在有限的时间内利用有限的资源完成任务。Graph-MLP 模型更容易在这些限制下实施。此外，这些结果还凸显了 Graph-MLP 模型的可扩展性和广泛应用前景，因为它们可以高效处理大规模图数据，而无须过多增加计算负担。

表 8.4　GCN-based 模型和 Graph-MLP-based 模型的运行时长　（单位：s）

模型	Tacred	SemEval
CGCN	68	9
CGCN-MLP	**64**	**4**
CGCN-MLP-3	**77**	8
AGGCN	237	15
AGGCN-MLP	**100**	**11**

续表

模型	Tacred	SemEval
AGGCN-MLP-3	**142**	**12**
SGCN	111	11
SGCN-MLP	**64**	**5**
SGCN-MLP-3	**75**	**8**

本节分别进行了基于 Graph-MLP 模型有效性验证、计算效率对比，从而验证了使用 MLP 足以学习图中的节点信息并生成相应的关系表示，基于 Graph-MLP 的关系抽取模型采用简单且轻便的 MLP 替代信息聚合过程可以达到与基于 GCN 模型相当的性能且更加高效。

8.2 少样本知识图谱推理补全方法

目前应用的知识图谱通常都是不完整的，并且是不断增长的，每当有新的知识产生，知识图谱中就会新增节点或者边，但在增长的过程中可能会出现信息采集错误或者人为的误操作，导致知识图谱中缺失了应有的关系或者实体。而这会导致下游应用的搜索准确度下降、关联信息缺失等问题。因此，为了解决知识图谱不完整的问题，使知识图谱趋于丰富和完整，知识图谱的推理补全技术应运而生。根据要补全的内容，可以将知识补全分成三个子任务：根据关系和尾实体来预测头实体、根据头实体和关系来预测尾实体、根据头实体和尾实体来预测它们之间的关系。本节主要关注其中的关系预测任务。

在实际情况下，大部分知识图谱都存在长尾知识（long-tail knowledge），即只有很少的关系或实体存在大量相关三元组，其余的仅有非常少的三元组与之相关（少样本问题）。这种长尾知识在现实的知识图谱中是普遍真实存在的现象，而以往的研究往往忽略了它们，这成为知识图谱推理补全技术发展的障碍之一。因此，少样本（few-shot）情况下的知识图谱推理补全问题被提出。

8.2.1 少样本条件下知识图谱关系预测

为了在解决长尾问题的同时弥补现有方法的不足，本节介绍一种用于少样本关系预测任务的多度量特征提取网络（multi-metrics feature extraction network，MFEN）[10]，其整体架构如图 8.6 所示，该模型的目的是通过学习找到最具有代表性的特征，进而增强实体的表示，然后通过度量函数计算相似度。该模型具体包括以下部分：嵌入表示、邻居编码器和相似度计算。其中，嵌入表示部分主要是对知识图谱数据进行预处理，划分训练集、验证集和测试集，为后续工作奠定基础；邻居编码器部分利用了实体的局部结构，对实体的邻居进行特征提取，并将提取的有用特征与实体的原嵌入表示进行结合，使实体的嵌入表示包含语义和结构两部分信息，提升预测模型的准确性；相似度计算部分通过度量函数进行计算，综合考虑多个不同度量的影响，在保证准确性的同时提升了模型的效率。

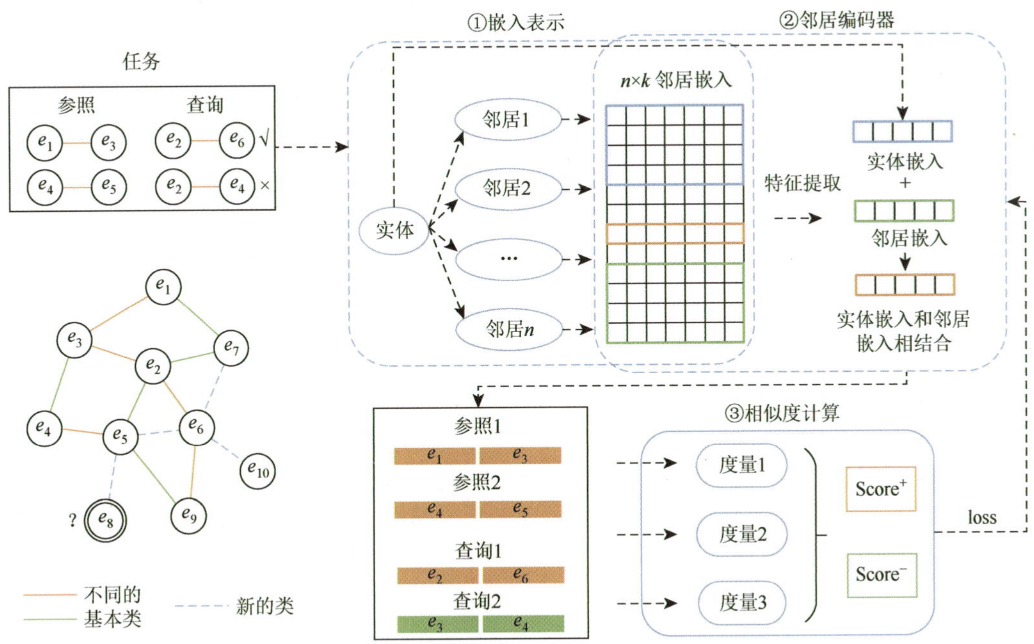

图 8.6　基于邻居聚合的少样本关系预测模型框架图

1. 嵌入表示

对于任意一个给定的实体 e，它的单跳邻居结构为集合$\{(r_e, t_e) \mid (e, r_e, t_e) \in G'\}$，将这个集合记为 N_e。其中，G'是背景知识图谱，r_e、t_e 分别是实体 e 的相邻关系和实体。随机抽取 n 个邻居作为实体 e 的邻居集合，将邻居集合的嵌入表示进行拼接，设 $e_i \in \mathcal{R}^d$ 是第 i 个邻居对应的 d 维向量表示，那么 n 个邻居表示为

$$E_{1:n} = e_1 \oplus e_2 \oplus \cdots \oplus e_n \tag{8.1}$$

式中，$\oplus$ 表示级联操作；$E_{i:i+j}$ 表示邻居嵌入$[e_i, e_{i+1}, \cdots, e_{i+j}]$的级联。同时，为了提取不同的特征并增强表示，该模型在卷积运算期间使用不同大小的卷积核。使用 w 表示卷积核，不同大小的卷积核集合可以用 $F = [w_1, w_2, \cdots, w_m]$表示，其中 m 表示有几种大小不同的卷积核。卷积核组 F 随机初始化，并随着训练的进行不断更新，最终达到最佳状态。

2. 邻居编码器

现有的编码方法都是直接对实体的邻居嵌入进行加和操作，以增强当前实体嵌入的表达性，嵌入表示的所有特征都被视作平等的，而忽略了特征的不同重要性。从经验上来说，实体嵌入的不同维度可能对任务有不同的影响，而有的维度对多数关系都有影响，有的维度只对少数关系有影响。此方法将每个维度看作一个特征，即特征有不同的重要

性。因此，该方法利用基于卷积神经网络的邻居编码器对实体的邻居嵌入进行特征提取，保留有用特征，剔除无关特征，生成更有代表性的实体嵌入。

邻居编码器利用卷积神经网络对实体的邻居结构进行特征提取，旨在更好地表示实体。邻居编码器的核心就是卷积神经网络，卷积操作的核心是卷积核，以某个卷积核 $w \in \mathcal{R}^{p\times q}$ 为例，一个特征 X_i 从窗口 $E_{i:i+p-1}$ 中产生的公式为

$$X_i = f\left(\sum_{j=1}^{p\times q} w_j \cdot E_{i:n(j)}\right) \tag{8.2}$$

式中，$f(\cdot)$表示一个非线性函数。这个卷积核对邻居集合中的每一个窗口都计算一次，产生一个特征映射：

$$X = [X_1, X_2, \cdots, X_{(n-p+1)(d-q+1)}] \tag{8.3}$$

式中，$X \in \mathcal{R}^{(n-p+1)\times(d-q+1)}$。然后，在特征映射上进行最大池化操作，取最大值 $\hat{X} \in X$ 作为该卷积核最终提取的特征。选取最大值是为了捕捉每个特征映射中最重要、最有价值的特征。

上述是从一个卷积核中提取一个特征的过程，该模型由多个不同窗口大小的卷积核组成，来获得不同组合的多个特征，如图 8.7 所示。为了获得不同卷积核大小对应的多个输出，该模型由多个过滤器 F 组成，具有不同的窗口大小，表示为$[w_1, w_2, \cdots, w_m]$。这些结果被组合成卷积神经网络的倒数第二层，并传递给全连接层，转换成一个 d 维的向量作为输出结果。这些向量被合并以获得最终的邻居表示 Y^*：

$$Z = mp(f(w_i \cdot E_{1:n})) = \{\hat{X}_1, \hat{X}_2, \cdots, \hat{X}_h\} \tag{8.4}$$

$$Y^* = \beta \sum_{i=1}^{m} (M \cdot Z_i + b) \tag{8.5}$$

式中，$mp(\cdot)$表示最大池化操作；h 表示各尺寸的过滤器的个数；$M \in \mathcal{R}^{d\times h}$ 表示参数矩阵；b 表示一个偏置项。M 和 b 表示可学习的参数，在训练过程中进行优化。

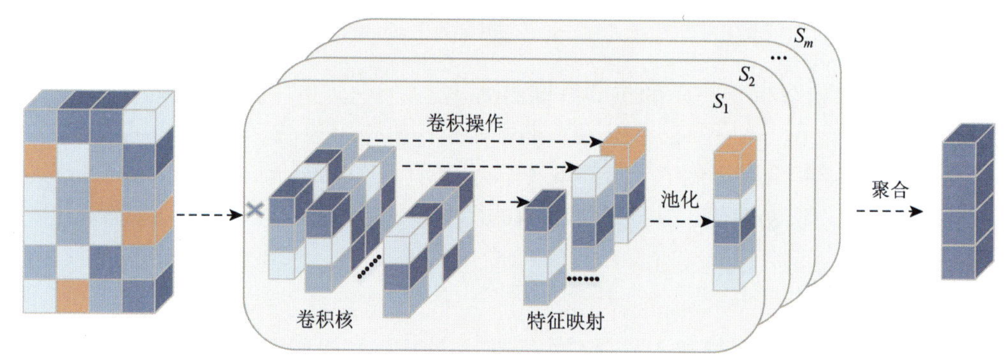

图 8.7　编码聚合过程图示

经过以上步骤，可以得到实体 e 的邻居信息的表示 Y^*，然后，将学习到的邻居信息

表示与原始实体表示相结合，产生一个更新后的实体表示 e'。更新过后的实体表示既含有实体本身的信息，又包含邻居结构中的信息，使实体表示更具有代表性，从而提升模型的性能。更新后的实体表示 e'为

$$e' = \sigma(W_1 \cdot Y^* + W_2 \cdot e) \tag{8.6}$$

式中，$\sigma(\cdot)$表示激活函数；W_1、W_2 表示可学习的参数矩阵。更新后的实体表示 e'将会在后续的相似度计算中代替原实体表示，使计算结果更加准确。

以上是一个一般的二维卷积过程。然而，本节介绍的模型应用的是一维卷积，与二维卷积稍有不同。具有多个不同大小的卷积核的一维卷积操作如图 8.8 所示。以卷积核 $w_m \in \mathcal{R}^{l \times d}$ 为例，其窗口大小为 l，宽度与实体嵌入的维度相同，都为 d，用于产生新特性。输入实体 e 的邻居嵌入的集合 $E_{1:n}$，从窗口 $E_{i:i+l-1}$ 中产生一个特征值 X_i：

$$X_i = f(w_m \cdot E_{i:i+l-1}) = f\left(\sum_{a=1}^{l}\sum_{c=1}^{d} w_m(a,c) E_{i:i+l-1}(i+a,c)\right) \tag{8.7}$$

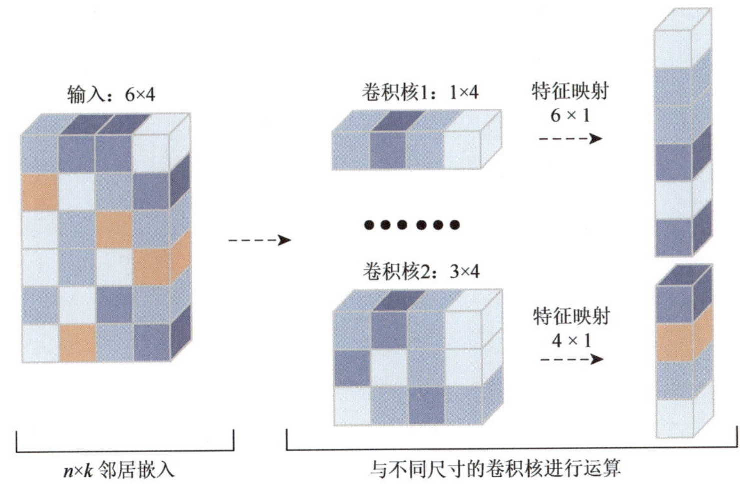

图 8.8　具有多个不同大小的卷积核的一维卷积操作过程

这个卷积核对邻居集合中的每一个窗口即 $\{E_{1:l}, E_{2:l+1}, \cdots, E_{n-l+1:n}\}$ 都计算一次。计算产生的特征图 $X \in \mathcal{R}^{n-l+1}$ 是一个向量，剩下的操作与二维卷积相同。

3. 相似度计算器

经过特征提取步骤，参照集和查询集中的每一个实体都得到了新的实体嵌入，对于一个实体对(h, t)，新的实体嵌入分别为 e_h 和 e_t。接下来就是计算参照集和查询集中的实体对的相似度，将实体对的头尾实体嵌入进行拼接，组成整个实体对的嵌入，记作 $s = e_h \oplus e_t, s \in \mathcal{R}^{2d}$。参照集的实体对为 s_r，查询集的实体对为 q_r。以 k-shot 为例，计算相似度时，对每个查询实体对与 k 个参照实体对都要进行计算，相似度的计算结果可以用以下公式表示：

$$\phi(S_r, q_r) = \frac{1}{k}\sum_{j=1}^{k} g(s_j, q_r) \tag{8.8}$$

式中，$j = \{1, 2, \cdots, k\}$；$g(\cdot)$表示相似度计算函数。考虑到之前的方法中相似度计算只有一种，可能比较片面，因此，该方法提出多重相似度计算度量，综合多个度量结果来得到最终的相似度，提升计算结果的准确性。具体的相似度方法有余弦相似度、欧氏距离和点乘等。

综合以上几种方法，结合多个度量的计算结果得到最终的相似度分数：

$$d(S_r, q_r) = \frac{1}{k}\sum_{j=1}^{k} \text{avg}\{\cos(s_j, q_r), \text{dist}(s_j, q_r), d(s_j, q_r)\} \tag{8.9}$$

4. 损失函数和模型训练

在元训练集 T_{train} 上训练 MFEN 整体模型时，对于每一个关系 r，通过随机抽取少样本作为训练的参照集 S_r，剩下的实体对作为正的（对的）查询集 $Q_r = \left\{\left(h_i, t_i^+\right) | \left(h_i, r, t_i^+\right) \in T\right\}$，然后，通过替换尾实体，构造一组负的（错误的）查询集 $Q_r^- = \left\{\left(h_i, t_i^-\right) | \left(h_i, r, t_i^-\right) \notin T\right\}$。在训练过程中，通过最小化损失值来优化模型参数，直到模型达到了设定的目标，则训练结束。模型的损失函数可以表示为

$$L = \sum_{r} \sum_{q_r \in Q_r} \sum_{q_r^- \in Q_r^-} \left[\gamma + \phi\left(S_r, q_r^-\right) - \phi\left(S_r, q_r\right)\right]_+ \tag{8.10}$$

式中，$[x]_+ = \max(0, x)$，表示模型期望的正负查询集的得分差距，是一个超参数。

8.2.2 基于邻居聚合的少样本关系预测算法

该方法通过利用卷积神经网络对实体的邻居结构进行特征提取，使用一维卷积方法保证单个邻居信息的完整性不被破坏。同时利用多个度量函数对参照样本和查询样本的相似度进行计算，综合得到最终的相似性分数，目的是在提升关系预测模型的准确性的同时，提升预测效率。具体的设计思路如下。

（1）邻居编码。由于样本的数量少，只对给出的参照实体对进行学习信息量是不够的，因此利用实体的局部结构，将实体的邻居信息也包含进来进行学习，将邻居信息中有用的区分度高的特征结合到实体嵌入中，使实体嵌入更具代表性。

（2）相似度计算。现有的模型在相似度计算之前需对实体对进行处理，其提高了模型的复杂度，使预测效率变低，因此，考虑多种度量来降低模型的复杂度，并且多个度量可以相互修正偏差，不会影响相似度计算的准确性。

（3）模型训练。由于少样本学习的特殊性，传统的训练模式不能产生很好的效果，取而代之的是元学习机制，它将训练数据划分成多个任务，再随机抽取几个任务进行训练，这样可以将少样本进行多次利用，达到训练模型的目的。

该方法的实现如算法 8.1、算法 8.2 和算法 8.3 所示。

算法 8.1　基于嵌入表示的邻居编码器算法

输入： 实体 e，预处理的知识图谱嵌入表示，模型参数 θ，包括 F、M、W_1、W_2 和 b
输出： 更新后的实体表示 e'
步骤 1： 采样 n 个邻居节点生成邻居矩阵 $E_{1:n}$
步骤 2： 利用多种不同大小的过滤器 F 对邻居矩阵 $E_{1:n}$ 进行卷积
步骤 3： 将卷积生成的特征图 X 进行最大池化操作，产生 $\hat{X}_1, \hat{X}_2, \cdots, \hat{X}_h$
步骤 4： 将池化结果进行拼接生成 $Z = (\hat{X}_1, \hat{X}_2, \cdots, \hat{X}_h)$
步骤 5： 对 Z 进行进一步的处理，产生卷积层的输出 Y^*
步骤 6： 将卷积的结果与原实体嵌入结合，生成更新后的实体表示 e'
步骤 7： 返回实体表示 e'

算法 8.2　相似度计算器算法

输入： 参照集和查询集的实体对表示 S_r、Q_r 和 Q_r^-
输出： 相似性分数 score
步骤 1： for q_r in Q_r、Q_r^-
步骤 2： 分别利用三个度量函数计算 S_r，q_r 的相似度
步骤 3： 将三个相似性分数聚合
步骤 4： end for
步骤 5： 产生 S_r 和 Q_r、Q_r^- 的相似性分数
步骤 6： 返回相似性分数 score

算法 8.3　MFEN 模型训练算法

输入： 训练集 T_{train}，验证集 T_{valid}，测试集 T_{test}，预处理的知识图谱嵌入，初始化模型参数 θ，最大训练次数 T^*，少样本个数 K
输出： 最优的模型参数 θ^*
步骤 1： while training times $< T^*$ do
步骤 2： 　　从训练集 T_{train} 中随机采样一个任务 T'
步骤 3： 　　从 T' 中抽取 K 个三元组作为参照集 S_r，利用剩余的实体对构建查询集 Q_r, Q_r^-
步骤 4： 　　for e_i in S_r, Q_r 和 Q_r^-
步骤 5： 　　利用算法 8.1 得到更新后的实体表示 e_i'
步骤 6： 　　end for
步骤 7： 　　拼接 e_i' 和 e_j' 生成实体对表示
步骤 8： 　　利用算法 8.2 计算参照集 S_r 和查询集 Q_r、Q_r^- 中的实体对的相似度分数
步骤 9： 　　通过损失函数计算损失值 L
步骤 10： 　　根据损失值更新模型参数 θ
步骤 11： end while
步骤 12： 返回最优的模型参数 θ^*

8.2.3　实验结果与分析

1. 实验数据

本实验在关系预测领域内公开的两个基本数据集上进行实验，这两个数据集分别为 NELL 和 Wiki。对于这两个数据集，都选取其中相关三元组数量小于 500 但大于 50 的关

系来构建少样本任务，这种类型的关系在 NELL 和 Wiki 数据集中分别为 67 个和 183 个。

2. 实验设置

1）对比方法

（1）GMatching。GMatching[11]是第一个被提出的知识图谱领域的少样本学习问题并进行解决的基于嵌入的方法。其应用局部图结构生成邻居编码来加强实体对的嵌入表示，应用多步的匹配机制来进行相似度计算。

（2）MetaR。MetaR[12]是基于模型优化的方法。其通过从参照实体对转移共享的知识到查询实体对（即关系）来实现知识图谱的少样本关系预测，模型应用梯度下降策略进行参数更新。

（3）FAAN。FAAN[13]是基于嵌入的方法。它提出一种自适应的邻居编码和自适应的匹配机制，在编码过程中并不把所有的邻居视为同等重要，而是增加了注意力机制，根据参照三元组与当前任务的相关性来区分权重，动态获取邻居编码。

2）评价指标

实验使用关系预测中常用的两种评价指标（MRR 和 Hit@n）对所有的模型进行性能评估。

对于每个查询三元组 q_i，记它正确的尾实体的得分结果在候选实体列表中的排名为 k_i，即 rank 为 k_i，则 Reciprocal Rank（RR）得分计作 $1/k_i$，对所有 query 的 RR 取平均值，即为 MRR：

$$\mathrm{MRR}=\frac{1}{N}\sum_{i}\frac{1}{k_i} \tag{8.11}$$

式中，i 为计数，从 0 开始计数。对每个查询三元组 q_i，如果正确的尾实体的得分排序在前 n 位，计数 i 就加 1，最终计数 i 与所有查询三元组数量的比值即为 Hit@n（假设查询集为 Q）：

$$\mathrm{Hit}@n=\frac{i}{|Q|} \tag{8.12}$$

式中，n 的取值可为 1、5、10。以上评价指标都是数值越大说明模型效果越好。

3）参数设置

为了方便比较，对于所有的少样本关系预测模型，使用 TransE 对嵌入进行初始化处理，并在模型训练过程中保持不变。在实验中，通过随机替换正确的三元组的头部或尾部实体来构建负三元组，以优化度量。设置最大邻居数为 50，NELL 和 Wiki 数据集的嵌入维度分别为 100 和 50，学习率分别为 0.0005 和 0.00006，边距固定为 5.0。卷积神经网络使用了 50 个卷积核，卷积核的大小设置为[3，4，5]，并通过验证集来调整最佳的超参数。对于每个模型，选择具有最大 MRR 的情况作为该模型的最佳结果。

3. 实验结果分析

1）算法有效性验证

表 8.5 呈现了少样本关系预测结果，包括对比模型和 MFEN 模型。结果清晰地表明，

MFEN 模型在两个数据集上表现最佳。在表 8.5 中，MFEN 模型在两个数据集上的所有评价指标均明显大于对比模型。与对比模型中性能最佳的 FAAN 模型相比，MFEN 方法在 NELL 数据集上的 MRR、Hit@10、Hit@5、Hit@1 分别提高了 11.9%、3.0%、7.9%和 16.3%，在 Wiki 数据集上的 MRR、Hit@10、Hit@5、Hit@1 分别提高了 6.8%、5.1%、3.9%和 6.3%，平均增长分别为 9.8%和 5.5%。

表 8.5　少样本关系预测模型在 NELL 和 Wiki 数据集上的表现

模型	NELL				Wiki			
	MRR	Hit@10	Hit@5	Hit@1	MRR	Hit@10	Hit@5	Hit@1
TransE	0.174	0.313	0.231	0.101	0.133	0.187	0.157	0.100
DistMult	0.200	0.311	0.251	0.137	0.071	0.151	0.099	0.024
ComplEx	0.184	0.297	0.229	0.118	0.080	0.181	0.122	0.032
SimplE	0.158	0.285	0.226	0.097	0.093	0.180	0.128	0.043
RotatE	0.176	0.329	0.247	0.101	0.049	0.090	0.064	0.026
GMatching（MaxP）	0.176	0.294	0.233	0.113	0.263	0.387	0.337	0.197
MetaR（Pre-train）	0.222	0.310	0.228	0.173	0.293	0.393	0.345	0.213
MetaR（In-train）	0.246	0.376	0.317	0.168	0.284	0.382	0.339	0.203
FAAN	0.277	0.430	0.342	0.203	0.310	0.447	0.383	0.238
MFEN	**0.310**	**0.443**	**0.369**	**0.236**	**0.331**	**0.470**	**0.398**	**0.253**

实验结果表明，对邻居结构进行特征提取确实能够提高少样本关系预测模型的准确性，MFEN 模型能够更好地解决少样本关系预测问题。从模型机制的角度来看，GMatching 模型应用一个具有可学习权重的前馈层来编码实体的局部结构；FAAN 模型具有自适应的注意力机制，可以根据实体在不同关系中的作用得到不同的权重，进而产生不同的实体表示；MetaR 模型在全连接神经网络的基础上学习实体对的特定关系元。结合实验结果和模型机制可以确定，MFEN 模型中的邻居编码器和相似性计算器确实可以提高少样本关系预测的有效性。

2）少样本数量 K 的影响

图 8.9 显示了模型在 K 不同的情况下在 NELL 和 Wiki 数据集上的表现。值得注意的是，在各种 K 值下，MFEN 模型都显著优于对比方法。此外，可以发现，少样本数量的增加，并不总是伴随着性能的稳步提高，而是呈现波动变化。这或许是因为少样本关系预测对样本数据的质量相当敏感。随着数据量的增加，信息量也会增大，然而，如果抽取的样本包含较多干扰信息或与其他样本不一致，这可能会导致模型性能下降。然而，值得强调的是，无论少样本数量如何变化，MFEN 模型的性能都能稳定地优于对比方法。

3）邻居个数的影响

图 8.10 显示了模型在邻居个数不同的情况下的表现，横轴是邻居的数量，纵轴是各

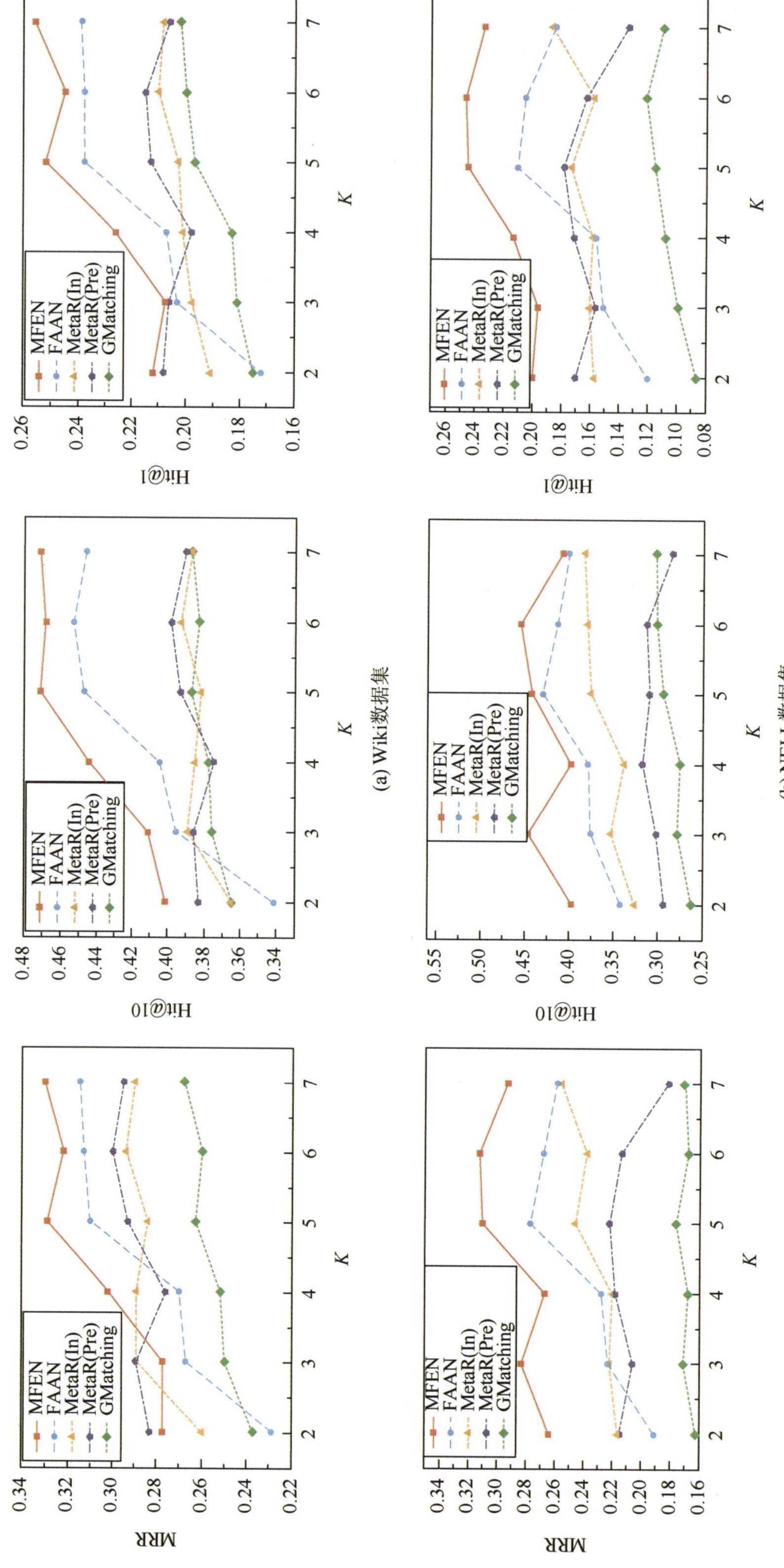

图8.9　不同的模型在不同的少样本数量下产生的结果

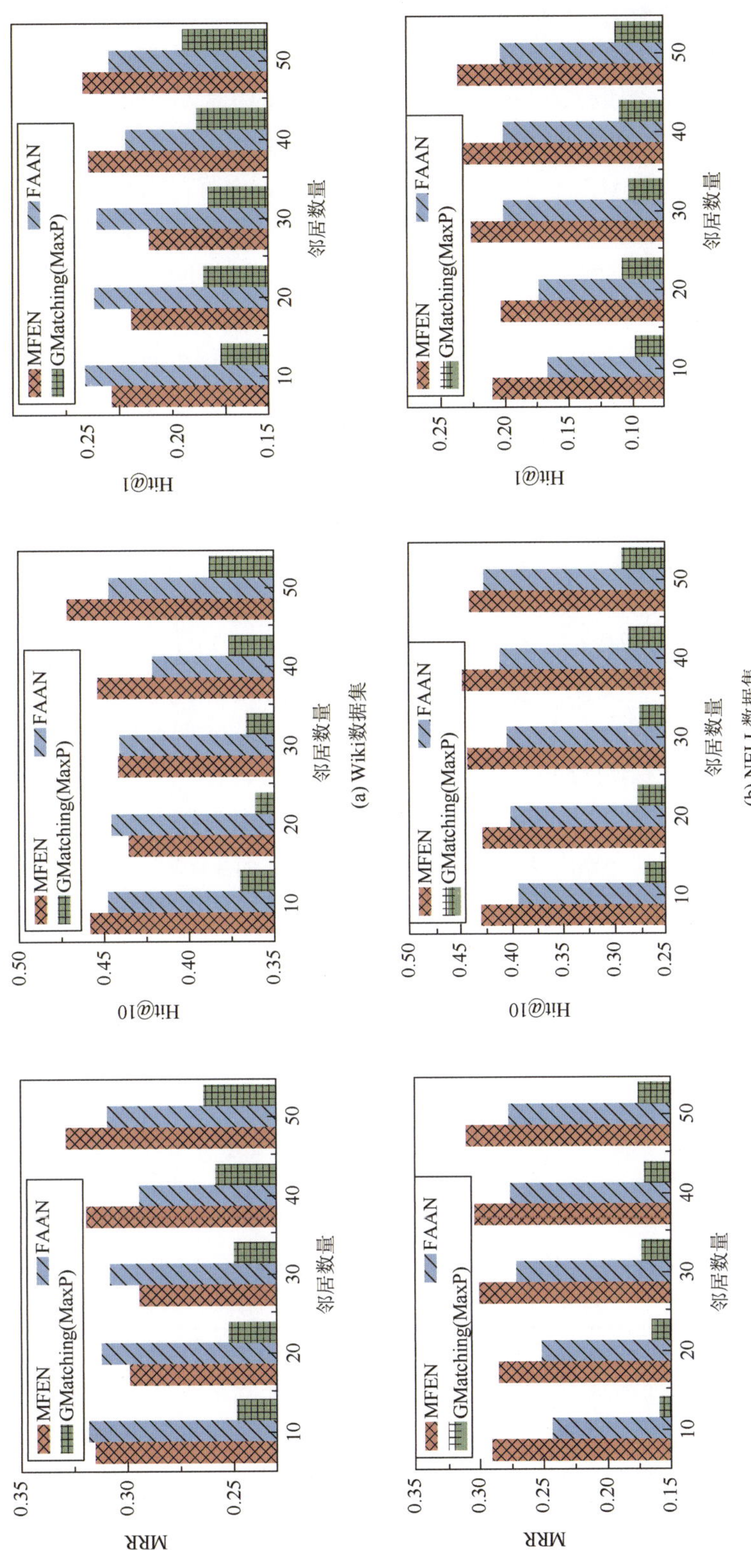

(a) Wiki数据集

(b) NELL 数据集

图8.10　不同的模型在不同的邻居个数下产生的结果

项评价指标。实验仅对比了利用邻居结构的三个模型。实验结果表明，在 Wiki 数据集中，随着邻居数量的增大，MFEN 模型的表现先开始低于对比模型，然后逐步追上对比模型，最后超过对比模型。这可能是由于 NELL 数据集比较稀疏，当邻居数量过少时，各个特征的差距不明显，导致模型提取了无关的特征。当邻居数量增加到一定值时，MFEN 模型就可以准确地提取有用特征，提升模型表现。在 NELL 数据集上，无论邻居数量多还是少，MFEN 模型的表现都比对比方法好。这表明 MFEN 模型在邻居信息中提取出有用信息的能力比较强，并且随着邻居数量的增长而增强，MFEN 模型中对邻居表示进行特征提取的方法有效地提升了模型对于少样本关系预测的准确性。

图 8.10 表明，邻居数量越多，模型的准确性越高。在少样本的环境下，样本本身的信息量较少，仅凭样本中的少量信息不能准确地进行预测。而结合了邻居信息之后，模型可以从邻居结构和样本本身获得双重信息，再将这些信息进行结合，就可以得到更加具有代表性的嵌入表示，从而进一步地提升模型性能，提高预测的准确率。因此可以看出，邻居结构对模型性能的提升是很有帮助的。

4）卷积核数量的影响

实验分析了卷积核数量对模型性能的影响。卷积核的大小固定为（3，4，5），邻居数量和少样本数量 K 分别为 50 和 5。表 8.6 展示了 MFEN 模型在不同卷积核数量下的性能表现。实验结果表明，卷积核数量的变化会影响 MFEN 模型性能。随着卷积核数量的增加，MFEN 模型性能呈上升趋势。然而，当卷积核数量过大时，模型性能反而下降。因此，在模型比较中，选择了 50 个卷积核作为最佳选项。

表 8.6　MFEN 模型在不同的卷积核数量下的性能表现

卷积核数量	NELL				Wiki			
	MRR	Hit@10	Hit@5	Hit@1	MRR	Hit@10	Hit@5	Hit@1
1	0.297	0.446	0.374	0.222	0.297	0.452	0.376	0.223
2	0.299	0.419	0.372	0.231	0.273	0.411	0.323	0.208
5	0.291	0.425	0.374	0.213	0.297	0.444	0.380	0.217
10	0.279	0.436	0.375	0.194	0.275	0.424	0.352	0.202
20	0.291	0.423	0.362	0.222	0.287	0.428	0.359	0.213
50	**0.310**	**0.443**	**0.369**	**0.236**	**0.329**	**0.471**	**0.396**	**0.252**
100	0.292	0.392	0.357	0.231	0.314	0.452	0.382	0.243
200	0.302	0.436	0.381	0.228	0.305	0.436	0.368	0.240

卷积核数量决定了卷积神经网络的输出通道数，即生成的特征图数量。太多的卷积核可能导致模型性能下降，这可能是因为特征图数量过多，重要特征相对于次要特征的比例减小，降低了模型选择重要特征的概率。此外，大量卷积核还可能导致训练速度减慢。因此，卷积核数量需要是一个平衡的选择。

8.3　知识图谱自动问答方法

知识图谱自动问答依赖于知识图谱这个强大的语义结构知识库，它以问句作为输入，运用自然语言处理技术在知识图谱上进行推理，得到问句答案并输出。知识图谱自动问答分为实体链接和答案推理两个部分。实体链接技术旨在检索出问句序列中的实体在知识图谱中所有相关的候选实体集合，然后计算每个候选实体集合与问句的相似度分数，进而识别出问句对应的主题词实体。

本节介绍一种基于共享编码的图卷积知识图谱问答方法，其中包括基于图卷积网络和关系匹配降维的实体链接方法以及基于共享编码和协同注意力机制的答案推理方法。在实体链接方法中，提出基于 GCN 和路径匹配降维的子图聚合机制，它通过图卷积网络聚合候选主题词实体的邻居信息并利用路径匹配降维机制使聚合后的特征信息降维，得到候选主题词实体聚合后的特征表示；在答案推理方法中，首先通过问句与图谱信息共用嵌入表示模型和循环神经网络来提取特征的共享编码机制学习高质量的特征表示。其次，在得到的特征表示的基础上，为了让问句与各类图谱信息进行匹配，提出使问句与图谱信息进行交互的协同注意力机制。

8.3.1　知识图谱自动问答方法框架

知识图谱自动问答方法的基本流程如图 8.11 所示，分为识别问句主题词实体的实体链接任务和推理问句答案实体的答案推理任务，具体为：①根据问句 q，在知识图谱中收集问句的候选主题词实体集合 C 及其图谱信息集合 C^G；②把 q、C 和 C^G 输入实体链接模型，得到每个候选主题词的得分，通过排序得到问句主题词实体 C_t；③根据 C_t，在知识图谱中

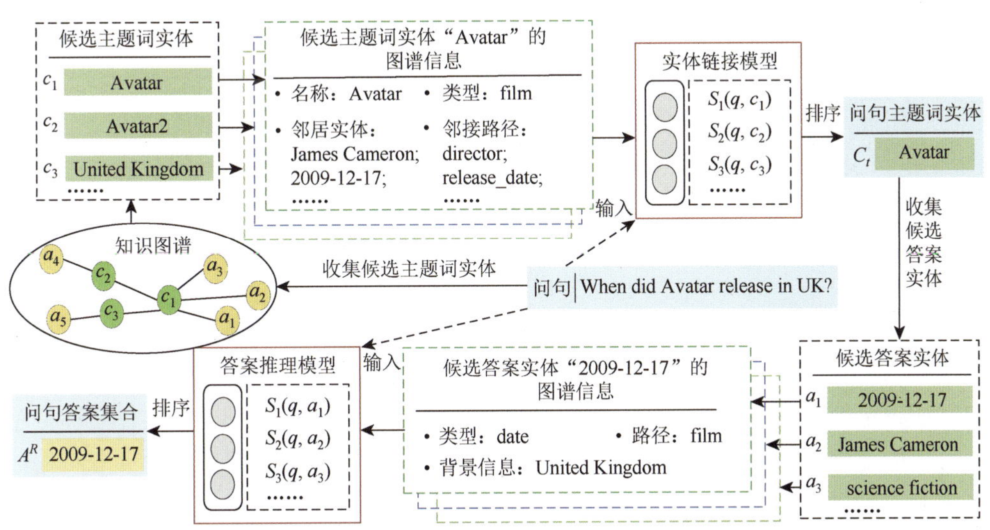

图 8.11　知识图谱自动问答方法框架

收集其 T 跳范围内的全部实体及它们的图谱信息，分别作为候选答案实体集合 $A=\{a_i\}_{i=1}^N$ 和其图谱信息 A^G；④把 q、A 和 A^G 输入答案推理模型中，得到每个候选答案的得分，通过排序得到问句答案实体集合 A^R。

整个知识图谱自动问答方法框架展现了问题—知识—答案三者交互过程。首先通过自然语言处理技术对用户提出的问题进行解析，识别出关键实体和关系。这一步骤是实体链接方法的基础，它利用图卷积网络来聚合候选实体的邻居信息，从而提高实体识别的准确性。实体链接阶段不仅关注实体的直接邻居，还通过关系匹配聚合机制，考虑了实体间的路径信息，这有助于捕捉更深层次的知识图谱结构。一旦确定了问题的主题词实体，将进入答案推理阶段。在这个阶段，设计了一个基于共享编码和协同注意力的机制，它允许问题和知识图谱信息在特征层面进行高效匹配。共享编码减少了对标记数据的需求，同时提供了更丰富的特征表示。协同注意力机制则进一步优化了问句的特征表示，通过促进问题与知识图谱信息之间的信息交互，增强了模型对答案的推理能力。

整个流程通过一个精心设计的交互模型，确保了问题理解、知识图谱查询和答案推理的紧密集成，从而提高了知识图谱自动问答系统的整体性能。

8.3.2　基于图卷积神经网络的问答表示方法

本节将详细介绍实体链接和答案推理的具体模型架构和编码机制，并解释如何通过图卷积网络（GCN）聚合邻居信息，以及如何通过共享编码和协同注意力机制来优化问题与知识图谱信息的匹配。

1. 实体链接方法

实体链接方法的框架如图 8.12 所示，主要包含特征提取模块、信息交流模块和匹配模块三个部分。具体地，在特征提取模块，实体链接方法使用共享编码机制对问句和候选主题词实体的图谱信息进行特征提取，得到它们的特征表示。在信息交流模块，协同注意力机制以问句和候选主题词实体的图谱信息作为输入，得到问句增强后的特征表示。子图聚合机制通过 GCN 和路径匹配降维高效地聚合候选主题词实体的邻居信息，从而得到候选主题词新的特征表示。在匹配模块，实体链接方法通过拼接问句和候选主题词实体图谱信息的特征表示，计算出各候选主题词的相似度得分。

1）共享编码机制

共享编码机制是指使用同一嵌入表示模型和循环神经网络来生成问句和图谱信息的特征表示。根据共享编码机制，GCPM 方法为输入的实体名称信息、实体类型信息和实体之间的路径信息分别设置相应的嵌入表示模型 f_{em}^n、f_{em}^t 和 f_{em}^p，同时为它们配置用于提取特征表示的循环神经网络 f_{neu}^n、f_{neu}^t 和 f_{neu}^p，其中 n、t、p 分别表示实体名称信息、实体类型信息和路径信息。问句 q、实体名称 c_i^n 和邻居实体名称 c_i^{gn} 的特征提取过程可形式化地表示为

$$e^{q_n}, e_i^{n_n}, e_i^{gn_n} = f_{\text{em}}^n(q, c_i^n, c_i^{gn}) \tag{8.13}$$

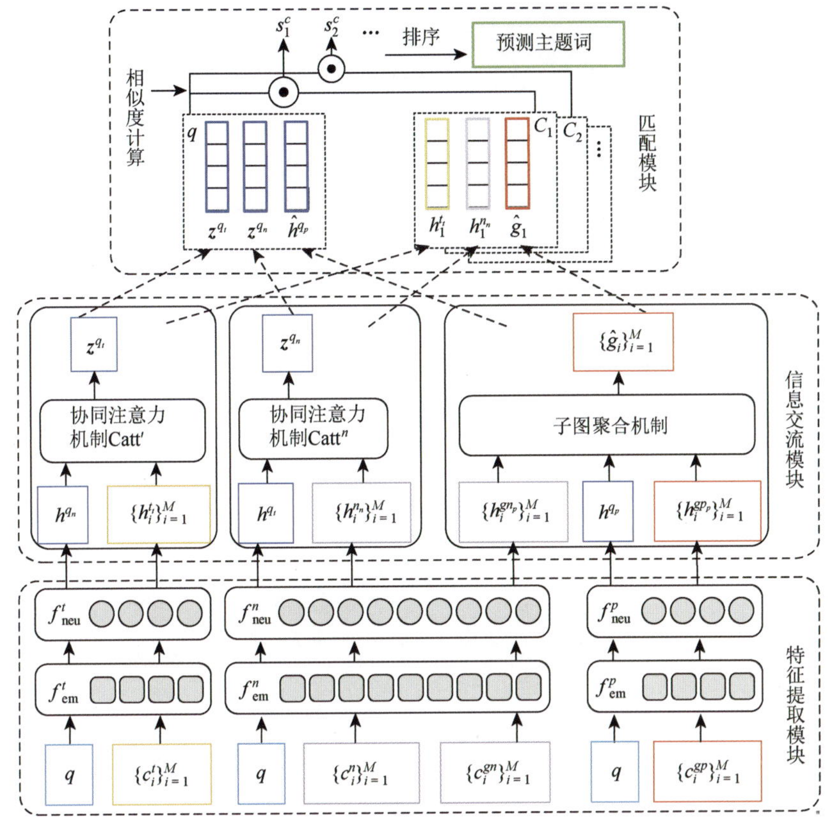

图 8.12　实体链接方法框架

$$h^{q_n}, h_i^{n_n}, h_i^{gn_n} = f_{\text{neu}}^n\left(e^{q_n}, e_i^{n_n}, e_i^{gn_n}\right) \tag{8.14}$$

式中，f_{em}^n 输出的嵌入表示包括 e^{q_n}、$e_i^{n_n}$ 和 $e_i^{gn_n}$，e^{q_n} 是问句的嵌入表示，$e_i^{n_n}$、$e_i^{gn_n}$ 分别为候选主题词实体的名称信息、邻居实体名称信息的嵌入表示，f_{neu}^n 输出的特征表示包括 h^{q_n}、$h_i^{n_n}$ 和 $h_i^{gn_p}$，它们分别为问句、候选主题词实体名称信息、候选主题词实体邻居实体名称信息的特征表示。

为了进行特征提取，具体采用的嵌入表示模型为 Glove[14]，采用的循环神经网络为双向长短期记忆网络 BiLSTM[15]，特征提取过程可形式化地表示为

$$e = \text{Glove}(x) \tag{8.15}$$

$$h = \text{BiLSTM}(e) \tag{8.16}$$

式中，Glove 的输入是单词组成的序列信息 $x = \{x_1, x_2, \cdots, x_n\}$，$x_i$ 为第 i 个单词对应的向量表示；$e = \{e_1, e_2, \cdots, e_n\}$ 为输出的嵌入表示。BiLSTM 的输入为 e，输出为 $h = \{h_1, h_2, \cdots, h_n\}$，$h_i$ 为 x_i 的特征表示。

类似地，问句 q 与实体类型 c_i^t 使用相同的嵌入表示模型 f_{em}^t 和循环神经网络 f_{neu}^t 提取特征表示 h^{q_t} 和 $h_i^{t_i}$，问句 q 与实体的邻居路径信息 c_i^{gp} 使用 f_{em}^p 和 f_{neu}^p 提取的特征表示 h^{q_p} 和 h^{np_p}。

2）协同注意力机制

在知识图谱自动问答方法中，不同类型的图谱信息与问句的不同部分会形成对应关系，例如，问句“When did Avatar release in UK？”中的疑问词“when”、约束词“UK”和关联词“release”，分别与知识图谱中的实体类型信息“date”、实体名称信息“United Kingdom”和路径信息“release_date”对应。受此启发，本节提出作用于图谱信息与问句的协同注意力机制，它以某一类图谱信息和问句的特征表示作为输入，通过促进不同信息之间的特征交互，以增强该类图谱信息关注的问句特征表示。协同注意力机制以共享编码方式生成的特征表示作为输入，针对实体名称信息和类型信息，实体链接方法设置两个协同注意力机制 Catt^n 和 Catt^t 进行特征增强。

以 Catt^n 为例，其输入为问句的特征表示 h^{q_n} 和候选主题词名称信息的特征表示 $h^{n_n}=\left\{h_i^{n_n}\right\}_{i=1}^{M}$，输出为问句增强后的特征表示 z^{q_n}。h^{q_n} 与 h^{n_n} 进行特征信息交互得到 z^{q_n}，如图 8.13 所示，具体过程描述如下。

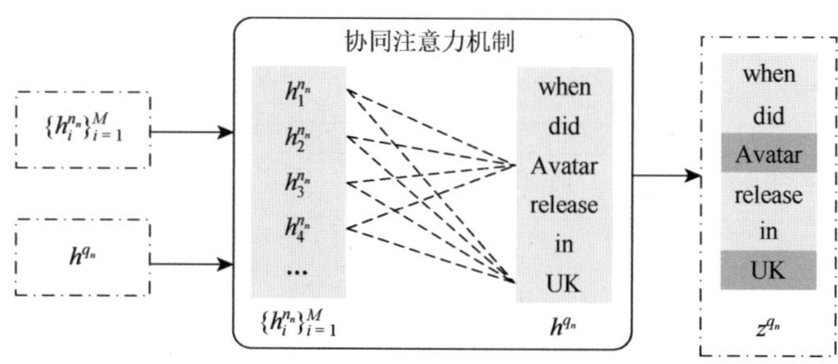

图 8.13　协同注意力机制示意图

首先，为了使 h^{q_n} 与 h^{n_n} 进行特征信息交互，利用自注意编码机制对 h^{q_n} 的维度进行改变，其过程可表示为

$$\hat{h}^{q_n}=f_a(h^{q_n}) \tag{8.17}$$

式中，$h^{q_n}\in\mathcal{R}^{l\times d}$，$l$ 表示问句序列的单词个数，d 表示每个单词特征表示的维度；$f_a(\cdot)$表示自注意编码机制，其作用是改变问句特征表示的维度。

其次，问句的协同注意力计算如下：

$$C^n=\mathrm{softmax}(\hat{h}^{q_n}\cdot(h^{n_n})^{\mathrm{T}}) \tag{8.18}$$

$$\hat{C}^n=C^n\cdot h^{n_n} \tag{8.19}$$

$$a^n=\mathrm{softmax}(\hat{C}^n\cdot(h^{q_n})^{\mathrm{T}}) \tag{8.20}$$

式（8.18）把 $\hat{h}^{q_n}$ 和 h^{n_n} 的转置相乘并进行归一化处理，得到联合矩阵 $C^n\in\mathcal{R}^{l\times M}$，$M$ 是候选主题词的数量。式（8.19）把 C^n 与 h^{n_n} 相乘，得到联合矩阵 $\hat{C}^n\in\mathcal{R}^{l\times d}$。式（8.20）把 $\hat{C}^n$ 与 h^{q_n} 的转置相乘并进行归一化处理，得到协同注意力 $a^n\in\mathcal{R}^{l\times l}$。

最后，以 a^n 增强问句的特征表示：

$$z^{q_n}=h^{q_n}\cdot a^n \tag{8.21}$$

式中，$z^{q_n} \in \mathcal{R}^{1\times d}$ 为问句增强后的特征表示。与以上过程类似，Catt^t 以 h^{t_t} 、h^{q_t} 作为输入，可得到问句增强后的特征表示 z^{q_t} 。

3）子图聚合机制

图卷积网络层使用图卷积聚合候选主题词实体的邻居信息，从而得到候选主题词子图的特征表示，以实现对邻居信息的利用。此外，在得到候选主题词子图的特征表示后，需对其进行降维处理，即降低候选主题词子图的特征维度，以形成候选主题词实体新的特征表示，实现在匹配阶段候选主题词实体与问句进行同维度的特征相似度计算。为此，提出以路径信息与问句的关联程度作为降维权重的路径匹配降维机制。此机制可使与问句关联程度越高的邻居实体在降维时对候选主题词特征表示的贡献越大，从而使模型能更好地利用邻居信息。

图卷积网络层的输入是 $h_i^{gn_n} \in \mathcal{R}^{m\times d}$ ，为第 i 个候选主题词实体的 m 个邻居实体名称信息的特征表示。图卷积网络把 $h_i^{gn_n}$ 作为一个子图的特征表示来进行特征聚合。在聚合过程中，子图中的各个实体通过图卷积网络的可训练权重矩阵聚合邻居实体的特征信息，得到候选主题词子图聚合后的特征表示 g_i 。图卷积网络层得到 g_i 的聚合过程如下：

$$g_i = \text{softmax}(A_i\,\text{ReLU}(A_i h_i^{gn_n} W_1)W_2) \tag{8.22}$$

式中，$A_i = D_i^{-1/2} \cdot A_i$ 表示第 i 个候选主题词实体和邻居实体组成子图的邻接矩阵；$g_i \in \mathcal{R}^{m\times d}$ 为候选主题词子图聚合后的特征表示；W_1、W_2 分别表示第 1、2 层 GCN 的可训练权重矩阵。

路径匹配降维机制需对候选主题词子图聚合后的特征表示 g_i 进行降维处理。不同于均值化、池化、求和等传统降维方式，路径匹配降维机制将路径信息与问句的关联程度作为特征降维的权重分数对 g_i 进行降维，此方式可使新的候选主题词实体获得更有价值的特征信息。降维的具体过程如下。

首先，利用特征提取模块输出的候选主题词实体邻居路径信息特征表示 $h_i^{gp_p}$ 和问句的特征表示 h^{q_p} 计算出邻居信息与问句的关联程度，其计算过程可表示为

$$s_i^p = f_s\left(\hat{h}^{q_p}, h_i^{gp_p}\right) \tag{8.23}$$

式中，s_i^p 表示邻接路径信息与问句的相似度分数；$\hat{h}^{q_p}$ 由 h^{q_p} 经过自注意编码机制得到。

其次，利用邻接路径信息与问句的相似度分数 s_i^p 对 g_i 进行降维：

$$\hat{g}_i = s_i^p \cdot g_i \tag{8.24}$$

式中，$\hat{g}_i$ 为降维后的候选主题词实体特征表示。

2. 答案推理方法

答案推理方法与实体链接方法类似，包括特征提取模块、信息交流模块和匹配模块三个部分。其中，在特征提取模块，答案推理方法使用共享编码方式对问句及图谱信息进行特征提取，得到候选答案实体的类型信息、路径信息、背景信息对应的特征表示 $\left\{h_i^{t_t}\right\}_{i=1}^N$、$\left\{h_i^{p_p}\right\}_{i=1}^N$、$\left\{h_i^{c_c}\right\}_{i=1}^N$，以及问句 q 在不同共享编码机制中的特征表示 h^{q_t} 、h^{q_n} 、h^{q_p} ；

在信息交流模块，答案推理方法使用协同注意力机制来得到问句增强后的特征表示。SECA 模型为实体类型信息、路径信息、背景信息分别设置了协同注意力机制，得到了问句增强后的特征表示 z^{q_t} 、 z^{q_p} 、 z^{q_c} ；在匹配模块，答案推理方法通过拼接问句和候选答案实体图谱信息的特征表示，计算出各候选主题词的相似度得分。

8.3.3　实验结果与分析

1. 实验设置

本节采用本领域具有代表性的数据集 Web Questions 进行所提方法的性能评价。在数据集中，共有 5810 条数据，其中训练数据 3023 条，验证数据 755 条，测试数据 2032 条。

实体链接模型和答案推理模型中的参数设置：词嵌入的维度为 300；循环神经网络输出的维度为 128；每次输入的问句条数为 32。训练时，实体链接和答案推理模型采用的优化器是 Adam；初始学习率为 1×10^{-3}。

2. 对比方法

本节对比几种以 Web Questions 作为实验数据集的知识图谱自动问答方法的性能。在实体链接任务中，选取以下两种对比方法。

（1）Freebase Search API（FSAPI），是一个由 Freebase 知识库提供的实体链接工具。

（2）E-CNN[16]，是 CNN 提取并计算候选主题词实体与问句特征相似度的方法。

在答案推理任务中，本节选择数种语义解析类和信息检索类方法作为对比方法。语义解析类方法包括以下几种。

（1）SPQAP[17]，是一个基于可训练语义解析器的方法，其中包括语义的粗对齐和桥接操作。

（2）SPQA[18]，是一个基于释义模型的方法，通过释义模型选择最佳的逻辑形式进行答案推理。

（3）STAGG[19]，是一个通过阶段性检索并生成查询图来推理答案的方法，它将语义解析简化为阶段性检索并生成查询图（STAGG）的过程，从而解决复杂问句的答案推理问题，极大地提高了语义解析类方法的效率。

（4）MulCG[20]，是一个生成多约束语查询图推理答案的方法，它在 STAGG 方法的基础上，增加了可处理问句约束语的规则。

（5）NFF[21]，是一个将知识图谱自动问答任务转化为子图匹配任务的方法，它以节点优先匹配寻找答案。

信息检索类方法包括以下几种。

（1）MenN[22]，是一种基于记忆网络的方法，旨在模拟问句的多跳推理过程，以解决复杂问题。

（2）MCCNNs[23]，是一个使用多列卷积神经网络（MCCNN）来提取问句与图谱信息之间的特征表示并计算相似度的方法。

（3）RECNN[24]，是一种基于神经网络进行关系提取并用维基百科推理答案的方法。

（4）E2EQA[25]，是一个基于长短期记忆网络（LSTM）的方法，该方法使用交叉注意力机制促进问句与答案相互交流。

（5）BAMnet[16]，是一个基于 BiLSTM 的双向注意记忆网络方法，该方法利用注意力机制捕捉问题与图谱信息之间的注意力矩阵，这些注意力矩阵可以用来计算图谱中每个实体对于解答问题的重要性，以此提高模型性能。

3. 实验结果分析

1）方法性能分析

在 Web Questions 数据集上对实体链接方法 GCPM 进行性能验证，以证明 EGCNR 方法的有效性。

实验结果如表 8.7 所示，GCPM 方法在性能上分别超过 Freebase Search API 和 E-CNN 方法，表明 GCPM 方法对实体链接更加有效。值得一提的是，GCPM 方法超过广泛使用的 Freebase Search API 工具达 4.6%，这说明了 GCPM 方法可以提升实体链接任务的效果。需要特别说明的是，在实体链接任务中，因为一条问句只有一个问句主题词实体，所以模型的召回率、精确率、F1-Score 相同。

表 8.7　GCPM 方法性能对比结果

方法	召回率/精确度/F1-Score
FSAPI	85.7
E-CNN	89.8
GCPM	90.3

在 Web Questions 数据集上进行性能验证，以 GCPM 方法作为实体链接工具、以 SECA 方法作为答案推理工具，实验结果如表 8.8 所示，其 F1 值可达到 52.3。与最高的语义解析类答案推理方法相比，可以形成竞争力，这表明了 SECA 方法的有效性。

表 8.8　SECA 方法性能对比结果

分类	方法	召回率	精确度	F1-Score
语义解析类	SPQAP	41.3	48.0	35.7
	SPQA	46.6	40.5	39.9
	STAGG	**60.7**	**52.8**	**52.5**
	MulCG	—	—	52.4
	NFF	—	—	49.6
信息检索类	MenN	—	—	42.2
	MCCNNs	—	—	40.8
	RECNN	—	—	47.1
	E2EQA	—	—	42.9

续表

分类	方法	召回率	精确度	F1-Score
信息检索类	BAMnet	64.5	50.6	51.8
	GCPM + SECA	64.3	51.5	52.3
	SECA（已知主题词实体）	**69.1**	**55.4**	**56.4**

2）方法效率分析

对 GCPM + SECA 方法进行效率分析，并与同属信息检索类的 ECNN + BAMnet[26]方法进行对比。使用相关模型对 1 条问句进行链接主题词、推理答案进行实验的结果如表 8.9 所示，其中 M、N 分别表示候选主题词实体、候选答案实体的数量。

表 8.9　GCPM + SECA 方法效率对比结果

任务	方法	时间复杂度	运行时间/ms
实体链接	ECNN	$O(M)$	6
	GCPM	$O(M^2)$	21
答案推理	BAMnet	$O(N)$	24
	SECA	$O(N)$	14

在实体链接任务中，GCPM 方法需要对 M 个候选主题词实体的图谱信息进行特征提取。候选主题词实体名称、类型等信息的特征提取的时间复杂度为 $O(M)$，而候选主题词邻居、邻居路径信息特征提取的时间复杂度为 $O(M^2)$。这导致 GCPM 方法的最终时间复杂度为 $O(M^2)$，链接问句主题词的时间为 21ms。相比之下，ECNN 方法不考虑邻居实体，而是使用 CNN 来提取问句与图谱信息的特征表示，其时间复杂度为 $O(M)$，链接问句主题词的时间为 6ms。在答案推理任务中，SECA 方法和 BAMnet 方法只需对 N 个候选答案实体的类型、路径、背景信息进行特征提取。它们的时间复杂度均为 $O(N)$，而它们推理答案的时间分别为 14ms 和 24ms。在得到特征表示后，CABiLSTM 方法通过增强问句特征表示的协同注意力机制来推理答案，比 BAMnet 方法增强问句和图谱信息特征表示的方法更加简单，因此 SECA 的推理时间更短。综合对比下，GCPM + SECA 方法（35ms）的效率比 ECNN + BAMnet 方法（30ms）差。

3）图谱信息的重要性分析

在 Web Questions 数据集上针对 GCPM 方法进行图谱信息的重要性分析实验，通过对比有无候选主题词实体的名称信息、类型信息、邻居信息的实验效果，从而验证各类图谱信息在实体链接任务中的重要性。

实体链接任务的图谱信息重要性分析实验的结果如表 8.10 所示，其中 AllData 表示完整的图谱信息；AllData-N、AllData-T、AllData-C 分别表示去除了候选主题词实体的名称信息、类型信息、邻居信息后的图谱信息。与完整的图谱信息做对比，消去了名称信息、类型信息、邻居信息的 GCPM 方法的平均性能分别降低了 2.9%、1.6%和 0.6%，下降越多表明该类图谱信息越重要。这证明了在 GCPM 方法中，候选主题词实体的名称信息作用最大，类型信息作用次之，邻居信息作用最小。需要特别说明的是，在实体链接任务中，因为一条问句只有一个问句主题词实体，所以模型的召回率、精确率、F1-Score 相同。

表 8.10　实体链接 GCPM 方法的图谱信息有效性验证结果

图谱信息	召回率/精确度/F1-Score	
	最大值	平均值
AllData	90.3	90.2
AllData-N	87.6	87.3
AllData-T	89.0	88.6
AllData-C	89.7	89.6

在 Web Questions 数据集上针对 SECA 方法进行图谱信息的重要性分析实验，通过对比有无候选答案实体的类型信息、路径信息和背景信息的实验效果，从而验证各类图谱信息在答案推理任务中的重要性。

答案推理任务的图谱信息重要性分析实验的结果如表 8.11 所示，其中 AllData 表示完整的图谱信息；AllData-P、AllData-T、AllData-C 分别表示去除了候选答案实体的路径信息、类型信息、背景信息后的图谱信息。与完整的图谱信息相比，消去了候选主题词的路径信息、类型信息和背景信息的 SECA 方法在 F1-Score 的平均值上分别降低了 10.0%、2.7%和 0.9%，下降越多表明该类图谱信息越重要。这证明了在 SECA 方法中，候选答案实体的路径信息作用最大，类型信息作用次之，背景信息作用最小。

表 8.11　SECA 方法的图谱信息有效性验证结果

图谱信息	召回率		精确度		F1-Score	
	最大值	平均值	最大值	平均值	最大值	平均值
AllData	69.1	68.5	55.4	54.4	56.4	55.4
AllData-P	68.6	68.4	42.1	41.6	45.6	45.4
AllData-T	71.9	71.6	49.4	49.0	53.2	52.7
AllData-C	67.2	66.2	54.3	54.2	54.9	54.5

4）方法鲁棒性分析

对 GCPM + SECA 方法进行鲁棒性分析，并与同属信息检索类的 ECNN + BAMnet 方法进行对比。本节针对知识图谱提供的知识库信息进行随机攻击，即分别对输入模型的候选主题词实体图谱信息、候选答案图谱信息进行一定比例的数据扰动。经过验证，其结果如图 8.14 所示，在相同扰动比例的情况下，实体链接 GCPM 方法的召回率比 ECNN 方法更高，答案推理 SECA 方法的 F1-Score 值比 BAMnet 方法更高，这证明了与 ECNN + BAMnet 方法相比，本节提出的 GCPM + SECA 方法具有更强的鲁棒性。

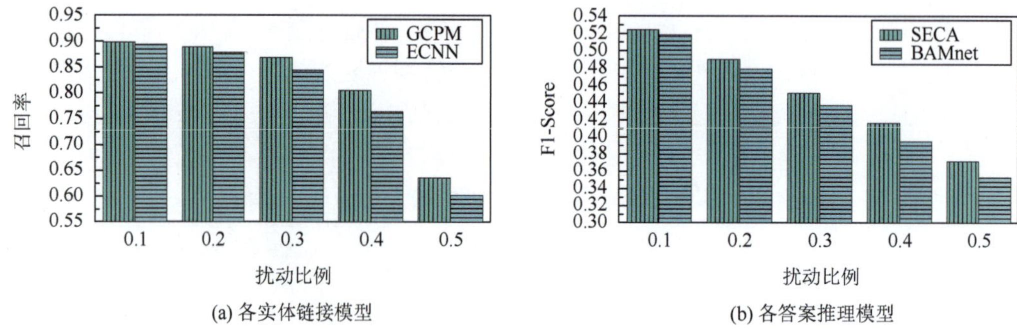

(a) 各实体链接模型　(b) 各答案推理模型

图 8.14　各实体链接、答案推理模型在不同扰动比例下的测试结果

8.4　本 章 小 结

本章着重探索了图学习的应用领域。首先，对于关系抽取，基于图学习模型的关系抽取方法，特别是基于图神经网络的关系抽取方法，经过评估体系和模型表征优化，得到了详细的分析。其次，在知识图谱推理计算方面，着重关注了少样本条件下的知识图谱关系预测，以及对这些预测模型的解释性研究，通过实验和结果分析对其进行了全面探讨。最后，针对图谱问答方法，介绍了知识图谱自动问答方法框架和基于图卷积神经网络的问答表示方法，并对其实验和结果进行了深入分析。

参 考 文 献

[1] Deng X, Zhang L, Fan Y, et al. Bidirectional dependency-guided attention for relation extraction[C]//Asian Conference on Machine Learning, Kuala Lumpur. Malaysia, 2020: 129-144.

[2] Zhang Y H, Qi P, Manning C D. Graph convolution over pruned dependency trees improves relation extraction[C]//Proceedings of the 2018 Conference on Empirical Methods in Natural Language Processing. Brussels, Belgium, 2018: 2205-2215.

[3] Guo Z J, Zhang Y, Lu W. Attention guided graph convolutional networks for relation extraction[C]//Proceedings of the 57th Annual Meeting of the Association for Computational Linguistics. Florence, Italy, 2019: 241-251.

[4] Sahu S K, Thomas D, Chiu B, et al. Relation extraction with self-determined graph convolutional network[C]//Proceedings of the 29th ACM International Conference on Information & Knowledge Management, 2020: 2205-2208.

[5] Wu T, You X L, Xian X P, et al. Towards deep understanding of graph convolutional networks for relation extraction[J]. Data & Knowledge Engineering, 2024, 149: 102265.

[6] Chen D Q, Manning C. A fast and accurate dependency parser using neural networks[C]//Proceedings of the 2014 Conference on Empirical Methods in Natural Language Processing(EMNLP). USA, 2014: 740-750.

[7] Wu T, You X L, Xian X P, et al. Towards deep understanding of graph convolutional networks for relation extraction[J]. Data & Knowledge Engineering, 2024, 149: 102265.

[8] Zhang Y H, Zhong V, Chen D Q, et al. Position-aware attention and supervised data improve slot filling[C]//Proceedings of the 2017 Conference on Empirical Methods in Natural Language Processing. Copenhagen, Denmark, 2017: 35-45.

[9] Hendrickx I, Kim S N, Kozareva Z, et al. SemEval-2010 task 8: Multi-way classification of semantic relations between pairs of nominals[C]//Proceedings of the 5th International Workshop on Semantic Evaluation, 2010: 33-38.

[10] Wu T, Ma H Y, Wang C, et al. Heterogeneous representation learning and matching for few-shot relation prediction[J]. Pattern Recognition, 2022, 131: 108830.

[11] Xiong W H, Yu M, Chang S Y, et al. One-shot relational learning for knowledge graphs[C]//Proceedings of the 2018

Conference on Empirical Methods in Natural Language Processing. Brussels, Belgium, 2018: 1980-1990.

[12] Chen M Y, Zhang W, Zhang W, et al. Meta relational learning for few-shot link prediction in knowledge graphs [C]//Proceedings of the 2019 Conference on Empirical Methods in Natural Language Processing and the 9th International Joint Conference on Natural Language Processing, 2019: 4208-4217.

[13] Sheng J W, Guo S, Chen Z Y, et al. Adaptive attentional network for few-shot knowledge graph completion[C]//Proceedings of the 2020 Conference on Empirical Methods in Natural Language Processing, 2020: 1681-1691.

[14] Pennington J, Socher R, Manning C D. Glove: Global vectors for word representation[C]//Proceedings of the 2014 Conference on Empirical Methods in Natural Language Processing. Stroudsburg, PA, 2014: 1532-1543.

[15] Kiperwasser E, Goldberg Y. Simple and accurate dependency parsing using bidirectional LSTM feature representations[J]. Transactions of the Association for Computational Linguistics, 2016, 4: 313-327.

[16] Chen Y, Wu L F, Zaki M J. Bidirectional attentive memory networks for question answering over knowledge bases[C]//Proceedings of the 2019 Conference of the North American Chapter of the Association for Computational Linguistics: Human Language Technologies. Stroudsburg, PA, 2019: 2913-2923.

[17] Berant J, Chou A, Frostig R, et al. Semantic parsing on freebase from question-answer pairs[C]//Proceedings of the 2013 Conference on Empirical Methods in Natural Language Processing. Seattle, Washington, USA, 2013: 1533-1544.

[18] Berant J, Liang P. Semantic parsing via paraphrasing[C]//Proceedings of the 52nd Annual Meeting of the Association for Computational Linguistics(Volume 1: Long Papers). Baltimore, Maryland, USA, 2014: 1415-1425.

[19] Yih W T, Chang M W, He X D, et al. Semantic parsing via staged query graph generation: Question answering with knowledge base[C]//Proceedings of the 53rd Annual Meeting of the ACL and the 7th International Joint Conference on Natural Language Processing. Beijing, China, 2015: 1321-1331.

[20] Bao J, Duan N, Yan Z, et al. Constraint-based question answering with knowledge graph[C]//Proceedings of COLING 2016, the 26th International Conference on Computational Linguistics: Technical Papers. Osaka, Japan, 2016: 2503-2514.

[21] Hu S, Zou L, Yu J X, et al. Answering natural language questions by subgraph matching over knowledge graphs[J]. IEEE Transactions on Knowledge and Data Engineering, 2018, 30(5): 824-837.

[22] Bordes A, Usunier N, Chopra S, et al. Large-scale simple question answering with memory networks[J]. arXiv: 1506.02075, 2015.

[23] Dong L, Wei F R, Zhou M, et al. Question answering over freebase with multi-column convolutional neural networks[C]//Proceedings of the 53rd Annual Meeting of the Association for Computational Linguistics and the 7th International Joint Conference on Natural Language Processing. Beijing, China, 2015: 260-269.

[24] Xu K, Reddy S, Feng Y S, et al. Question answering on freebase via relation extraction and textual evidence[C]//Proceedings of the 54th Annual Meeting of the Association for Computational Linguistics, Association for Computational Linguistics. Berlin, Germany, 2016: 2326-2336.

[25] Hao Y C, Zhang Y Z, Liu K, et al. An end-to-end model for question answering over knowledge base with cross-attention combining global knowledge[C]//Proceedings of the 55th Annual Meeting of the Association for Computational Linguistics. Vancouver, Canada, 2017: 221-231.

[26] Chen Y, Wu L, Zaki M J. Bidirectional attentive memory networks for question answering over knowledge bases[C]//Proceedings of the 2019 Conference of the North American Chapter of the Association for Computational Linguistics: Human Language Technologies. Stroudsburg, 2019: 2913-2923.

附　　录

A.　数据集[①]

为了方便大家对图学习进行深入的研究和实践，本书提供了一些重要图学习数据集的官方网址。这些网址是公开且权威的数据源，可以帮助读者获取最新、最准确的图学习数据集。

（1）Erdos（http://vlado.fmf.uni-lj.si/pub/networks/doc/erdos/）：该数据集是以著名的数学家 Paul Erdos 为中心，根据他的合著文章进行构建。网络中每个节点代表一个科学家，每一条边连接两个科学家，表示他们曾经共同发表过至少一篇科学论文。这种网络也被称为“Erdos 数”项目，其中 Erdos 本人的 Erdos 数为 0，直接与 Erdos 合作过的人的 Erdos 数为 1，如果一个人的最短 Erdos 路径上的合作者数为 n，那么该人的 Erdos 数就为 n。

（2）Protein（https://www.kaggle.com/datasets/sandipan99/protein- dataset）：该数据集是一个来自 UniProt 数据库的 H3N2 流感毒株的 HA1（血凝素）序列集合。这些序列都是由 566 个字符（218 个氨基酸）组成的字符串，其中每个字符都被相应的侧链极性、侧链电荷、亲水性指数和重量的值所取代，以此获得特征矩阵。基于地点，获得了地面真实的簇结构。

（3）C.elegans（https://www.cs. cornell.edu/～arb/data/spatial-Celegans/）：C.elegans 数据集是实证空间网络的集合，更具体地说，这是线虫神经网络空间的网络图。这个空间网络表示了线虫神经元之间的连接关系。

（4）MIT（https://paperswithcode.com/dataset/mit-states）：MIT 数据集是一个大规模的场景和对象识别数据集，该数据集包含 80000 多个图像，涵盖了数百个对象和场景类别。为了进行视觉和语义研究，这些图像被注释为特定的场景和对象状态。

（5）Worldtrade（https://www.cepii.fr/cepii/en/bdd_modele/ bdd_modele_item.asp?id=27）：这是一个包含世界贸易信息（例如进出口）的网络数据集。数据集中的节点表示国家，边表示国家之间的贸易关系。

（6）Email-EuAll（https://snap.stanford. edu/data/email-EuAll.html）：Email-EuAll 数据集是一个由大型欧洲研究机构的电子邮件生成的网络数据集，时间跨度为 2003 年 10 月到 2005 年 5 月。这个数据集含有 3038531 封电子邮件，涉及 287755 个电子邮件地址。数据集的每个节点代表一个电子邮件地址，如果地址 i 向地址 j 至少发送过一封邮件，就在 i 和 j 之间建立一条有向边。

（7）ContactDB（https://paperswithcode.com/dataset/contactdb）：ContactDB 是一个包

① 数据集的相关情况更新到 2024 年 5 月份。

含家庭物品接触图的数据集。它使用热像仪捕捉在抓取过程中丰富的手部与物品接触信息。这个数据集包含 50 个家用物品的 3750 个 3D 网格模型和 375 K 帧的 RGB-D + 热图像。这个数据集可以帮助研究和改进机器对物体抓握的理解和预测。

（8）Polblogs（https://networkrepository.com/ polblogs.php）：Polblogs 是一个权威数据集，包含 2004 年美国大选时期的政治博客网络。网络中的节点表示博客，边表示博客之间的链接。

（9）Enzymes（https://paperswithcode.com/dataset/enzymes）：Enzymes 是一个蛋白质图数据集，包含 600 个酶的图例，每个图的平均节点数为 32.63，平均边数为 62.14。

（10）AIDS（https://networkrepository.com/AIDS.php）：AIDS 数据集包含了各种有机化合物和它们对抗艾滋病的能力的信息，被用来预测其化合物的活性。

（11）FACEBOOK（https://snap.stanford.edu/data/ego-Facebook.html）：采集自 Facebook 的一个大型数据集，它包含 4039 个用户和 88234 条边，映射了用户和用户组的关系。

（12）Twitter（https://networkrepository.com/ twitter.php）：这个数据集包含了 Twitter 的大规模社交网络，包括了节点和节点之间的连接信息，用以进行社交网络分析和社团检测等研究。

（13）Email-Enron（https://networkrepository. com/Email-enron-large.php）：这个数据集来自负面新闻不断的安然公司，记录了该公司员工的电子邮件通信，经常被用于社交网络分析、信息检索、文本挖掘等研究。

（14）Cora（https://paperswithcode.com/dataset/cora）：Cora 是一个引文网络，它包含 2708 篇关于机器学习的论文。这些论文分为七类。这些论文之间的引用关系形成了图的边。

（15）Citeseer（https://paperswithcode. com/dataset/citeseer）：Citeseer 是一个文献引用网络，由 DBLP 数据集构建而来，包含 3179 个文档和 4732 个链接，将引用关系视作链接，用于学术引用网络分析。

（16）PubMed（https://pubmed.ncbi.nlm.nih.gov）：PubMed 是一个公开的生物医学文献数据库，在该数据库中，每篇文章都有一组指定的关键词，这些关键词为高分辨率的文章内容提供了丰富的信息。

（17）Routers（https://irl.cs.ucla.edu/index.html）：在路由器级别代表因特网的网络，其中每个节点代表一台路由器，一条边代表两台路由器之间的连接。

（18）MSRA（https//github.com/InsaneLife/ChineseNLPCorpus/tree/master/NER/MSRA）：来自微软亚洲研究院，主要用于中文命名实体识别的研究，包含约 46 万句中文句子，以及约 216 万个命名实体。

（19）People Daily（https://www.lancaster.ac.uk/fass/ projects/corpus/pdcorpus/pdcorpus.htm）：以《人民日报》为样本的中文命名实体识别训练数据，包括了人名、地名、机构名等各类实体标注。

（20）OntoNotes（https://paperswithcode.com/dataset/ontonotes-5-0）：来自 OntoNotes 5.0 的数据集，该数据集广泛应用于各种 NLP 任务，包括命名实体识别，它是一个大型的多种语料库，包含了名词短语、语义角色标注等信息。

（21）TACRED（https://nlp. stanford.edu/projects/tacred）：由斯坦福的 NLP 小组开发，

TACRED 是一个大型的、基于句子的关系抽取数据集，包含超过 10000 个标注的句子，涵盖了 41 种人-人关系类别。

（22）SemEval（https://alt.qcri.org/semeval2014/task4）：SemEval 数据集包含了多种子任务的语义评价，如关系抽取、情感分析等，并且覆盖多种语言。

（23）NELL（https://paperswithcode.com/dataset/nell）：NELL 数据集是一个自动构建的知识图谱，对各种实体的命名与关系进行了标注和记录。NELL 已经从数十亿个网页中迭代学习和提取了上百万个关系事实。

（24）Wiki（https://dumps. wikimedia.org/enwiki）：维基百科数据集涵盖了各类实体、关系等信息，常用于知识图谱构建和实体链接任务。它的版本多样，支持多语言，适合各种类型的研究。

（25）Web-Questions（https://paperswithcode.com/ dataset/webquestions）：这个数据集包含来自真实用户的自然语言 Web 问题和它们的开放域答案。这个设定提供了一种方法来从 Web 的资源中选取答案。许多针对这一数据集的工作都侧重于寻找正确的数据源，并从中提取正确的答案。

B.　开源代码

本书提供了一些具体的图模型的攻击和防御方法的开源代码。希望这些代码样例能够进一步协助读者理解相关方法的实现细节，同时也为实际应用提供可借鉴的参考。

（1）BPDA（https://github.com/DSE-MSU/DeepRobust/ blob/master/deeprobust/image/attack/BPDA.py）：BPDA 使用不可微分的混淆运算（例如取整、离散化等）对抗神经网络，同时对这种混淆运算的反向传播过程进行巧妙估算，让攻击者可以计算出原本无法计算的梯度，从而使得神经网络容易被攻击。

（2）Nattack（https://github.com/DSE- MSU/DeepRobust/blob/master/deeprobust/image/attack/Nattack.py）：Nattack 是一种基于自然演化策略的黑盒攻击方法。它通过优化一种代理的对抗性适应性，以生成可能使模型分类错误的对抗性样本。

（3）Universal（https://github.com/DSE-MSU/DeepRobust/blob/master/ deeprobust/image/attack/Universal.py）：通用对抗性攻击研究的是一种通用的、一次计算可以进行多次训练的对抗性噪声。换句话说，相比于面向单个样本的对抗性噪声，这种噪声更加“通用”，能够同时对多种样本实施攻击。

（4）YOPOpgd（https://github.com/DSE-MSU/DeepRobust/blob/master/ deeprobust/image/attack/YOPOpgd.py）：一种新型的对抗性优化器。相比于传统优化器（例如 Adam 和 SGD），YOPOpgd 使用一种特殊的更新策略，只需要一次反向传播即可在输入层和隐藏层同时进行更新，大大提高了训练效率。

（5）CW（https://github. com/DSE-MSU/DeepRobust/blob/master/deeprobust/image/attack/cw.py）：Carlini 和 Wagner 提出了一种强大的白盒对抗性攻击方法，即 CW，它直接优化输入，使其在添加微小扰动的同时能使模型产生错误的分类。

（6）DeepFool（https://github. com/DSE-MSU/DeepRobust/blob/master/deeprobust/image/

attack/deepfool.py）：一种迭代式的算法，通过一个线性化的过程最小化需要改变的输入值。它的目标是找到距离 Decision Boundary 最近的点使得其分类错误。

（7）FGSM（https://github.com/DSE-MSU/DeepRobust/ blob/master/deeprobust/image/attack/fgsm.py）：FGSM 是一种快速的、灵活的对抗性样本生成方法，可以快速有效地扰动原始输入数据，致模型产生错误的分类结果。

（8）LBFGS（https://github.com/DSE-MSU/DeepRobust/blob/master/deeprobust/ image/attack/lbfgs.py）：LBFGS 使用的是一阶泰勒级数的逼近，占用的内存更少，收敛速度也会得到一定程度的提升。

（9）One-pixel（https://github. com/DSE-MSU/DeepRobust/blob/master/deeprobust/image/attack/onepixel.py）：One-pixel 攻击具有很强的解释性，这是一种寻找某个特定像素点，然后对该像素点的值添加扰动，使得图片的分类结果发生变化的方法。

（10）PGD（https://github.com/DSE-MSU/DeepRobust/blob/master/deeprobust/image/attack/pgd.py）：PGD 攻击是对抗性训练中强对抗的攻击方法之一，其工作方式是在每次迭代中，固定其他参数，然后求解模型参数的最优值，使得对抗性损失最大化。其是一种迭代的生成对抗样本的方式，每次只向损失增长的方向移动一小步，被认为是对 FGSM 的一种改进。

（11）AWP（https://github.com/DSE-MSU/DeepRobust/blob/master/deeprobust/image/defense/AWP.py）：AWP 在模型训练过程中引入对抗性权重扰动，以提高模型对对抗攻击的鲁棒性。

（12）LID classifier（https://github.com/DSE-MSU/DeepRobust/blob/ master/deeprobust/image/defense/LIDclassifier.py）：LID classifier 用于检测对抗样本，通过测量一个数据点附近其他点的分布，从而鉴别正常数据和对抗样本。

（13）FAST（https://github.com/DSE-MSU/DeepRobust/blob/master/deeprobust/image/defense/ fast.py）：FAST 是一种迭代阈值算法，可以进行特征选择，从而降低对抗攻击的成功率。

（14）FGSM（https://github.com/DSE-MSU/DeepRobust/blob/master/deeprobust/ image/defense/fgsmtraining.py）：一种用于生成对抗样本的方法，通过训练模型去识别这些样本，从而提高模型的对抗鲁棒性。

（15）Trades（https://github.com/DSE-MSU/DeepRobust/blob/master/ deeprobust/image/defense/trades.py）：一种对抗防御方法，它通过对抗性正则化来平衡模型对正常样本的分类准确性和对对抗样本的鲁棒性。

（16）GraphLP（https://github.com/star4455/ GraphLP）：基于深度生成式模型的链路预测方法。

（17）GraphMI（https://github.com/zaixizhang/ GraphMI）：基于模型反转的图模型数据窃取攻击方法。

（18）ERGCN（https://github.com/star4455/ERGCN）：基于决策空间的自训练鲁棒图模型。

（19）MV-RGCN（https://github.com/thomaslok0516/ MVRGCN）：基于集成学习的多视图鲁棒图模型。

（20）MFEN（https://github.com/summer-funny/MFEN）：少样本条件下知识图谱关系预测。

C. 实验平台

在图学习领域，有一些广为使用的实验平台，提供了丰富的自然语言处理库、深度学习库和机器学习库。以下是一些具有代表性的平台或软件包。

（1）DGL（Deep Graph Library）（https://www.dgl.ai/）：DGL 是一个 Python 库，用于简化图神经网络的创建和训练。它使开发人员能够轻松地实现复杂的图神经网络结构，并提供了用于 GPU 加速训练的支持。

（2）PyG（PyTorch Geometric）（https://pytorch-geometric. readthedocs.io/en/latest/）：PyG 是一个基于 PyTorch 的几何深度学习扩展库，用于无缝实现神经网络图在单个 GPU 上的批处理和训练。

（3）GraphLab（https://github.com/lqvito/graphlab）：GraphLab 是一个强大的图处理工具，可以并行处理大规模图数据，并提供了在线以及离线两种处理模式。

（4）Gephi（https://gephi.org/）：Gephi 是一个开源的、用于探索和可视化各类网络和复杂系统、生物网络等的交互平台。

（5）Spektral（https://graphneural.network/）：Spektral 是一个用于图神经网络研究的 Python 库，它依赖于 TensorFlow 和 Keras，并且设计了一套直观、灵活且易于学习的 API。

（6）StellarGraph（https://stellargraph.readthedocs.io/en/stable/）：StellarGraph 是一个 Python 库，它提供了一套高效、简单易用的 API，用于图机器学习。

（7）NetworkX（https://networkx.org/）：NetworkX 是一个用 Python 语言开发的图论和复杂网络建模工具，内置了常用的图与复杂网络分析算法，可以方便地进行网络建模和仿真。

（8）PGL（Paddle Graph Learning）（https://pgl.readthedocs.io/en/static_stable/introduction.html）：PGL 是飞桨在图学习领域的研发套件。它基于飞桨动态图模式设计，以全新的方式重新定义了图网络的编程范式。